Elemente der Graphentheorie und ihre Anwendung in den biologischen Wissenschaften

VON

DR. RER. NAT. REINHARD LAUE

INSTITUT FÜR BIOPHYSIK DER KARL-MARX-UNIVERSITÄT LEIPZIG

MIT 129 ABBILDUNGEN UND 30 TABELLEN

SPRINGER FACHMEDIEN WIESBADEN GMBH

Additional material to this book can be downloaded from http://extras.springer.com.

ISBN 978-3-663-19858-1 ISBN 978-3-663-20196-0 (eBook)
DOI 10.1007/978-3-663-20196-0

1971

Ursprünglich erschienen bei Akademische Verlagsgesellschaft Greest & Portig K. G., Leipzig 1970.

Softcover reprint of the hardcover 1st edition 1970

MEINEN ELTERN GEWIDMET

Geleitwort

Auch im Bereich der belebten Welt gilt die Methode der Physik heute nach wie vor als ein gedankliches Modell für die Durchführung wissenschaftlicher Beobachtungen und Experimente. Die Methode der Physik hat sich zu einer der klassischen Methoden naturwissenschaftlicher Forschungen überhaupt entwickelt. Sie lehrt, alle Variablen eines Systems bis auf eine, die unabhängige Variable, konstant zu halten und das gesamte Systemverhalten in Abhängigkeit von nur dieser einen Variablen zu studieren. Die Hauptkomponenten dieser Methode sind die abhängige und die unabhängige Variable, die durch den Prozeß der Idealisierung vernachlässigten unwesentlichen Variablen und die unter experimentelle Kontrolle gebrachten anderen wesentlichen Variablen. Die sorgfältige Anwendung dieses Verfahrens führt auf Aussagen in Form von ,,Wenn-Dann-Feststellungen".

Die heute in sehr starkem Maße erfolgte Ausdehnung der wissenschaftlichen Beobachtungen und Experimente auf die Lebensprozesse, auf Verhaltensweisen und auf soziale Ereignisse hat jedoch deutlich gemacht, daß die Methode der Einzelvariablen nicht immer den geeigneten Weg darstellt, um wissenschaftliche Probleme dieser Gebiete zu lösen. Zwar wurde und wird auch hier nach der Methode der Einzelvariablen gearbeitet, wie zahlreiche Beispiele aus der Biophysik erkennen lassen. Zugleich erwies es sich aber als notwendig, nach neuen Methoden zu suchen, mit denen es gelingt, Systeme zu studieren, die sich nur durch eine Vielzahl von Variablen beschreiben lassen. Die Berücksichtigung von mehr als einer Variablen ist wegen der großen Komplexität besonders bei den lebenden Systemen notwendig. Ihre Untersuchung und ihre theoretische Durchdringung erfordert eine Methode der Multivariablen. Gleichzeitig resultiert aus den heutigen Bemühungen um eine einheitliche Theorie des Organismus eine starke Betonung der relationalen Aspekte der lebenden Systeme. Rashevsky und Rosen haben sich wohl als erste darum bemüht, einen Organismus durch einen topologischen Raum darzustellen, d.h., dem Organismus einen gerichteten Graphen zuzuordnen und durch ihn den physiologischen Organisationsplan des Organismus zu charakterisieren.

Damit hat sich die Theorie der Graphen als ein wichtiger mathematischer Apparat der theoretischen Biologie erwiesen.

Leider haben die der biologischen Denkweise so sehr adäquaten Aussagen der Graphentheorie bisher wenig Eingang in die Ausbildungsprogramme der Studierenden der biologischen Wissenschaften gefunden. Wenn sich mein Mitarbeiter, Herr Dr. Reinhard Laue, nach jahrelanger Vorbereitung der schwierigen, aber verdienstvollen Aufgabe gewidmet hat, Elemente der Graphentheorie und ihre Anwendung in den biologischen Wissenschaften darzustellen, so ist das nicht nur vom Standpunkt der Studierenden der Biophysik aus zu begrüßen, sondern von jedem, der an einer Möglichkeit der raschen Orientierung über eine neue Beschreibungsweise biologischer Systeme interessiert ist.

So wünsche ich dem Buch und seinem Leser einen recht guten Erfolg. Möge es an seinem Platz einen Beitrag liefern zu einem besseren Verständnis der Vorgänge in der belebten Welt.

PROF. DR. WALTER BEIER
DIREKTOR DES INSTITUTES FÜR BIOPHYSIK DES BEREICHES MEDIZIN
DER KARL-MARX-UNIVERSITÄT LEIPZIG

Vorwort

Die Graphentheorie und insbesondere die Theorie der gerichteten Graphen ist heute als methodisches Werkzeug Teil einer allgemeinen Systemtheorie im Sinne von Bertalanffys[1]), deren Anwendungsbereich sich von molekularen bis zu soziologischen Systemen hin erstreckt. Man ist sich im letzten Jahrzehnt der Relevanz dieses Konzeptes immer deutlicher bewußt geworden, so daß gegenwärtig eine fast unübersehbare Fülle von Originalarbeiten auf unterschiedlichsten Abstraktionsstufen, in verschiedensten Anwendungsbereichen, auf voneinander differenzierten mathematischen Theorien aufbauend, vorliegt.[2]) Die Gesamtschau dieser faszinierenden Entwicklung, die von Bertalanffy (1968) gegeben hat, bedarf einer Ergänzung in der Weise, daß für bestimmte Objektbereiche unter dem Aspekt einer speziellen mathematischen Theorie das anwendungsbereite Wissen monographisch dargestellt wird. Dieses Ziel verfolgt die vorliegende Arbeit, die der Anwendung gewisser Elemente der Graphentheorie bei der Untersuchung biologischer Systeme bzw. Teilsysteme gewidmet ist.

Nach der Darstellung einiger Elemente der Graphentheorie, die für die Biologie besonders wichtig und zum Verständnis der nachfolgenden Kapitel notwendig erscheinen, wird auf die Ideen und Anwendungen im Bereich der biologischen Wissenschaften eingegangen, die Teile der Graphentheorie als methodisches Werkzeug benutzen. Der Terminus „biologische Wissenschaften" soll dabei im weitesten Sinne des Wortes, d.h. als „Wissenschaft von den lebenden Systemen", verstanden werden, so daß er alle jene Bereiche einschließt, die ein lebendes System, Subsystem oder Suprasystem zum Untersuchungsgegenstand haben, wie z.B. Medizin, Agrarwissenschaft, Soziologie usw.

Da die dargestellte Problematik gegenwärtig vielerorts und von vielen Seiten aus intensiv bearbeitet wird, kann die vorliegende Arbeit nur den Charakter einer partiellen Bestandsaufnahme besitzen. Partiell in zweifachem Sinne: Einmal konnten nur jene Konzeptionen in der vorliegenden Monographie Berücksichtigung finden, die bis Ende des Jahres 1968 veröffentlicht und dem Verfasser bekannt wurden; zum anderen mußte eine Auswahl unter den Anwendungen zu einer bestimmten Konzeption getroffen werden, um den Umfang des Buches in vertretbaren Grenzen zu halten.

Für die stets wohlwollende Förderung und Unterstützung bei der Fertigstellung des Manuskriptes darf ich an dieser Stelle meinem verehrten Lehrer, Herrn

---

1) L. von Bertalanffy: General System Theory. New York 1968.

2) Vergleiche dazu: H. Drischel und N. Tiedt (Herausgeber): Biokybernetik, Bde. 1 und 2. Karl-Marx-Universität Leipzig 1968. — M.D. Mesarović (Herausgeber): Systems Theory and Biology. Berlin/Heidelberg/New York 1968.

Prof. Dr. W. Beier, herzlich danken. Dank gebührt auch Frau W. Renk, die die umfangreichen Schreibarbeiten am Manuskript in ständiger Hilfsbereitschaft vorbildlich erledigte, sowie den Mitarbeitern des Verlages für ihr verständnisvolles Eingehen auf meine Wünsche.

Leipzig, im April 1969

REINHARD LAUE

Inhalt

Inhalt

Um die Welt zu fassen,
müssen wir sie erfassen.
Um sie zu erfassen,
müssen wir sie zunächst strukturieren.

A. A. MOLES

1. Einführung

Die uns umgebenden Objekte der materiellen Welt, künstliche oder natürliche Organismen im weitesten Sinne des Wortes, sind durch zwei Hauptaspekte gekennzeichnet: durch ihre strukturellen und ihre funktionellen Eigenschaften (MOLES, 1962). Eine vollständige Beschreibung der Organismen wird deshalb nur dann möglich sein, wenn beide Hauptaspekte dabei Berücksichtigung finden. Nicht zuletzt deshalb, weil zwischen Funktion und Struktur eine enge Wechselwirkung besteht (KROMPECHER, 1966).

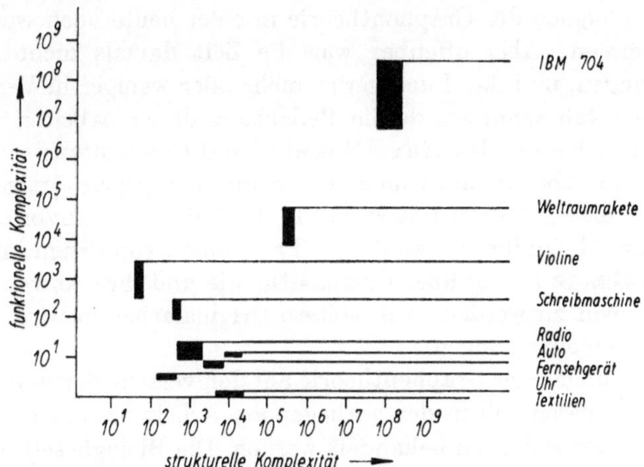

Abb. 1. Karte der Maschinenwelt nach MOLES (1962).
Die Berechnung der strukturellen und funktionellen Komplexität der Objekte erfolgte mit Hilfe der Shannonschen Formel für den Informationsgehalt

Betrachtet man Funktion und Struktur als unabhängige Dimensionen, so ist es nach MOLES (1962) möglich, eine Karte der Maschinenwelt auf Grund der strukturellen und funktionellen Eigenschaften der Objekte aufzustellen (Abb. 1). Abb. 1 zeigt, daß zumindest die vom Menschen geschaffenen technischen Objekte um eine Regressionsgerade herum gruppiert sind. Daraus folgt aber unmittelbar, daß sich Struktur und Funktion dieser Objekte weitgehend gegenseitig bedingen und beide *nicht* unabhängig voneinander sind.

Ausgehend von dieser Feststellung erscheint es sinnvoll, zunächst nach einer Begriffsbestimmung des Terminus *Struktur* zu suchen, um diesen klar von dem Funktionsbegriff abzugrenzen. Wir wollen dazu die Formulierungen von KRÖBER (1967) als Definition des Begriffes *Struktur* auffassen:

„Der Begriff *Struktur* steht in engem Zusammenhang mit den Begriffen *System* und *Element*.

Jedes System besteht aus Elementen, die in bestimmter Weise angeordnet und durch bestimmte Relationen miteinander verknüpft sind. Unter der Struktur eines Systems verstehen wir die Art der Anordnung und der Verknüpfung seiner Elemente ... Welcher Art die Elemente sind, ist hierbei ohne Belang. Wenn wir von der Struktur eines Systems sprechen, sehen wir davon ab, aus welchen Elementen das System besteht und fassen nur die Gesamtheit der zwischen ihnen bestehenden Relationen ins Auge. Als Gesamtheit von Relationen ist die Struktur eines Systems ein bestimmter Zusammenhang zwischen den Elementen des Systems. Dieser Zusammenhang kann notwendig oder zufällig, allgemein oder einmalig, wesentlich oder unwesentlich sein.“[1])

Ausgehend von den Problemstellungen der empirischen Wissenschaften entwickelte sich in den letzten Jahrzehnten eine Theorie der Strukturmodelle, die sogenannte Graphentheorie. Im Jahre 1936 faßte DÉNES KÖNIG als erster die Arbeiten zu den Problemen der Graphentheorie in einer heute noch wertvollen Monographie zusammen. Aber offenbar war die Zeit damals nicht reif für diese Problemstellungen, und das Buch geriet mehr oder weniger in Vergessenheit. Erst im letzten Jahrzehnt wurde die Bedeutung dieser Arbeiten für eine Strukturtheorie voll erkannt. HARARY, NORMAN und CARTWRIGHT verfaßten 1965 eine Monographie über Strukturmodelle, in der der gegenwärtige Stand der Forschungen auf diesem Gebiet fixiert wurde. In den Jahren zuvor erschien eine große Reihe von Abhandlungen zu diesen Problemen, von denen insbesondere das Buch von BERGE (1958) über Graphentheorie und ihre Anwendungen verdient, hervorgehoben zu werden. Auf weitere Originalarbeiten wird an entsprechender Stelle noch eingegangen.

Neben den Anwendungen der Graphentheorie auf den verschiedensten wissenschaftlichen Arbeitsgebieten soll in der vorliegenden Arbeit besonders die Anwendung in den Biowissenschaften behandelt werden. Die Biologie selbst hat in der Vergangenheit, im Gegensatz etwa zur Soziologie und Ökonomie, relativ selten von einer Anwendung der Graphentheorie Gebrauch gemacht. Dies, obwohl gerade die relationale Betrachtungsweise zur Beschreibung biologischer Sachverhalte besonders geeignet erscheint (BEIER, 1967). Die Anwendung der Graphentheorie in der Biologie geht auf die Ideen von RASHEVSKY (1960) zurück, der — beginnend in den fünfziger Jahren — eine Reihe wertvoller theoretischer Untersuchungen dazu anstellte. Schließlich sei in diesem Zusammenhang auf die Arbeit von ROSEN (1958) hingewiesen, der eine Erweiterung und Verallgemeinerung der Ideen RASHEVSKYS anstrebte.

---

[1]) G. KRÖBER: Strukturgesetz und Gesetzesstruktur. Dtsch. Z. Philos. **15** (1967) S. 207.

Wenn heute auch klar sein dürfte, daß durch binäre Relationen, d.h. durch Graphen, keine vollständige strukturelle Beschreibung biologischer Objekte auf Grund der Mehrdeutigkeit der binären Relationen möglich ist (RASHEVSKY, 1965), so stellen die Graphen doch immer noch ein höchst wertvolles Hilfsmittel dar, das sich insbesondere durch eine gewisse Anschaulichkeit den Biologen empfiehlt.

Der große Aufschwung, den die biologischen Wissenschaften in den letzten Jahren besonders durch das Eindringen von Chemie, Physik und Mathematik erfahren haben, veranlaßte FROLOW (1965) von unserem Zeitalter als vom „Zeitalter der Biologie" zu sprechen. Es bleibt zu hoffen, daß die in der vorliegenden Arbeit angestrebte Zusammenfassung der für die Biologie besonders wichtigen Elemente der Graphentheorie zur weiteren Entwicklung der biologischen Wissenschaften beizutragen vermag.

Bevor durch Definitionen und Begriffsbildungen die Elemente der Graphentheorie dargestellt werden, erscheint es nützlich, einige weniger abstrakte Betrachtungen als Einführung in den Problemkreis anzustellen. Dazu ist es zunächst erforderlich, daß wir uns mit den Begriffen *Menge* und *Relation* vertraut machen.

Was unter einer Menge verstanden werden soll, deckt sich bis auf wenige Ausnahmen mit dem gleichen Begriff des allgemeinen Sprachgebrauchs. Der Begriff der Menge ist stets abstrakt und nur durch seine Elemente näher bestimmbar. Es sei eine Menge M gegeben, die aus den Elementen $a_1, a_2, a_3, \ldots$ besteht; symbolisch: $M = \{a_1, a_2, a_3, \ldots\}$. Die Elemente a_i $(i = 1, 2, \ldots)$ bezeichnen (stehen für) beliebige Dinge der materiellen Welt oder (und) beliebige abstrakte Begriffe, die die Menge M erzeugen.

Beispiele für Mengen sind:

die Menge der Zeitungsabonnenten einer Stadt,
die Menge von miteinander befreundeten Menschen,
die Menge der Kinder eines bestimmten Ehepaares (es ist möglich, daß die Menge M leer ist; symbolisch: $M = \emptyset$),
die Menge der Mengen der Zeitungsabonnenten verschiedener Städte,
die Menge der biologischen Grundfunktionen eines Organismus, wenn gilt: $M = \{$Absorption, Sekretion, Stoffwechsel, Transport, Reizempfindlichkeit, Reizleitung, Entwicklung$\}$; symbolisch: $M = \{\text{A, S, St, T, Re, Rl, E}\}$.

Die Mengen können auf Grund der Anzahl ihrer Elemente in endliche und unendliche Mengen eingeteilt werden. Die hier durchzuführenden Betrachtungen beziehen sich auf endliche Mengen. Wenn im folgenden von Mengen gesprochen wird, so sind immer endliche Mengen gemeint. Die Elemente einer Menge können als Punkte in einem beliebigen n-dimensionalen Raum veranschaulicht werden, wenn eine eindeutige Zuordnung zwischen den Punkten und den Elementen der Menge möglich ist. Für die oben angeführten Mengen ist eine solche Darstellung bereits in einem eindimensionalen Raum möglich (Abb. 2).

Die Elemente einer Menge M können zu Paaren geordnet werden, so daß folgende Aussage möglich ist: Es ist eindeutig feststellbar, ob ein Element a_i der Menge M in einem geordneten Paar, in dem a_i vorkommt, an erster oder an zweiter Stelle steht. Es sei eine Menge $M = \{a_0, a_1, a_2\}$ gegeben, und es sollen die Paare $[a_0, a_2]$ und $[a_2, a_1]$ existieren. In dem geordneten Paar $[a_0, a_2]$ stellt a_0 das erste und a_2 das zweite Element dar. Unter $[a_2, a_0]$ ist ein anderer Sachverhalt als unter $[a_0, a_2]$ zu verstehen. Beide Paare sind nicht miteinander identisch. Mit anderen Worten: Die Elemente a_i und a_j in einem geordneten Paar sind nicht miteinander vertauschbar, ohne daß sich die Aussage ändert. Die Ordnung der Elemente einer Menge zu geordneten Paaren erfolgt nach einer Vorschrift, die je zwei Elemente der Menge einander zuordnet (miteinander in Beziehung setzt). Eine solche Vorschrift wird als *Relation über die betrachtete Menge* bezeichnet.

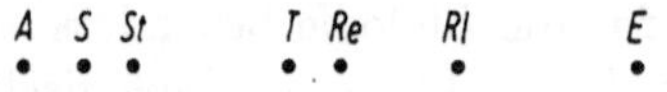

A S St T Re Rl E

Abb. 2. Darstellung der Elemente einer Menge als Punkte in einem eindimensionalen Raum

a_1 a_2 a_3

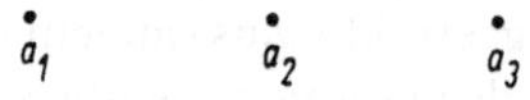

Abb. 3. Die Menge dreier Personen, die als Punkte in einem eindimensionalen Raum dargestellt sind

Als Beispiel werde eine Menge von Menschen betrachtet, die bestimmte Sympathien füreinander empfinden. Es werde angenommen, die Menge bestehe aus den drei Personen a_1, a_2 und a_3. Diese Menge läßt sich auf drei Punkte des eindimensionalen Raumes abbilden (Abb. 3).

Es sollen folgende Sympathien bestehen: a_1 hegt für a_3 und a_2, a_3 für a_2, a_2 weder für a_1 noch für a_3 Sympathie. Diese Beziehungen stellen eine Relation dar (Sympathie empfinden) und können durch gerichtete Strecken zwischen den Elementen geometrisch veranschaulicht werden. Diese geometrische Darstellung ist im eindimensionalen Raum nicht mehr möglich, sondern muß mindestens in einem zweidimensionalen Raum erfolgen.

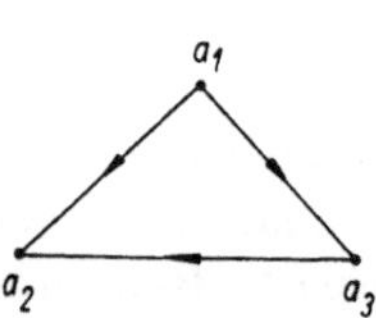

Abb. 4. Der gerichtete Graph, der von der Menge dreier Personen und den zwischen ihnen bestehenden Beziehungen (Sympathie empfinden) erzeugt wird

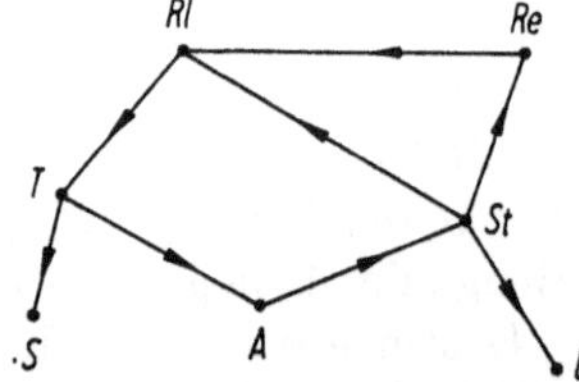

Abb. 5. Der gerichtete Graph für die biologischen Grundfunktionen (nach RASHEVSKY)

Durch das Bestehen der Relation R im betrachteten Beispiel ergeben sich folgende geordnete Paare: $[a_1, a_3]$, $[a_1, a_2]$ und $[a_3, a_2]$. Die zugehörige geometrische Darstellung wird als gerichteter Graph bezeichnet und ist in Abb. 4 veranschaulicht.

Ein Graph (siehe Abb. 4) vermittelt bestimmte Beziehungen zwischen den Elementen einer Menge. Er besteht aus den Elementen einer Menge und den Relationen zwischen den Elementen.

Als Beispiel soll der Graph für die biologischen Grundfunktionen eines Organismus in Anlehnung an RASHEVSKY (1960) betrachtet werden (Abb. 5). Die entsprechende Relation soll beinhalten: „Es erfolgt ...“

Mithin sind Graphen Strukturmodelle in dem Sinne, daß sie (im Bereich der Biologie) die Struktur der biologischen Objekte wiedergeben, wobei sich die Struktur der Objekte aus den bestehenden Relationen zwischen den biologischen Funktionen (den Subobjekten) herleitet.

Im allgemeinen sind die Aussagen, die man mit Hilfe eines Graphen vom betrachteten Objekt erhält, qualitativer Art. Die in der Physik, insbesondere in der klassischen Physik, übliche Art der Betrachtungsweise, wonach ausschließlich quantitative Ergebnisse als Voraussetzung zur Beschreibung der Naturgesetzlichkeiten gefordert werden, muß heute notwendigerweise relativiert werden. Es zeigt sich nämlich, daß exakte Ergebnisse, d. h. Ergebnisse, die jederzeit verifiziert oder falsifiziert werden können, auch in Form qualitativer Aussagen möglich sind. Es sei in diesem Zusammenhang an die gruppentheoretischen Methoden in der Quantentheorie erinnert. Dort kann z. B. gezeigt werden, daß ein Term einer bestimmten Darstellung eindeutig der Symmetriegruppe zugehört, während diese Darstellung keiner Meßgröße eindeutig zugeordnet werden kann.

Darüber hinaus nimmt heute die Gruppentheorie eine immer wichtigere Stellung in der Physik ein und verhilft damit gleichzeitig der qualitativen Betrachtungsweise zu ihrem Recht. Es bleibt eine Aufgabe der Biophysik, diesen neuen Aspekt auch in der Biologie einzuführen und dessen Tragweite aufzuzeigen sowie die Überschätzung der quantitativen Aussagen, die von der klassischen Physik in die Naturwissenschaften hineingetragen wurde, abzubauen.

Literatur zu Kapitel 1

BEIER, W.: Metrische und relationale Aspekte in der Theoretischen Biophysik. Physikalische Grundlagen der Medizin — Abhandlungen aus der Biophysik, H. 7, S. 172. Leipzig 1967.

BERGE, C.: Théorie des graphes et ses applications. Paris 1958.

FROLOW, J. T.: Das „Zeitalter der Biologie“ und die wissenschaftliche Methodologie. Dtsch. Z. Philos., Sonderheft (1965) S. 350.

HARARY, F., R. Z. NORMAN und D. CARTWRIGHT: Structural Models. New York/London/Sydney 1965.

KÖNIG, D.: Theorie der endlichen und unendlichen Graphen. Leipzig 1936.

KRÖBER, G.: Strukturgesetz und Gesetzesstruktur. Dtsch. Z. Philos. **15** (1967) S. 207.

KROMPECHER, S.: Form und Funktion in der Biologie. Leipzig 1966.

MOLES, A. A.: Produkte: ihre funktionelle und strukturelle Komplexität. Z. Hochsch. Gestaltung [Ulm] **6** (1962) S. 4.

RASHEVSKY, N.: Mathematical Biophysics. Physico-Mathematical Foundations of Biology, Vol. II. New York 1960.

—: The Representation of Organisms in Terms of Predicates. Bull. Math. Biophysics **27** (1965) S. 477.

ROSEN, R.: The Representation of Biological Systems from the Standpoint of the Theory of Categories. Bull. Math. Biophysics **20** (1958) S. 317.

2. Graphen als Strukturmodelle

Es ist die Aufgabe wissenschaftlicher Forschung, die Gesetzmäßigkeiten der materiellen Welt zu erkennen und darzustellen. Das methodische Vorgehen der Wissenschaft zur Erreichung dieses Zieles besteht in der Abgrenzung bestimmter Bereiche der materiellen Welt, die der Erforschung unterzogen werden. Ein solcher abgegrenzter Bereich, der das *Original* darstellt, wird als *System* bezeichnet. Ein System ist im allgemeinsten Falle durch die Menge seiner Elemente und die Menge der Relationen zwischen den Elementen gekennzeichnet. Auf Grund dieser Charakteristika sind jeweils zwei Aspekte zur vollständigen Beschreibung eines Systems erforderlich: die substantiell-qualitative und die strukturelle Beschaffenheit des Systems. Darüber hinaus bleibt die Möglichkeit offen, ein System auf unterschiedlichen Abstraktionsstufen zu beschreiben. Diese Beschreibungen sind durch die Verwendung von Mengen unterschiedlicher Stufen, von einem bestimmten Individuenbereich ausgehend, gekennzeichnet.

MILLER (1965) unterscheidet drei Arten von Systemen: konzipierte, konkrete und abstrahierte Systeme.

Unter konzipierten Systemen sind verbale oder mathematische Formulierungen zu verstehen, die als eine Konzeption bestimmter Zustände oder Vorgänge in der materiellen Welt anzusehen sind. Konkrete Systeme beziehen sich dagegen auf Originale, deren Elemente und Beziehungen in Raum und Zeit existent sind. Abstrahierte Systeme schließlich stellen bestimmte formale Beziehungen in oder zwischen konkreten Systemen dar.

Betrachtet man die Menge aller denkbaren konzipierten Systeme, so zeigt sich, daß nicht jedes konzipierte System in einer Beziehung zu einem materiellen Bereich steht. Das heißt, nicht alle konzipierten Systeme bilden einen durch die materielle Wirklichkeit vorgegebenen Bereich ab. Für die hier anzustellenden Betrachtungen ist aber nur jene Klasse von konzipierten Systemen bedeutungsvoll, die Abbildungen natürlicher Originale im weitesten Sinne oder — anders ausgedrückt — von konkreten Systemen darstellt. Diese Klasse von Systemen wird als Klasse der abstrahierten Systeme oder als Klasse der Modellsysteme bezeichnet.

Wie üblich, wollen wir anstelle von Modellsystemen kürzer einfach von *Modellen* sprechen. Modelle sind durch drei Merkmale gekennzeichnet, die sich nach STACHOWIAK (1965) durch Vergleich einiger jener semantischen Kontexte ergeben, in denen der Begriff *Modell* verwendet wird.

1. Das Abbildungsmerkmal

Modelle sind Abbildungen natürlicher oder künstlicher Originale, die selbst wieder Modelle sein können.

2. Das Verkürzungsmerkmal

Modelle erfassen nur die Eigenschaften des durch sie repräsentierten Originals, die den Modellerschaffern und -benutzern relevant scheinen.

3. Das Subjektivierungsmerkmal

Modelle erfüllen ihre Repräsentations- und Ersetzungsfunktion nur für bestimmte Subjekte unter Einschränkung auf bestimmte Operationen innerhalb bestimmter Zeitabschnitte.

Zu diesen Modellmerkmalen sind einige ergänzende bzw. weiterführende Ausführungen erforderlich. Dabei wird im wesentlichen auf die Arbeit von STACHOWIAK (1965) Bezug genommen.

Hinsichtlich der Original-Modell-Abbildung sind offenbar verschiedene Grade der Angleichung des Modells an das Original möglich. Betrachten wir zunächst nur die strukturelle Beschaffenheit des Originals. Dann wird eine *eindeutige* Original-Modell-Abbildung als homomorph bezeichnet und das zugehörige Modell als homomorphes Modell. Der Grenzfall maximaler Angleichung des Modells an das Original bezüglich der Struktur ergibt sich dann als eineindeutige Original-Modell-Abbildung. Diese Abbildung wird als isomorph bezeichnet, ebenso wie das zugehörige Modell.

Man verfolgt beim Aufbau eines Strukturmodells das Ziel, ein isomorphes Modell zu schaffen. Die Erreichung dieses Zieles kann mit großen Schwierigkeiten verbunden sein. Sie setzt eine detailierte und exakte Kenntnis des Originals voraus. Im Bereich der Biologie ist es auf Grund unserer Erkenntnisse heute größtenteils nur möglich, homomorphe Modelle zu schaffen.

In gleicher Weise sind auch hinsichtlich der substantiell-qualitativen Beschaffenheit des Originals verschiedene Grade der Original-Modell-Angleichung möglich. Erfahren die Elemente der Menge des Originalsystems eine qualitative Umdeutung bzw. semantische Umkodierung im Modell, so wird das Modell als *Analogiemodell* bezeichnet. Im Grenzfalle maximaler qualitativer Angleichung, bei dem die qualitative Beschaffenheit der Elemente des Originals im Modell vollständig erhalten ist, heiße das Modell isohyl.

Ein beliebiges Modell kann auf Grund des zweifachen Aspekts der Beschaffenheit des Originals in verschiedenen Graden strukturell und qualitativ das Original abbilden.

Für einige wichtige spezielle Fälle wurden von STACHOWIAK (1965) die in Tab. 1 angegebenen Bezeichnungen eingeführt.

Durch das Verkürzungsmerkmal der Modelle wird zum Ausdruck gebracht, daß nicht alle Eigenschaften des Originals durch das Modell abgebildet werden. Diese Auswahl — ebenso wie die der Elemente des Originals — bestimmter Subobjekte des betrachteten Objekts, die durch das Modell abgebildet werden, obliegt ausschließlich dem Modellerbauer. Der Erbauer wird, ausgehend von seinen verfügbaren Kenntnissen über das Objekt und von der dem Modell zugedachten speziellen Funktion, eine Überhöhung bestimmter Elemente und

Tabelle 1. Klassifikation der Modelle bezüglich der Original-Modell-Angleichung

Modellbezeichnung			Strukturelle Angleichung zwischen Original und Modell	Qualitative Angleichung zwischen Original und Modell	Art der geometrischen Abbildung	Abbildungsmaßstab zwischen Modell und Original
Adäquates Modell	Kopie		isomorph	isohyl	äquiform	$m \leqq 1$
	Kopierung		isomorph	isohyl	nicht-äquiform	nicht definiert
Strukturmodell	Struktur-kopie	Abbildmodell	isomorph oder homomorph	analog	äquiform	$m = 1$
		Kontraktionsmodell	iosmorph oder homomorph	analog	äquiform	$m < 1$
		Dilatationsmodell	isomorph oder homomorph	analog	äquiform	$m > 1$
	Struktur-kopierung	Affines Modell	isomorph oder homomorph	analog	nicht-äquiform	nicht definiert
		Projektives Modell	isomorph oder homomorph	analog	nicht-äquiform	nicht definiert
		Topologisches Modell	isomorph oder homomorph	analog	nicht-äquiform	nicht definiert
Qualitätsmodell	Isohyle Modelle		homomorph	isohyl	entfällt	entfällt
	Analoge Modelle		homomorph	analog	entfällt	entfällt

Eigenschaften des Originals herbeiführen. Unter diesem Aspekt wird er sein Modell des Originals aufbauen. Ändert sich die Betrachtungsweise des Bearbeiters, so wird er zu anderen Modellen des gleichen Originals gelangen. Verschiedene Modelle des gleichen Originals werden als *äquivalent* bezeichnet. Aus diesen Befunden ergibt sich die Frage nach der Möglichkeit, aus der Klasse der äquivalenten Modelle *eines* Originals eine Repräsentante dieser Klasse zu finden. Für eine spezielle Klasse von Modellen, nämlich für Kategorien (Kategorien sind eine spezielle Klasse von Graphen), hat ROSEN (1958) theoretisch gezeigt, wie für die Klasse äquivalenter Modelle eine Repräsentante gefunden werden kann und welche Bedingungen diese zu erfüllen hat. Wir werden später ausführlich auf die Theorie von ROSEN eingehen.

Im Anschluß an die Ausführungen über die Überhöhung bestimmter Elemente und Eigenschaften des Originals erscheint es notwendig, darauf hinzuweisen, daß andererseits das Modell Elemente und Eigenschaften enthalten kann, die mit dem Original in keinerlei Beziehung stehen. Solche Elemente und Eigenschaften werden als *abundant* bezeichnet. Im allgemeinen sind abundante Elemente und Eigenschaften bezüglich des Originals bedeutungslos und als technische oder theoretische Anhängsel oder Unzulänglichkeiten zu betrachten. Es sind in der wissenschaftlichen Forschung jedoch Fälle aufgetreten, wo bestimmte abundante Eigenschaften der Modelle dazu führten, die Richtung der weiteren Untersuchungen an dem zugehörigen Original zu weisen. Das führte verschiedentlich dazu (z.B. bei der Reizleitung im Nerven), am Original neue, bisher unbekannte Eigenschaften zu entdecken, die zuerst als abundante Eigenschaften am Modell aufgefallen waren.

Das Subjektivierungsmerkmal der Modelle schließlich bezieht sich darauf, daß Modelle nicht losgelöst und unabhängig vom Menschen existieren. Damit das Modell eine Funktion erhält, ist es erforderlich, daß ein bestimmter Personenkreis in bestimmter Weise damit operieren kann. Zuvor muß natürlich das Modell bezüglich seiner Ersetzungsfunktion des Originals „erkannt" werden. Die Zeit spielt als Parameter dabei insofern eine Rolle, als Modelle im allgemeinen nicht endgültig sein werden. Durch fortschreitende Erkenntnis werden die Modelle durch verfeinerte ersetzt werden. Ein Modell hat nur so lange Gültigkeit, bis ein neues verfeinertes Modell des Originals vorliegt. Es erscheint denkbar, daß im Sinne VON BERTALANFFYS (1962) durch fortschreitende Deanthropomorphisation ein vollkommenes und endgültiges Modell eines Originals erreicht werden kann. Aber zumindest auf dem Gebiete der Biophysik und der Biologie sind wir von diesem Ziele noch weit entfernt.

An dieser Stelle seien einige Hinweise auf den mathematischen Modellbegriff im Sinne von TARSKI (1954, 1955) gestattet, der sich von dem oben vorgestellten Modellbegriff unterscheidet. Unter einem mathematischen Modell wird die Realisierung eines Axiomensystems durch einen bestimmten Bereich B (z.B. die materielle Welt) verstanden. Dabei gilt als Bedingung, daß das Axiomensystem (besser: Postulatensystem) in einer formalisierten Sprache vorliegt und daß die Konstanten, Funktionen, Relationen usw., die im Axiomensystem auftreten, so interpretiert (besser: neukodiert) werden, daß die Axiome im Bereich B gelten. Obwohl diese vage verbale Beschreibung des mathematischen Modellbegriffes die exakte Definition des Begriffes nicht ersetzen kann (und auch nicht will), reicht diese doch aus für eine vergleichende Betrachtung mit dem im vorangehenden dargestellten Modellbegriff.

Zunächst sei festgestellt, daß jeder Bereich B, der ein bestimmtes Postulatensystem realisiert, ein Modell dieses Postulatensystems darstellt. Bei naturwissenschaftlichen Betrachtungen interessiert uns im allgemeinen nur ein einziger Bereich B^*, nämlich derjenige, der einen Teil der materiellen Welt darstellt. Dieser Bereich B^* (das Original) ist uns vorgegeben, und das Ziel der Untersuchung besteht im Auffinden eines geeigneten Axiomensystems, so daß B^* das System erfüllt. In diesem Sinne geht die Mathematik weit über die naturwissenschaftliche Aufgabenstellung hinaus, indem sie alle Bereiche B (Modelle) zu einem gegebenen Axiomensystem untersucht. MÜLLER (1965, S. 166) schreibt dazu: „Es liegt im Wesen der Mathematik, daß sie in gewissem Sinne *alle Möglichkeiten* zu untersuchen hat, ihr Wert hinsichtlich der anderen Wissenschaften besteht dann darin, daß gewisse Möglichkeiten brauchbar sind".

Darüber hinaus ist es heute im allgemeinen nicht möglich, ein fixiertes Bedingungssystem des naturwissenschaftlichen Forschungsbereiches in einer formalisierten Sprache anzugeben, so daß schon aus diesem Grunde von einem Modell im Sinne TARSKIS in den Naturwissenschaften heutzutage nicht gesprochen werden kann.

Verlassen wir den mathematischen Modellbegriff, und kehren wir wieder zu dem eingangs gegebenen Modellbegriff zurück. Denkt man daran, mit welchem Ziel in der Naturwissenschaft Modelle erarbeitet werden, so verdienen es vor allem drei funktionelle Aspekte der Modelle, hervorgehoben zu werden. Einmal soll durch das Modell eine (möglichst einfache) *Beschreibung* des Originals gegeben werden. Diese kann durch unterschiedlichste Methoden und auf verschiedenen Abstraktionsstufen erfolgen. Zum anderen ist man bestrebt, durch das Modell die Möglichkeit einer *prognostischen Einschätzung* des Originals zu erhalten. Der Wert eines wissenschaftlichen Modells steht und fällt mit der Genauigkeit einer möglichen Prognose. Schließlich sei als dritter wesentlicher Gesichtspunkt noch die Ermöglichung gerichteter *umweltverändernder Operationen* durch das Modell hervorgehoben. Nicht jedes Modell wird solche Eigenschaften besitzen, um diese Zielstellungen (sowie weitere) zu erreichen. Im Bereiche der Biologie, wo hochkomplexe Systeme zu analysieren sind, gilt heute noch ein Modell als wertvoll, wenn es bereits einer der obigen Zielsetzungen gerecht wird.

Die angestellten Betrachtungen über den Modellbegriff erfolgten zu dem Zwecke, die im folgenden abzuhandelnde Theorie der Graphen in den großen Rahmen der naturwissenschaftlichen Forschung einzupassen. Unter Graphen verstehen wir Systeme, die aus der Menge von Subobjekten eines Objekts und den binären Relationen zwischen den Subobjekten bestehen. Betrachtet man insbesondere Graphen, die wissenschaftliche Modelle eines Bereiches der materiellen Welt darstellen, dann kann man schematisch den Weg, ausgehend von allgemeinen Systemen, bis hin zur Modellunterklasse der Graphen verfolgen (Abb. 6).

Die Begriffe des wissenschaftlichen und des theoretischen Modells werden im Sinne des allgemeinen Sprachgebrauchs verstanden. Die empirischen Modelle stellen eine Unterklasse der theoretischen Modelle dar, die durch ihren nichtformalen Charakter ausgezeichnet ist. Eine verbale Formulierung für Graphen wurde im vorangehenden Text bereits gegeben.

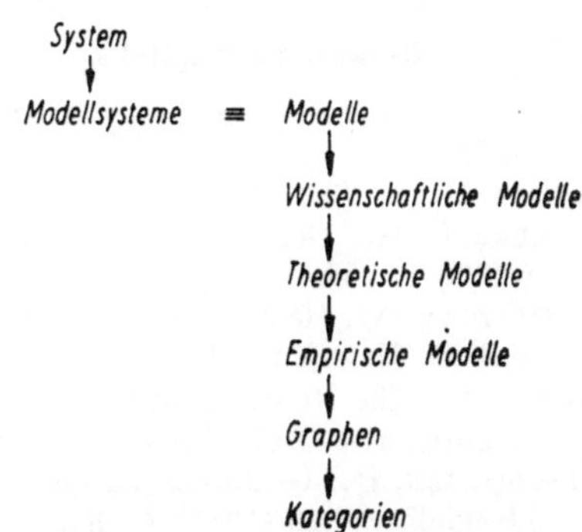

Abb. 6. Der Weg von allgemeinen Systemen bis zu Kategorien, schematisch dargestellt

Auf Grund der angeführten strukturellen und substantiell-qualitativen Charakteristika der Modelle stellt ein Graph, sofern er ein Original abbildet und nicht nur formale theoretische Aussagen macht, ein homomorphes (oder isomorphes) analoges Modell des Originals dar. Im Vordergrund stehen die strukturellen Eigenschaften des Originals — nur diese werden von dem Graphen abgebildet. Es sei deshalb im folgenden erlaubt, die Graphen der Einfachheit halber kurz als Strukturmodelle zu bezeichnen.

Der methodische Weg der Abbildung eines Originals auf ein Strukturmodell geht über eine zunächst semantische Formulierung (semantisches Modell), eine graphische Darstellung (Graph) bis schließlich zur mathematischen Formulierung in einem empirischen Modell. Bezüglich der mathematischen Formulierung der graphentheoretischen Modelle werden entsprechende Bedingungen in den Theorien von Rashevsky (1960) und Rosen (1958) formuliert. Darüber hinaus gelten für Graphen bestimmte Gesetzmäßigkeiten, die sich mit Hilfe mathematischer Verfahren an formalen Graphen erkennen lassen. Mit diesen Gesetzmäßigkeiten, der Theorie der Graphen, werden wir uns zu beschäftigen haben. Dazu ist es nützlich, sich zunächst über die Stellung der Graphentheorie im Rahmen der Mathematik zu informieren. In Abb. 7 ist eine solche schematische Darstellung gegeben, wobei die allgemeine Mengenlehre als Ausgangspunkt gewählt wird. Gleichzeitig vermittelt uns diese Darstellung Anhalts-

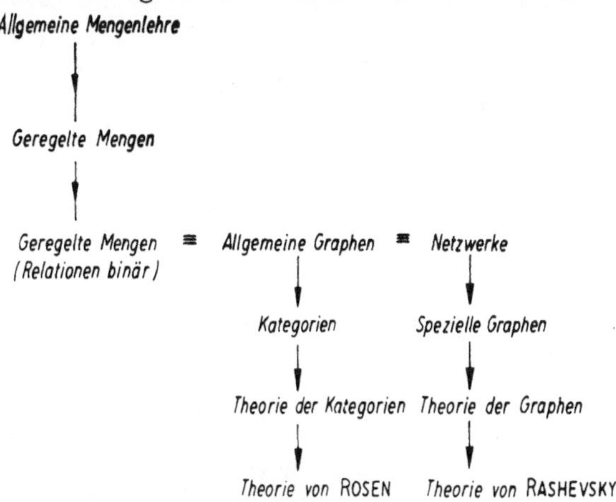

Abb. 7. Die Stellung der Theorie der Graphen innerhalb der Mengenlehre

punkte über den methodischen Weg von der allgemeinen Mengenlehre bis zur Theorie der Graphen und der Kategorien. Es wird für das Verständnis förderlich sein, wichtige Definitionen der der Graphentheorie voranstehenden Gebiete im folgenden kurz abzuhandeln.

Literatur zu Kapitel 2

BERTALANFFY, L. v.: An Essay on the Relativity of Categories. General Systems **7** (1962) S. 71.

MILLER, J. C.: The Organization of Life. Perspect. Biol. Med. **9** (1965) S. 107.

MÜLLER, G. H.: Der Modellbegriff in der Mathematik. Studium generale [Heidelberg] **18** (1965) S. 154.

RASHEVSKY, N.: Mathematical Biophysics. Physico-Mathematical Foundations of Biology, Vol. II. New York 1960.

ROSEN, R.: The Representation of Biological Systems from the Standpoint of the Theory of Categories. Bull. Math. Biophysics **20** (1958) S. 317.

STACHOWIAK, H.: Gedanken zu einer allgemeinen Theorie der Modelle. Studium generale [Heidelberg] **18** (1965) S. 432.

TARSKI, A.: Contributions to the Theory of Models I and II. Indog. Math. **16** (1954) S. 572 und **17** (1955) S. 56.

3. Elemente der Graphentheorie

3.1. Mathematische Grundlagen

Die einfachste Definition einer Menge läßt sich in folgender Weise geben:

a ist genau dann ein Element, wenn wenigstens ein x existiert, so daß a Element von x ist.

a ist genau dann ein Individuum, wenn a Element ist und wenn für jedes x gilt, daß a stufenkleiner als x ist.

a heißt Menge, wenn a kein Individuum ist.

Hierbei ist lediglich zu erklären, was unter stufenkleiner (in Zeichen: $\sqsubset$) zu verstehen ist. Der Begriff des Stufenaufbaus der Dinge ist durch die Russelsche Typenlehre eingeführt worden.

Es existiert sicher eine Menge von Dingen, die selbst keine Mengen sind, mithin nach obiger Definition als Individuen bezeichnet werden. Auf Grund bestimmter gegebener Vorschriften, die von den Individuen erfüllt oder nicht erfüllt werden, lassen sich die Individuen, die ursprünglichsten Dinge, in Mengen zusammenfassen. Eine solche Menge heißt Individuenbereich oder Menge erster Stufe.

Eine Menge erster Stufe hat Individuen als Elemente. Jedes dieser Elemente ist *stufenkleiner* als die Menge selbst. Es gilt für jede Menge, daß ihre Elemente stufenkleiner sind als die Menge selbst. Neben Mengen erster Stufe existieren Mengen zweiter Stufe, dritter Stufe usw. Eine Menge zweiter Stufe besitzt unter ihren Elementen mindestens eine Menge erster Stufe. Analoges gilt für die Mengen höherer Stufen.

Die Zusammenfassung einer Anzahl von Individuen oder Mengen niederer Stufe mit bestimmten gleichen Eigenschaften zu einer Menge läßt sich durch das sogenannte Mengenbildungsaxiom in folgender Weise formulieren:

$$\exists\, M\, \big(M \text{ Menge} \wedge \forall\, x (x \in M \leftrightarrow x \text{ Element} \wedge H(x))\big).$$

In Worten: Es gibt wenigstens eine Größe M, so daß M eine Menge ist. Und für jedes x gilt, daß x Element von M dann und nur dann ist, wenn x Element ist und die Aussageform $H(x)$ für x gilt.

Die Aussageform $H(x)$ ist eine Bedingung (z.B. eine Gleichung) für die Variable x. Alle Elemente x, die diese Bedingung erfüllen, gehören dann der Menge M an.

Das Mengenbildungsaxiom ist ein anschauliches Beispiel dafür, wie relativ einfach sich dieser Sachverhalt durch eine Reihe von Zeichen mit vereinbarter Bedeutung ausdrücken läßt.

Die verbale Formulierung des gleichen Sachverhaltes erscheint demgegenüber unübersichtlich und ist in Wortwahl und Wortstellung in einem bestimmten Grade willkürlich. Als exakte mathematische Formulierung muß die mit Hilfe logischer und mathematischer Zeichen gegebene angesehen werden. Aus diesem Grunde entwickelte sich eine formalisierte Sprache, die Zeichen für Variable, technische Zeichen, Zeichen der Logik und Zeichen der Mathematik enthält.

Im folgenden wird häufig von diesen Zeichen Gebrauch gemacht, so daß die für die vorliegende Abhandlung wichtigsten Zeichen in Tab. 2 zusammengestellt wurden.

Tabelle 2. Einige wichtige in der Mengenlehre verwendete Zeichen

Zeichen	Bedeutung
$\in$	... ist Element von ...
$\sqsubset$	... ist stufenkleinergleich mit ...
$-$	nicht ...
$\wedge$	und ...
$\vee$	oder ...
$\rightarrow$	wenn ... gilt, dann folgt ...
$\leftrightarrow$	dann und nur dann, wenn ... gilt, folgt ...
$\forall$	für jedes ... gilt
$\exists$	es existiert wenigstens ein ...
$\uparrow$	... ist wahr
$\downarrow$	... ist falsch
$\subset$	... ist Teilmenge von ...
$\supset$	... ist Obermenge von ...
$\emptyset$	leere Menge
$\cap$	Durchschnitt
$\cup$	Vereinigung
$-$	Differenz
$\triangle$	symmetrische Differenz

Für den Gebrauch der logischen Zeichen werden im folgenden einige Beispiele angeführt, während die Zeichen, die nur in der Mengenlehre gebräuchlich sind (das betrifft die letzten sieben Zeichen; die ersten beiden Zeichen der Tabelle sind Konstanten der Mengenlehre, alle übrigen Zeichen sind logische Zeichen), durch Venn-Diagramme erklärt werden (Abb. 8).

Die Anwendung der durch Venn-Diagramme (Euler-Diagramme) erläuterten Zeichen auf Mengen ergibt eine Reihe elementarer Beziehungen der Mengenlehre, von denen einige wenige angeführt werden:

$$\bar{A} \cap A = \emptyset, \quad A \cup \emptyset = A, \quad A \cap \emptyset = \emptyset,$$

$$A \cup A = A, \quad A \cap A = A,$$

$$A \cup B = B \cup A, \quad A \cap B = B \cap A,$$

$$A \cup (B \cup C) = (A \cup B) \cup C, \quad A \cap (B \cap C) = (A \cap B) \cap C,$$

$$A \cap (B \cup C) = (A \cap B) \cup (A \cap C),$$

$$A \cup (B \cap C) = (A \cup B) \cap (A \cup C).$$

Die Beispiele für den Gebrauch der logischen Zeichen sind der elementaren Mengenlehre entnommen und ohne Bedeutung für die weiteren Ausführungen:

1. $\forall x(x \in K \to x \sqsubset M)$.

   In Worten: Für jedes x gilt, daß, wenn x Element von K ist, dann x stufenkleiner als M ist.

2. $((A \to B) \wedge (B \to C)) \to (A \to C)$.

   Diese Aussage wird als Kettenschluß (hypothetischer Syllogismus) bezeichnet. In einfacherer Schreibweise, indem einige Klammern durch Punkte symbolisiert werden, erhält man die Aussage in der Form

   $(A \to B) \wedge (B \to C) \cdot \to \cdot A \to C$.

   In Worten: Wenn A gilt, dann folgt B, und wenn B gilt, dann folgt C. Wenn diese Aussage gilt, dann folgt, daß, wenn A gilt, C folgt.

3. $(A \leftrightarrow B) \wedge (B \leftrightarrow C) \cdot \to \cdot A \leftrightarrow C$.

   In Worten: Dann und nur dann, wenn A gilt, folgt B, und dann und nur dann wenn B gilt, folgt C. Wenn diese Aussage gilt, dann folgt, daß, dann und nur dann wenn A gilt, C folgt.

   Diese Aussage wird als erweiterter Kettenschluß bezeichnet.

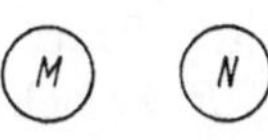

Abb. 8. Venn-Diagramme zur Erläuterung der Bedeutung einiger Zeichen der Mengenlehre

Es seien endlich viele Mengen $M_1, M_2, \ldots, M_n$ gegeben mit den Elementen $x_1, \ldots, x_n$, so daß gilt:

$$x_1 \in M_1, \;\; x_2 \in M_2, \ldots, x_n \in M_n.$$

Aus diesen Mengen kann eine sogenannte *Produktmenge* gebildet werden; symbolisch dargestellt durch $M_1 \times M_2 \times \cdots \times M_n$ mit den Elementen $\{x_1\}$; $\{x_1, x_2\}$; …; $\{x_1, x_2, \ldots, x_n\}$. Die Produktmenge stellt eine Menge von *geordneten n-Tupeln* $(x_1, x_2, \ldots, x_n)$ dar. Jede Teilmenge R der Produktmenge $M_1 \times M_2 \times \cdots \times M_n$ wird als „n-stellige Relation zwischen $M_1, M_2, \ldots, M_n$" bezeichnet.

Ist in einem speziellen Falle $M_1 = M_2 = \cdots = M_n$, so wird für die entsprechende Produktmenge abkürzend M^n geschrieben, und R wird als „n-stellige Relation in der Menge M" bezeichnet.

Es sind für Relationen zwischen den Elementen einer oder mehrerer Mengen die Schreibweisen üblich:

$$(x_1, x_2, \ldots, x_n) \in R, \quad R\,\{x_1, x_2, \ldots, x_n\}, \quad [x_1, x_2, \ldots, x_n]$$

und speziell für zweistellige Relationen

$$x_1 R x_2.$$

Es sei eine Menge M gegeben, und in dieser seien p Relationen von beliebiger Stellenzahl erklärt. Dann kann die Menge M zusammen mit den Relationen $R_1, R_2, \ldots, R_p$ wiederum als Menge (mit der Bezeichnung M^*) aufgefaßt werden. Es gilt

$$M^* = [M, R_1, R_2, \ldots, R_p].$$

Die Menge M^* besitzt nur ein Element, nämlich das geordnete $(p + 1)$-Tupel $(M, R_1, R_2, \ldots, R_p)$.

Mengen von der Art, wie sie durch M^* repräsentiert werden, tragen die Bezeichnung *geregelte Mengen.*

Von besonderem Interesse und von besonderer Bedeutung in der Mathematik und in den biologischen Anwendungen sind zweistellige (binäre) Relationen in einer Menge M. Eine binäre Relation R ist eine Teilmenge der Produktmenge $M \times M$ und besitzt als Elemente geordnete Paare von Elementen aus M. Es sei eine Menge M mit den Elementen a, b, c, d, e gegeben, $M = \{a, b, c, d, e\}$, und es existieren die geordneten Paare $[a, b]$, $[c, d]$, $[c, e]$ infolge einer bestimmten vorgegebenen Beziehung R zwischen den Elementen (etwa $<^{(2)}$). Mithin besteht die Menge der Relationen R aus den Elementen $R = \{[a, b], [c, d], [c, e]\}$. M^* ist jene geregelte Menge, die aus dem geordneten Paar $[M, R]$ als einzigem Element besteht:

$$M^* = [M, R].$$

Unter *geordnet* ist zu verstehen, daß für die betrachteten Elemente auf Grund einer festgelegten Beziehung (Relation) eine feste Ordnung besteht. Für das geordnete Paar $[a, b]$ bedeutet das: Bezüglich der vorgegebenen Relation R ist a stets das erste, b das zweite Element des betrachteten Paares. Die Elemente a und b sind in $[a, b]$ nicht miteinander vertauschbar. Bezeichnet man das geordnete Paar $[a, b]$ mit dem Symbol x ($[a, b] \equiv x$), so wird für a und b auch die folgende Bezeichnung verwendet: $a \equiv \alpha x$ und $b \equiv \beta x$. Stellt man diese Verhältnisse graphisch dar, so gelangt man zu der Darstellung in Abb. 9.

Abb. 9. Graphische Darstellung des geordneten Paares $[a, b]$

Hervorgehend aus der möglichen graphischen Darstellung geordneter Paare sind weitere Bezeichnungsweisen üblich: Die Elemente der Menge M $(a, b, c, \ldots \in M)$ werden *Punkte, Knoten* oder *0-Simplexe* genannt.

Die Elemente der Menge R $(x, y, z, \ldots \in R)$, die geordneten Paare aus den Elementen der Menge M, werden *gerichtete Strecken, gerichtete Linien, Kanten* oder *1-Simplexe* genannt.

Ein Punkt αx heißt *Anfangspunkt*, ein Punkt βx *Endpunkt* der gerichteten Strecke x.

Zwei Relationen R und S einer Menge M können miteinander *verkettet* werden. Anstelle von *Verkettung* spricht man auch von dem *Produkt* oder der *Komposi-*

tion zweier Relationen (bezeichnet durch $R \circ S$), wenn gilt:

$$\forall x \, \forall y \big(x(R \circ S)\, y \leftrightarrow \exists z (xRz \wedge zSy)\big).$$

Die Verkettung ist assoziativ, aber nicht kommutativ.

Eine Verkettung zweier Relationen kann auch gebildet werden, wenn R zwischen den Mengen M_1 und M_2, S zwischen M_2 und M_3 besteht. Wir werden in diesem Falle von einer Komposition sprechen.

Es seien zwei Mengen M_1 und M_2 mit den Elementen $x \in M_1$ und $y \in M_2$ sowie eine Relation R zwischen M_1 und M_2 gegeben. Existiert wenigstens ein Element y, so daß xRy gilt, dann wird die Menge M_1 als *Definitionsbereich* oder *Vorbereich* der Menge R bezeichnet; symbolisch: $D(R)$. In formaler Schreibweise gilt für $D(R)$:

$$D(R) = \{x \in M_1 \,|\, \exists y (xRy)\}.$$

In analoger Weise definiert man als den *Wertebereich* oder *Nachbereich* $W(R)$ die Menge

$$W(R) = \{y \in M_2 \mid \exists x (xRy)\}.$$

Unter der *inversen* oder *dualen Relati on* (R^{-1}) zu R versteht man die Menge der Elemente (y, x), falls (x, y) existiert. Es gilt exakt

$$\forall x \, \forall y (yR^{-1}x \leftrightarrow xRy).$$

Für den eingeführten Terminus *Relation* ist im mathematischen Sprachgebrauch auch die Bezeichnung *Abbildung* üblich. Häufig werden beide Bezeichnungsweisen wahlweise zur Mitteilung des gleichen Sachverhaltes verwendet. In gewissen Fällen werden allerdings unter Abbildungen speziellere Sachverhalte verstanden, so daß dann die Relation den allgemeineren Begriff bildet. Die Auffassungen sind bei den einzelnen Autoren nicht einheitlich.

Da dem Begriff der Abbildung eine ebenso fundamentale Bedeutung in der Mathematik und ihren Anwendungsgebieten zukommt wie dem der Relationen, seien einige grundlegende Bezeichnungsweisen und Definitionen im folgenden angeführt.

Es seien wieder zwei Mengen A und B gegeben. Eine Menge F ist eine Abbildung genau dann, wenn $F \subseteq A \times B$. Ist $x \in A$, $y \in B$ und $(x, y) \in F$, so schreibt man dafür auch $y = F(x)$ (funktionale Schreibweise), $y = xF$ (Operationsschreibweise) oder $y = F_x$ (Indexschreibweise). Entsprechend den Übereinstimmungen zwischen den Mengen A und B und dem Definitions- bzw. Wertebereich von F sind die in Tab. 3 angegebenen verbalen Formulierungen üblich.

Für die Abbildung F von A in B wird häufig geschrieben:

$$F\colon A \to B \quad \text{bzw.} \quad F\colon x \to y.$$

Abbildungen können des weiteren durch ihre Voreindeutigkeit, Nacheindeutigkeit (oder einfache Eindeutigkeit) und ihre Eineindeutigkeit unterschieden werden. Tab. 4 gibt die Definitionen der entsprechenden Begriffe wieder.

Tabelle 3. **Unterscheidung der Abbildungen auf Grund ihrer Abbildungseigenschaften**

Die Menge F heißt eine Abbildung ...,	wenn gilt: ....
aus A in B	$F \subseteq A \times B$
von A in B	$F \subseteq A \times B \wedge D(F) = A$
aus A auf B	$F \subseteq A \times B \wedge W(F) = B$
von A auf B	$F \subseteq A \times B \wedge D(F) = A \wedge W(F) = B$

Tabelle 4. **Definitionen für eindeutige und eineindeutige Abbildungen**

Die Abbildung F heißt ...,	wenn gilt: ...
nacheindeutig (eindeutig)	$\forall x \; \exists! \, y([x, y] \in F)$
voreindeutig	$\forall y \; \exists! \, x([x, y] \in F)$
eineindeutig	F ist nach- und voreindeutig

Das Zeichen $\exists!$ bedeutet: Es existiert höchstens ein ...

Es erscheint in gewissen Fällen zweckmäßig, den Begriff einer sogenannten *Indexmenge* einzuführen. Es seien wiederum zwei Mengen M und I gegeben sowie eine Abbildung F von I in M, also

$$F: \; I \to M.$$

Für F selbst gilt entsprechend der gegebenen Definitionen $F \subseteq I \times M$, und damit stellt F eine Menge von geordneten Paaren $[i, x_i]$ dar, wenn $i \in I$ und $x_i \in M$. Da x_i durch das Element i von I eindeutig bestimmt ist, verwendet man zur Darstellung der Abbildung F die Symbolik $(x_i)_{i \in I}$. I heißt die Indexmenge für M. Mithin sind jetzt die folgenden Schreibweisen identisch gleich:

$$F \subseteq I \times M, \quad F: \; I \to M, \quad (x_i)_{i \in I}, \quad iFx_i.$$

Die Menge $\{x_i \mid i \in I\}$ heißt auch die „Menge der Elemente der Familie $(x_i)_{i \in I}$".

Die bisherige Betrachtungsweise von Abbildungen beschränkte sich, wie aus dem vorstehenden Text ersichtlich ist, nur auf den Fall zweier Mengen, von denen die eine den Definitionsbereich (bzw. eine Teilmenge des Definitionsbereiches) und die andere den Wertebereich (bzw. eine Teilmenge des Wertebereiches) umfaßte. In dieser Beziehung ergibt sich eine Übereinstimmung mit den Eigenschaften binärer Relationen. Es zeigt sich jedoch, daß diese einfachsten Arten der Abbildung nicht ausreichen, um z.B. eine Algebra zu definieren. Man führt deshalb zur Erweiterung des Begriffs der Abbildung die sogenannten *Operationen* ein, worunter das folgende zu verstehen ist.

Es seien zwei Mengen M_1 und M_2 sowie eine natürliche Zahl k gegeben. Wir bilden zunächst das kartesische Produkt $M_1 \times M_1 \times \cdots = M_1^k$ mit den k-Tupeln $(x_1, x_2, \ldots, x_k)$ als Elementen, wenn $x \in M_1$ ist. Es wird nunmehr eine Abbildung von der Menge M_1^k in die Menge M_2 ausgeführt. Bezeichnet man diese Abbildung mit φ, dann gilt entsprechend der eingeführten symbolischen Schreibweise:

$\varphi\colon M_1^k \to M_2$. Werden die Elemente von M_2 mit y bezeichnet, so läßt sich für den obigen Ausdruck auch schreiben:

$$y = \varphi\big((x_1, x_2, \ldots, x_k)\big)$$

bzw. einfacher

$$y = \varphi(x_1, x_2, \ldots, x_k).$$

Die Abbildung φ leistet damit eine *k-stellige Abbildung* von der Menge M_1 in die Menge M_2. Ist im speziellen $M_1 = M_2 = M$, und gilt $\varphi\colon M^k \to M$, so stellt φ eine k-stellige Abbildung der Menge M *in sich* dar.

Ausgehend von k-stelligen Abbildungen, gelangt man zum Begriff der *Operation*. Man betrachte eine Teilmenge $\overline{M^k}$ des kartesischen Produkts M^k ($\overline{M^k} \subseteq M^k$) von einer Ausgangsmenge M. Die Abbildung φ, die die Abbildung von $\overline{M^k}$ in M leistet — d.h., es gilt

$$\varphi\colon \ \overline{M^k} \to M$$

— heißt *k-stellige Operation in M*. k sei dabei wieder eine natürliche Zahl und heiße die *Stellenzahl von* φ.

Die Teilmenge $\overline{M^k} \subseteq M^k$ wird auch als Definitionsbereich von φ bezeichnet. Es gilt

$$\overline{M^k} \equiv D(\varphi).$$

Ist der Definitionsbereich $D(\varphi)$ gleich dem kartesischen Produkt, $D(\varphi) = M^k$, so heißt φ eine *vollständige Operation* in M.

Die vollständigen Operationen der Stellenzahl k in M sind mit den k-stelligen Abbildungen in M identisch.

Für den Zusammenhang zwischen Operationen und Relationen ergibt sich, wie leicht zu sehen ist, daß eine k-stellige Operation in einer Menge M mit einer speziellen $(k + 1)$-stelligen Relation in M identisch ist.

Im besonderen ist eine einstellige Operation in M eine Abbildung von einer Teilmenge von M in M. Falls $M \neq \emptyset$ ist, so versteht man unter einer vollständigen nullstelligen Operation in M ein bestimmtes Element von M, das durch die Operation ausgezeichnet und mit dieser identifiziert wird.

Mit Hilfe dieser definitiv eingeführten Begriffe haben wir jetzt die Möglichkeit, uns mit Algebren zu beschäftigen, die mit größter Allgemeinheit die Definition von Graphen und Kategorien zulassen. Eine Algebra besteht aus einer Menge A zusammen mit einer Familie von Operationen $(\varphi_\varrho)_{\varrho \in P}$ in der Menge A. Diese Algebra schreibt man in der Form $\bar{A} = [A; (\varphi_\varrho)_{\varrho \in P}]$. Es bleibt übrig, noch eine Aussage über die Stellenzahl der Operationen $(\varphi_\varrho)_{\varrho \in P}$ zu treffen. Erst dadurch ist eine Algebra vollständig charakterisiert. Besitzt die Operation φ_ϱ die Stellenzahl k_ϱ für jedes $\varrho \in P$, so sagt man, die Algebra $\bar{A}$ ist vom Typ $\langle (k_\varrho)_{\varrho \in P} \rangle$. Die Familie k_ϱ soll aus den natürlichen Zahlen einschließlich der Null bestehen.

Ein *gerichteter Graph* oder einfach ein *Graph* ist dann durch eine vollständige Algebra $\bar{C} = [C; \alpha, \beta]$ vom Typ $\langle 1, 1 \rangle$ gegeben. (Die Bezeichnung *vollständige*

Algebra bezieht sich auf die Operationen α, β in C im angeführten Sinne.) Besitzt die Menge C die Elemente x, so sollen die Operationen folgende Bedingungen für jedes $x \in C$ erfüllen:

$$\alpha\big(\alpha(x)\big) = \beta\big(\alpha(x)\big) = \alpha(x),$$
$$\alpha\big(\beta(x)\big) = \beta\big(\beta(x)\big) = \beta(x).$$

Die Menge C entspricht damit genau einer Relation R in einer Menge M. $\alpha(x)$ stellt den Anfangspunkt der gerichteten Strecke x dar, $\beta(x)$ den Endpunkt von x, wie bereits bei Besprechung der Relation ausgeführt wurde.

Die Menge $\alpha(C) \cup \beta(C)$ bildet die Menge der Eckpunkte (Punkte) des Graphen $\overline{C}$. Sie werden durch neue Symbole $a, b, c, \ldots$ oder $a_1, a_2, \ldots$ usw. in fortlaufender Folge gekennzeichnet.

Betrachten wir dazu ein Beispiel. Es sei die Trägermenge C mit den Elementen $x_1, x_2, x_3, x_4, x_5, x_6, x_7$ gegeben. Die Operationen α und β, angewandt auf die x_i der Trägermenge, sollen folgende Ergebnisse zeigen:

$$\alpha(x_1) = x_1, \quad \alpha(x_2) = x_2, \quad \alpha(x_3) = x_3,$$
$$\alpha(x_4) = x_3, \quad \alpha(x_5) = x_3, \quad \alpha(x_6) = x_3, \quad \alpha(x_7) = x_2,$$
$$\beta(x_1) = x_1, \quad \beta(x_2) = x_2, \quad \beta(x_3) = x_3, \quad \beta(x_4) = x_3,$$
$$\beta(x_5) = x_1, \quad \beta(x_6) = x_2, \quad \beta(x_7) = x_3.$$

Die Vereinigungsmenge $\alpha(C) \cup \beta(C)$ enthält dann die Elemente $x_1 \equiv a$, $x_2 \equiv b$, $x_3 \equiv c$, die die Punkte des Graphen $\overline{C}$ ergeben. Die Elemente x_4, x_5, x_6 und x_7 sind gerichtete Strecken im betrachteten Graphen $\overline{C}$. Da insbesondere $\alpha(x_4) = \beta(x_4) = x_3$ ist, ist die gerichtete Strecke x_4 eine sogenannte *Schlinge*, für die der Punkt c sowohl den Anfangs- als auch den Endpunkt bildet. Der entsprechende Graph $\overline{C}$ ist in Abb. 10 dargestellt.

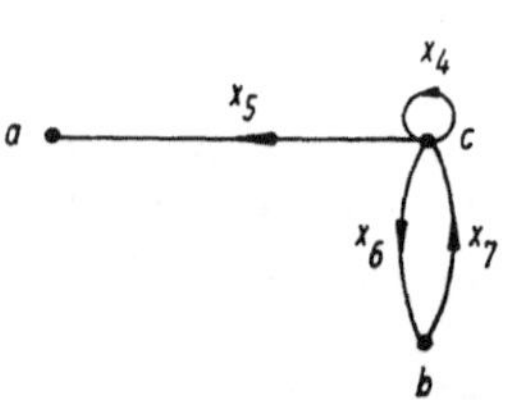

Abb. 10. Graph (Algebra vom Typ $\langle 1, 1\rangle$), der durch spezielle Bedingungen (siehe Text) für die Operationen α und β erhalten wurde

Es sei hier am Rande erwähnt, daß man Kategorien als eine Art von speziellen Graphen aus einer Algebra $\overline{C} = [C; \alpha, \beta, \varphi]$ vom Typ $\langle 1, 1, 2\rangle$ erhalten kann, wenn die Algebra $\overline{C}$ noch einige zusätzliche Bedingungen erfüllt. Allerdings soll an dieser Stelle auf dieses Problem nicht näher eingegangen werden.

Mit den vorangehenden Ausführungen sind zwei Zugänge zur Graphentheorie aufgezeigt worden. Man kann einmal einen Graphen als geregelte Menge $M^* = [M, R]$ auffassen, wobei R eine binäre Relation zwischen den Elementen von M ist. Zum anderen ist es möglich, einen Graphen durch eine Algebra vom Typ $\langle 1, 1\rangle$ zu charakterisieren, wenn die Operationen α und β gewissen Bedingungen genügen (siehe vorangehenden Text). Schließlich ergibt sich ein weiterer Ausgangspunkt in der Topologie. Für eine Reihe von Fragestellungen ist auch gegenwärtig der Bezug auf die Ergebnisse der Topologie für die Graphentheorie von Nutzen.

Dessen ungeachtet verwendet man in der Graphentheorie und in ihren Anwendungsgebieten Formulierungen, die sowohl der Mengenlehre und Algebra als auch der kombinatorischen Topologie entstammen. Insbesondere aus dem zuletzt genannten Grunde erscheint es nützlich, auch von der Seite der Topologie her den Weg zur Graphentheorie aufzuzeigen.

Die Basiselemente der kombinatorischen Topologie sind Punkt, Strecke, Dreieck, Tetraeder usw., die als *Simplexe* bezeichnet werden. Jedem Simplex wird eine *Dimension* und eine *Richtung* zugeordnet. Punkte erhalten die Dimension null, Strecken die Dimension eins, usw.

Folglich ist unter einem eindimensionalen Simplex (symbolisch: $s^{(1)}$ oder einfach s^1), oder kürzer einem 1-Simplex, eine Strecke zu verstehen, die ein Basiselement darstellt. Ein n-dimensionales Simplex besitzt genau $n + 1$ Eckpunkte. Folglich enthält ein 1-Simplex zwei Eckpunkte P_0 und P_1, und es gilt

$$s^{(1)} = (P_0, P_1).$$

Die Eckpunktreihenfolge von links nach rechts in der runden Klammer legt gleichzeitig die positive Richtung des Simplexes fest.

Ein 1-Simplex läßt sich graphisch so darstellen, wie es in Abb. 11 gezeigt ist.

$s^{(1)}$ P_0 P_1

Abb. 11. Graphische Darstellung eines 1-Simplexes mit seinen Eckpunkten

Eine endliche oder abzählbar unendliche Menge von Simplexen heißt ein *simplizialer Komplex* (und trägt die Bezeichnung K), wenn folgende Bedingungen erfüllt sind:

1. Jede Seite eines Simplexes aus einem simplizialen Komplex K ist ein Element von K.
2. Der nichtleere Durchschnitt zweier Simplexe aus K ist eine gemeinsame Seite dieser Simplexe.
3. Kein Punkt aus K ist ein Eckpunkt von unendlich vielen Simplexen aus K.

Ein simplizialer Komplex ist durch seine Basiselemente eindeutig bestimmt. Als Basiselemente von K sind jene Elemente anzusehen, die in keinem anderen Element aus K als eigentliche Seite auftreten. (Uneigentliche Seiten der Basiselemente besitzen eine Seitenlänge der Größe Null.)

Dem simplizialen Komplex K wird eine Dimension zugeordnet, die mit der höchsten Dimension, die einem oder mehreren seiner Basiselemente zukommt, identisch ist. Besitzen insbesondere alle Basiselemente von K die gleiche Dimension, so heißt K ein *homogener simplizialer Komplex*. Der homogene simpliziale Komplex der Dimension eins enthält als Basiselemente nur 1-Simplexe und wird als Graph G bezeichnet.

Mit den letzten Ausführungen ist auch der dritte Weg, um zu Graphen zu gelangen, aufgezeigt worden, und es wird im folgenden die Aufgabe sein, einige jener inneren Gesetzmäßigkeiten kennenzulernen, die den Graphen zu eigen sind.

Literatur zu Abschnitt 3.1

BRINKMANN, H.-B., und D. PUPPE: Kategorien und Funktoren. Lecture Notes in Mathematics, H. 18. Berlin/Heidelberg/New York 1966.

GÖRKE, L.: Mengen, Relationen, Funktionen. Berlin 1965.

HASSE, M., und L. MICHLER: Theorie der Kategorien. Mathematische Monographien, Bd. 7. Berlin 1966.

KLAUA, D.: Allgemeine Mengenlehre. Ein Fundament der Mathematik. Berlin 1964.

PONTRJAGIN, L. S.: Grundzüge der kombinatorischen Topologie. Berlin 1956.

VAN DER WAERDEN, B. L.: Algebra I. 4. Aufl. Berlin/Göttingen/Heidelberg 1955.

Vorlesungsnachschrift über „Kombinatorische Topologie". Die Vorlesung wurde von Prof. Dr. H. BECKERT im Frühjahrssemester 1963 an der Karl-Marx-Universität Leipzig gehalten.

3.2. Netzwerke, Relationen, Graphen

Es soll im folgenden unsere Aufgabe sein, die endlichen gerichteten Graphen näheren Betrachtungen zu unterziehen.

Wählt man die Mengenlehre als Ausgangspunkt und sieht einen Graphen als geregelte Menge an, ohne weitere Einschränkungen zu machen, so können z.B. die in den Abbildungen 12a bis 12c dargestellten Graphen auftreten.

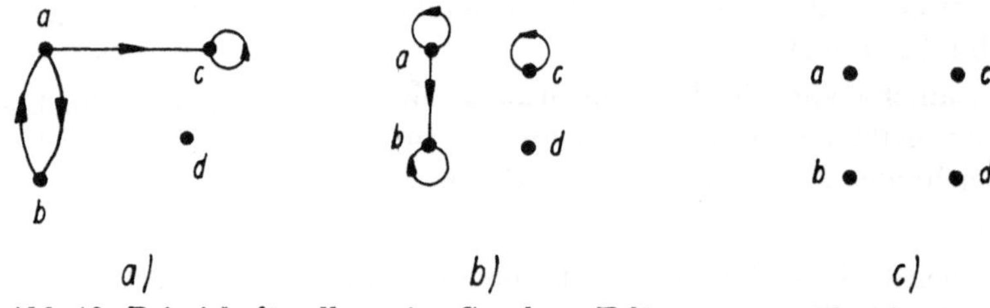

Abb. 12. Beispiele für allgemeine Graphen (Erläuterungen siehe Text)

Der Graph in Abb. 12a enthält als Besonderheit eine singuläre Kante (Schlinge) im Punkt c und den isolierten Punkt d. Abb. 12b zeigt einen Graphen, der in den Punkten a, b und c Schlingen sowie den unverbundenen Punkt d als Besonderheiten aufweist. Schließlich sieht man im Graphen der Abb. 12c, daß alle Punkte unverbunden (isoliert) sind. Es existieren in diesem Falle keine binären Relationen zwischen den Elementen der Menge, und der Graph $M^* = [M, R]$ mit $R = \emptyset$ stellt nur die Elemente der Menge M dar. In diesem Sinne kann man die Graphen als eine Verallgemeinerung von Mengen ansehen, da sich jede Menge mit einem speziellen Graphen identifizieren läßt, nämlich genau dann, wenn die Menge der binären Relationen zwischen den Elementen der Menge M leer ist.

Für eine große Reihe von Problemstellungen ist es nun nicht erforderlich, mit allgemeinen Graphen zu arbeiten, sondern es ist ausreichend, eine spezielle Klasse allgemeiner Graphen dazu heranzuziehen. Das beinhaltet insbesondere, daß eine weniger umfangreiche Theorie zur Beschreibung ausreicht. Die meisten der in Biologie, Soziologie und Ökonomie auftretenden Strukturprobleme lassen sich, wenn überhaupt, dann mit speziellen Graphen behandeln.

Im Anschluß an die Arbeit von HARARY u.a. (1965) führen wir eine Spezialisierung der *allgemeinen Graphen* oder *Netzwerke* in *spezielle Graphen* ein. Dazu gehen wir von einem einfachen Axiomensystem aus, auf dem sich, wie in Abschn. 3.1 gezeigt wurde, eine Theorie der gerichteten speziellen Graphen aufbauen läßt. Den Ausgangspunkt bilden vier sogenannte *primitive Begriffe*, die keiner weiteren Erklärung bedürfen, nämlich:

1. eine Menge M von Elementen m_i, die *Punkte* genannt werden,
2. eine Menge X von Elementen x_i, die *gerichtete Strecken* oder *Kanten* genannt werden,
3. eine Abbildung α, deren Definitionsbereich X ist und deren Wertebereich in M enthalten ist,
4. eine Abbildung β, deren Definitionsbereich X ist und deren Wertebereich in M enthalten ist.

Es seien die Mengen M und X sowie die Abbildungen α und β gegeben. Dann spricht man von einem *endlichen gerichteten Graphen*, einem *Netzwerk* oder einer *Relation*, wenn folgende Axiome erfüllt sind:

1. Die Menge M ist endlich und nicht leer.
2. Die Menge X ist endlich.

Das erste Axiom fordert, daß die Menge der Punkte endlich ist und wenigstens ein Element enthält.

Die Aussage des zweiten Axioms beinhaltet, daß nur endlich viele Elemente x_i der Menge X angehören.

Aber es ist selbstverständlich möglich, daß die Menge X kein Element enthält, so daß das Netzwerk nur aus isolierten Punkten besteht. Netzwerke können insbesondere Schlingen, isolierte Punkte und parallele Kanten enthalten (Abb. 13).

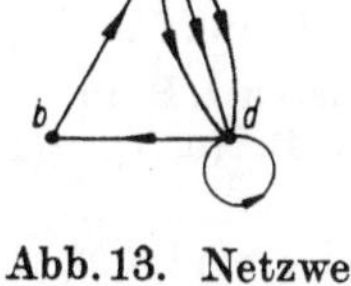

Abb. 13. Netzwerk mit Schlinge, isoliertem Punkt und parallelen Kanten zwischen den Punkten c und d

Für die Klasse spezieller Netzwerke, die keine parallelen Kanten besitzen, wird die Bezeichnung *Relation* (im engeren Sinne) eingeführt. Die in den Abbildungen 12a, 12b und 12c dargestellten Graphen gehören dieser Klasse von Netzwerken an und können als Relationen im angeführten Sinne bezeichnet werden.

Jede Relation ist folglich auch ein Netzwerk, aber nicht jedes Netzwerk ist eine Relation. Relationen können isolierte Punkte und Schlingen besitzen.

Entsprechend ihren speziellen Eigenschaften lassen sich die Relationen genauer kennzeichnen und mit entsprechenden Namen belegen. Eine Übersicht über die wichtigsten Bezeichnungsweisen spezieller Relationen wird in Tab. 5 gegeben.

Die verschiedenen Eigenschaften der Relationen können miteinander kombiniert werden, so daß eine Relation mehrere Eigenschaften gleichzeitig besitzen kann. Aus diesen kombinierten Eigenschaften ergeben sich bestimmte Beziehungen bezüglich der Ordnung und Vergleichbarkeit der Elemente einer Menge. Tab. 6 gibt eine Übersicht der üblichen Begriffsbildungen hinsichtlich mehrerer Eigenschaften, die einer bestimmten Relation zukommen.

Besonderes Interesse gewinnen für uns die irreflexiven Relationen, die als Graphen im engeren Sinne bezeichnet werden.

Geht man wiederum von den vier primitiven Begriffen aus, so kann für eine irreflexive Relation, d.h. für einen speziellen gerichteten Graphen (im folgenden der Einfachheit halber nur als *Graph* bezeichnet), die nachstehende Definition gegeben werden.

Es seien die Mengen M und X sowie die Abbildungen α und β von X in M gegeben. Man spricht dann von einem *Graphen* (im engeren Sinne), wenn die Mengen M und X den Axiomen genügen:

1. Die Menge M ist endlich und nicht leer.
2. Die Menge X ist endlich.
3. Die Menge X enthält keine singulären Elemente.

Auf die Bedeutungen der Axiome 1 und 2 wurde bereits eingegangen. Das dritte Axiom besagt schließlich, daß die betrachteten Relationen keine Schlingen (singulären Kanten) enthalten und drückt damit nur in anderen Worten die Irreflexivität der entsprechenden Relationen aus. Auf Grund der gegebenen Definition können die Graphen bezüglich ihrer speziellen Eigenschaften (den Eigenschaften irreflexiver Relationen) weitgehend klassifiziert werden. Einige häufig auftretende Klassen von Graphen sind in Tab. 7 zusammengestellt.

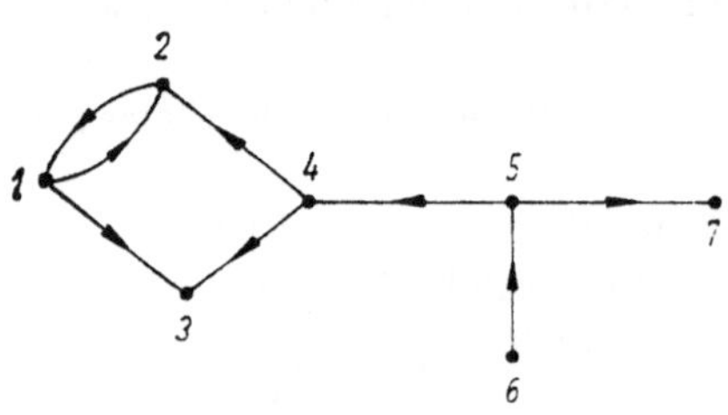

Abb. 14. Graph G.
Es existieren z.B. in G die Wege [(1,3), (4,3), (5,4), (5,7)], [(1,2), (4,2), (5,4), (6,5)]
und die Ketten [(4,2), (2,1)], [(6,5), (5,4), (4,3)], [(5,4), (4,2), (2,1), (1,3)]

Für die Anwendungen in der Biologie stehen die zusammenhängenden Graphen im Vordergrund. Es fehlt uns bis jetzt aber noch ein Kriterium, um zusammenhängende von nichtzusammenhängenden Graphen abzugrenzen. Wenden wir uns diesem Problem zu, dann erweist es sich als nützlich, zunächst einige Begriffsbildungen einzuführen.

Es sei ein Graph G mit den Punkten a_i und den Kanten x_i gegeben. Ein Weg ist eine Kollektion von Punkten a_k ($k = 0, 1, 2, \ldots, n$) zusammen mit n Kanten x_j ($j = 1, 2, \ldots, n$) (die a_k befinden sich unter den Elementen a_i, die x_j unter den x_i des Graphen G), so daß gilt:

$$(a_0, a_1) \equiv x_1 \text{ oder } (a_1, a_0) \equiv x_1 \text{ und } (a_1, a_2) \equiv x_2 \text{ oder } (a_2, a_1) \equiv x_2$$
$$\text{und} \ldots \text{und } (a_{k-1}, a_n) \equiv x_n \text{ oder } (a_n, a_{n-1}) \equiv x_n.$$

Die Anzahl der Kanten, die einem bestimmten Weg angehören, wird als die *Länge* des Weges bezeichnet. Besitzen alle Kanten eines Weges die gleiche Orientierung (in Richtung vom Anfangs- zum Endpunkt des Weges), d.h., gilt für den obigen Fall $(a_0, a_1), (a_1, a_2), \ldots, (a_{n-1}, a_n)$, so belegt man diesen ausgezeichneten Weg

Tabelle 5. Bezeichnungen spezieller Relationen.

Es sei die Menge M mit den Elementen m und eine Relation X bzw. R in M gegeben. Dann wird R bezeichnet als ..., wenn gilt ...

Bezeichnung	Bedingung	Beispiel
irreflexive R., Graph	$\forall m_i (\overline{m_i R m_i})$	keine Schlingen, sonst beliebig, auch isolierte Punkte möglich
reflexive R.	$\forall m_i (m_i R m_i)$	
asymmetrische R.	$\forall m_i, m_j (m_i R m_j \rightarrow \overline{m_j R m_i})$	
antisymmetrische R.	$\forall m_i, m_j (m_i R m_j \wedge m_j R m_i \rightarrow m_i = m_j)$	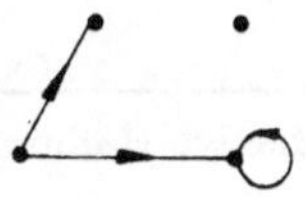
symmetrische R.	$\forall m_i, m_j (m_i R m_j \rightarrow m_j R m_i)$	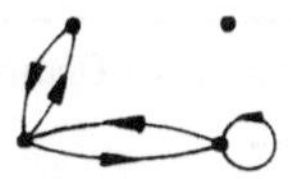
transitive R.	$\forall m_i, m_j, m_k (m_i R m_j \wedge m_j R m_k \rightarrow m_i R m_k)$	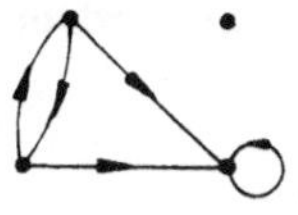
lineare R.	$\forall m_i, m_j (m_i R m_j \vee m_j R m_i)$	
konnexe R.	$\forall m_i, m_j (m_i R m_j \vee m_i = m_j \vee m_j R m_i)$	

Tabelle 6. Quasiordnungs-, Halbordnungs- und Ordnungsrelationen

Bezeichnung	Eigenschaften der Relation	Beispiel
irreflexive Quasiordnung	irreflexiv transitiv	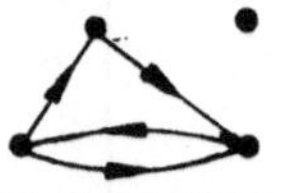
reflexive Quasiordnung	reflexiv transitiv	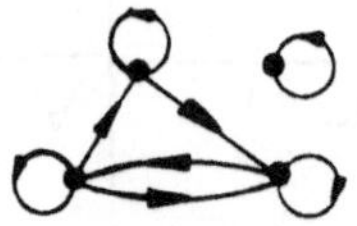
Äquivalenz	reflexiv transitiv symmetrisch	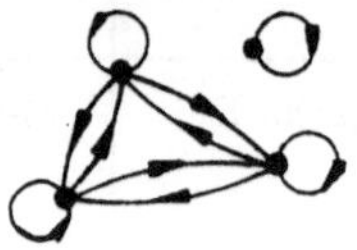
irreflexive Halbordnung	irreflexiv transitiv asymmetrisch	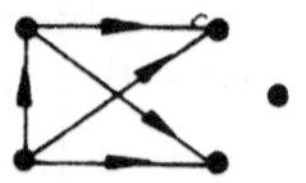
reflexive Halbordnung	reflexiv transitiv antisymmetrisch	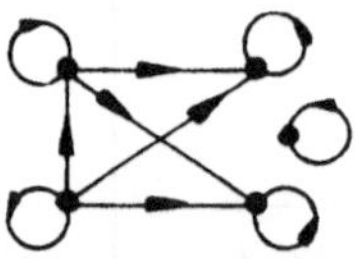
irreflexive Ordnung	irreflexiv transitiv asymmetrisch konnex	
reflexive Ordnung	reflexiv transitiv antisymmetrisch linear	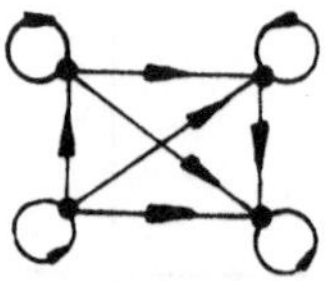

mit der Bezeichnung *n-gliedrige Kette* oder *Kette.* Abb. 14 veranschaulicht diesen Sachverhalt.

Ein Graph G heißt *zusammenhängend,* wenn jeder beliebige Punkt aus G mit jedem beliebigen Punkt aus G über wenigstens einen Weg erreichbar ist. Das bedeutet gleichzeitig, daß G keine isolierten Punkte enthält.

In Abb. 15 sind drei Graphen dargestellt, von denen G_1 und G_2 nicht zusammenhängend sind. G_1 enthält einen isolierten Punkt, der von keinem weiteren Punkt aus G_1 über einen Weg erreichbar ist und von dem aus kein weiterer Punkt

Tabelle 7. Zur Klassifizierung der Graphen (im engeren Sinne)

Bezeichnung	zugehörige Relationen	Beispiel
total nichtzusammenhängender G.	irreflexiv	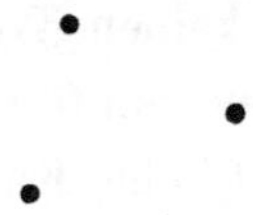
nichtzusammenhängender G.	irreflexiv	
asymmetrischer G.	irreflexiv asymmetrisch	
kompletter asymmetrischer G. (Turnier-G.)	irreflexiv asymmetrisch linear	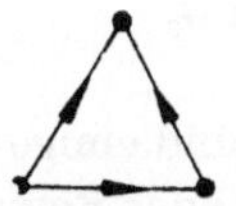
symmetrischer G.	irreflexiv symmetrisch	
kompletter symmetrischer G.	irreflexiv symmetrisch linear	
transitiver G.	irreflexiv transitiv	

aus G_1 über einen Weg erreichbar ist. G_2 besteht aus zwei Teilgraphen G_2' und G_2'', die jeder für sich zusammenhängend sind. Aber kein Punkt aus G_2' ist über einen Weg von G_2'' aus erreichbar und umgekehrt, so daß G_2 nicht zusammenhängend ist. G_3 schließlich stellt einen zusammenhängenden Graphen dar. Wir werden uns in Abschn. 3.4. noch genauer mit dem Zusammenhang von Graphen auseinanderzusetzen haben.

Ein geschlossener Weg (Anfangs- und Endpunkt des Weges fallen zusammen) wird als *Kreis*, eine geschlossene Kette (Anfangs- und Endpunkt der Kette fallen zusammen) wird als *Zyklus* bezeichnet (Abb. 16).

Ein Graph, der weder einen Kreis noch einen Zyklus enthält, heißt ein *Baum*. Ein *Gerüst* G' des Graphen G liegt dann vor, wenn gilt:

1. G' enthält die gleichen Punkte wie G.
2. G' enthält keinen Kreis und keinen Zyklus.
3. Alle Kanten von G' sind auch Kanten von G.
4. Würde zu G' eine Kante hinzugefügt, die nicht zu G' gehört, aber in G enthalten ist, so würde G' einen Kreis oder einen Zyklus enthalten.

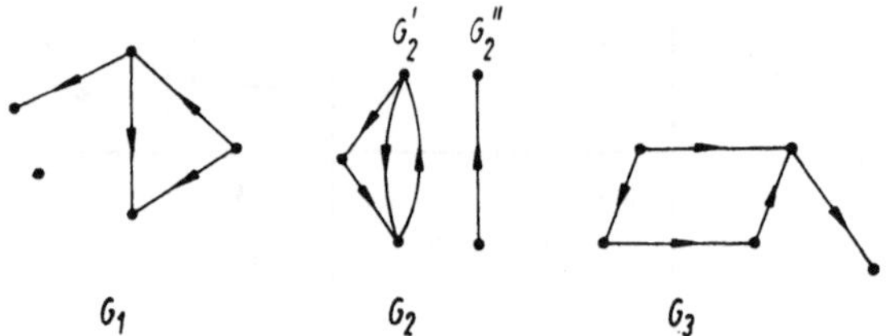

Abb. 15. Nichtzusammenhängende Graphen G_1 und G_2 und zusammenhängender Graph G_3

In Abb. 17 sind einige der möglichen Gerüste zu einem vorgegebenen Graphen dargestellt. Bei der Betrachtung der Gerüste fällt auf, daß von G stets die gleiche Anzahl von Kanten entfernt wurde, um zu einem Gerüst zu gelangen. Welche Kanten aus G zu entfernen sind, um zu G' zu gelangen, ist nicht eindeutig be-

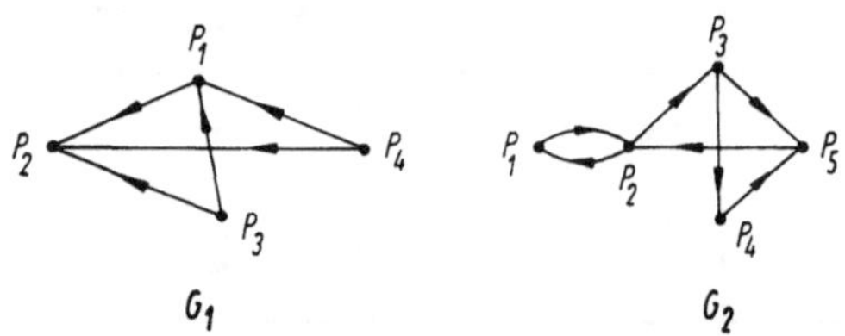

Abb. 16. Der Graph G_1 enthält keinen Zyklus, wohl aber mehrere Kreise, nämlich $[(P_1, P_2), (P_3, P_2), (P_3, P_1)]$, $[(P_4, P_1), (P_1, P_2), (P_4, P_2)]$ und $[(P_4, P_1), (P_3, P_1), (P_3, P_2), (P_4, P_2)]$.
Der Graph G_2 enthält sowohl Zyklen als auch Kreise. Die folgenden Zyklen sind in G_2 existent:
$[(P_1, P_2), (P_2, P_1)]$, $[(P_2, P_3), (P_3, P_5), (P_5, P_2)]$ und $[(P_2, P_3), (P_3, P_4), (P_4, P_5), (P_5, P_2)]$

stimmt; die Auswahl ist nur durch die Bedingungen 1 bis 4 beschränkt. Die Zahl μ der Kanten, die aus G zu entfernen sind, um zu G' zu gelangen, ist eine charakteristische Größe für G und wird als *Zusammenhangszahl* oder *Index* des Graphen G bezeichnet (KÖNIG, 1936).

Es sei ein Graph G mit α_0 Punkten und α_1 Kanten gegeben. Das Gerüst G' von G enthält dann α_0 Punkte und $\alpha_1 - \mu$ Kanten. Weiterhin gilt die sofort einzusehende Beziehung $\alpha_0 - 1 = \alpha_1 - \mu$ für das Verhältnis zwischen Punkten und Kanten zusammenhängender Graphen. Daraus folgt für den Index μ

$$\mu = \alpha_1 - \alpha_0 + 1.$$

Besteht G aus ν nichtzusammenhängenden Teilgraphen, so gilt an Stelle obiger Beziehung

$$\mu = \alpha_1 - \alpha_0 + \nu.$$

Es ist $\nu = 1$, wenn G zusammenhängend ist.

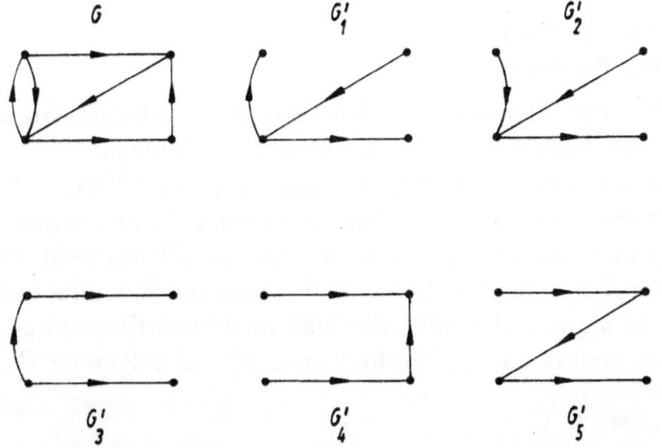

Abb. 17. Die G_i' stellen einige der möglichen Gerüste des Graphen G dar. Man beachte, daß zu allen Gerüsten die gleiche Anzahl von Kanten hinzugefügt werden muß, um von G_i' zu G zu gelangen

Literatur zu Abschnitt 3.2

HARARY, F., R. Z. NORMAN und D. CARTWRIGHT: Structural Models. An Introduction to the Theory of Directed Graphs. New York/London/Sidney 1965.

HASSE, M., und L. MICHLER: Theorie der Kategorien. Berlin 1966.

KLAUA, D.: Allgemeine Mengenlehre. Ein Fundament der Mathematik. Berlin 1964.

KÖNIG, D.: Theorie der endlichen und unendlichen Graphen. Leipzig 1936.

SZÁSZ, G.: Einführung in die Verbandstheorie (Übers. a. d. Ungar.). Leipzig 1962.

3.3. Matrizendarstellungen

Wie für jede mathematische Struktur, so benötigt man auch für Graphen eine geeignete abstrakte Darstellung, die es erlaubt, die Eigenschaften der Struktur auf möglichst einfache und übersichtliche Weise zu ermitteln und mathematische Operationen elegant auszuführen.

Die voranstehend gegebenen graphischen Darstellungen endlicher gerichteter Graphen können auf diesem Wege nur ein Hilfsmittel bedeuten, das sich zur Ausführung mathematischer Operationen im allgemeinen als recht ungeeignet erweist. Eine für unsere Zwecke günstige mathematische Darstellung der Graphen macht von dem Begriff der Matrix Gebrauch.

Da im folgenden häufig von Matrizen die Rede sein wird, sollen an dieser Stelle die wichtigsten elementaren Rechenoperationen für Matrizen sowie einige unerläßliche Begriffsbildungen zusammengestellt werden.

Matrix bedeutet eine bestimmte Ordnung bzw. Anordnung von Elementen. Die Elemente der Matrix A werden durch doppelt indizierte Symbole a_{ij} gekennzeichnet. Der erste Index bezieht sich auf die Zeile, der zweite auf die Spalte der Matrix, in der das Element angeordnet ist. Formal schreibt man $A = ||a_{ij}||$. Eine spezielle Matrix A_1 hat dann z.B. die Gestalt:

$$A_1 = \begin{pmatrix} a_{11} & a_{12} & a_{13} & a_{14} \\ a_{21} & a_{22} & a_{23} & a_{24} \\ a_{31} & a_{32} & a_{33} & a_{34} \end{pmatrix}.$$

Die senkrechten Reihen von Elementen heißen *Spalten*, die waagerechten *Zeilen*. Die Elemente a_{ij} können beliebige reelle oder komplexe Zahlen sein.

Die Anzahl der Zeilen m und die Anzahl der Spalten n einer Matrix A bestimmen den Typ der Matrix, der durch die Angabe $m \times n$ gekennzeichnet wird.

Unter einer transponierten oder gespiegelten Matrix A^T versteht man eine solche, bei der im Vergleich zu A Zeilen und Spalten miteinander vertauscht sind. Aus dem Element a_{ik} von A wird in der Matrix A^T das Element a_{ki}. Bildet man die transponierte Matrix zu A_1, so erhält man A_1^T mit folgender Gestalt:

$$\mathrm{A}_1^T = \begin{pmatrix} a_{11} & a_{21} & a_{31} \\ a_{12} & a_{22} & a_{32} \\ a_{13} & a_{23} & a_{33} \\ a_{14} & a_{24} & a_{34} \end{pmatrix}.$$

Liegen quadratische Matrizen vor (Typ $m \times m$), so bezeichnet man die Diagonalelemente von links oben nach rechts unten als die *Hauptdiagonale* der Matrix (siehe A_2):

$$A_2 = \begin{bmatrix} a_{11} & a_{12} & a_{13} \\ a_{21} & a_{22} & a_{23} \\ a_{31} & a_{32} & a_{33} \end{bmatrix}.$$

Hauptdiagonale

Sind alle Elemente einer Matrix außer den Elementen der Hauptdiagonale gleich Null, so spricht man von einer *Diagonalmatrix*. Die Elemente der Hauptdiagonale können dabei beliebige Werte annehmen. Sind diese Elemente ebenfalls alle gleich Null, so spricht man von einer *Nullmatrix*.

Sind alle Elemente der Hauptdiagonale gleich eins, so bezeichnet man diese Matrix als *Einheitsmatrix*.

Zwei Matrizen A und B werden dann und nur dann als gleich angesehen, wenn $a_{ij} = b_{ij}$ für alle i ud j ist und wenn die Matrizen A und B vom gleichen Typ sind. Tab. 8 vermittelt die wichtigsten Rechenoperationen für Matrizen.

Es gilt jetzt, noch den wichtigen Begriff des Ranges einer Matrix einzuführen. Um eine möglichst einfache Definition dieses Begriffes zu geben, sind zuvor einige Ausführungen über Determinanten erforderlich.

Denkt man sich aus einer Matrix ein quadratisches Schema von Elementen herausgeschnitten, so kann dieses Schema als Determinante D bezeichnet und durch eine Zahl, den Wert der Determinante, charakterisiert werden. Der Wert der Determinante errechnet sich durch eine Vorschrift aus den Elementen der Determinante. Als Beispiel betrachten wir die Matrix A_3, aus der wir das quadratische Schema $A_3^\square$ „herausschneiden":

$$A_3 = \begin{pmatrix} a_{11} & a_{12} & a_{13} \\ a_{21} & a_{22} & a_{23} \\ a_{31} & a_{32} & a_{33} \\ a_{41} & a_{42} & a_{43} \end{pmatrix},$$

$$A_3^\square = \begin{pmatrix} a_{21} & a_{22} \\ a_{31} & a_{32} \end{pmatrix}.$$

Wir bilden nun rein formal die Determinante D aus $A_3^\square$, indem wir schreiben:

$$D = \begin{vmatrix} a_{21} & a_{22} \\ a_{31} & a_{32} \end{vmatrix}.$$

Der Wert einer Determinante D mit den Elementen a_{ik} $(i, k = 1, 2, \ldots, n)$ errechnet sich zu

$$D = \sum_{j=1}^{n} (-1)^{j+l} \cdot a_{lj} \cdot D_{jl} \qquad (l = 1 \text{ oder } 2 \text{ oder } \ldots \text{ oder } n).$$

D_{jl} heißt die zu D gehörige Unterdeterminante, die aus D dadurch entsteht, daß die l-te Spalte und die j-te Zeile in D gestrichen werden. Durch dieses Verfahren entstehen aus der n-reihigen Determinante D n Stück $(n - 1)$-reihige Unterdeterminanten D_{jl}. Diese können wiederum in Unterdeterminanten zerlegt werden usw. Auf diese Weise gelangt man schließlich zu Unterdeterminanten, die nur noch aus einem Element bestehen und deren Wert mit dem Wert dieses Elementes identisch ist. Gleichzeitig erhält man durch diese Entwicklung den Wert der Determinante D. Das Verfahren wird durch das folgende Beispiel erläutert (die Entwicklung erfolgt nach den Elementen der ersten Spalte der Determinanten):

$$D = \begin{vmatrix} 1 & 3 & 0 \\ 3 & 2 & 1 \\ 2 & 1 & 0 \end{vmatrix} = 1 \begin{vmatrix} 2 & 1 \\ 1 & 0 \end{vmatrix} - 3 \begin{vmatrix} 3 & 0 \\ 1 & 0 \end{vmatrix} + 2 \begin{vmatrix} 3 & 0 \\ 2 & 1 \end{vmatrix}$$

$$= 1 \cdot 2 \cdot |0| - 1 \cdot 1 \cdot |1| - 3 \cdot 3 \cdot |0| + 3 \cdot 1 \cdot |0| + 2 \cdot 3 \cdot |1| - 2 \cdot 2 \cdot |0|$$

$$= 1 \cdot 2 \cdot 0 - 1 \cdot 1 \cdot 1 - 3 \cdot 3 \cdot 0 + 3 \cdot 1 \cdot 0 + 2 \cdot 3 \cdot 1 - 2 \cdot 2 \cdot 0 = 5.$$

Tabelle 8. Die wichtigsten Rechenoperationen für Matrizen

Typ der Matrix A	Typ der Matrix B	Operation	Typ der Resultatmatrix C	Berechnung der Elemente c_{ij}	Beispiel
$m\times n$	$m\times n$	Summenbildung $A+B$	$m\times n$	$c_{ij}=a_{ij}+b_{ij}$	$\begin{pmatrix}1&2\\0&2\end{pmatrix}+\begin{pmatrix}2&3\\1&0\end{pmatrix}=\begin{pmatrix}3&5\\1&2\end{pmatrix}$
$m\times n$	$m\times n$	Differenzbildung $A-B$	$m\times n$	$c_{ij}=a_{ij}-b_{ij}$	$\begin{pmatrix}1&2\\0&2\end{pmatrix}-\begin{pmatrix}2&3\\1&0\end{pmatrix}=\begin{pmatrix}-1&-1\\-1&2\end{pmatrix}$
$m\times n$		skalare Multiplikation mit b bA	$m\times n$	$c_{ij}=b\cdot a_{ij}$	$7\cdot\begin{pmatrix}1&2\\0&2\end{pmatrix}=\begin{pmatrix}7&14\\0&14\end{pmatrix}$
$m\times n$	$m\times n$	elementweise Multiplikation $A\times B$	$m\times n$	$c_{ij}=a_{ij}\cdot b_{ij}$	$\begin{pmatrix}1&2\\0&2\end{pmatrix}\times\begin{pmatrix}2&3\\1&0\end{pmatrix}=\begin{pmatrix}2&6\\0&0\end{pmatrix}$
$m\times n$	$n\times p$	Multiplikation $A\cdot B$	$m\times p$	$c_{ij}=\sum_{k=1}^{n}a_{ik}\cdot b_{kj}$	$\begin{pmatrix}1&2\\0&2\end{pmatrix}\cdot\begin{pmatrix}2&3\\1&0\end{pmatrix}=\begin{pmatrix}4&3\\2&0\end{pmatrix}$
$m\times n$		Bildung der Transponierten A^T	$n\times m$	$c_{ij}=a_{ji}$	$\begin{pmatrix}1&2\\0&2\end{pmatrix}^T=\begin{pmatrix}1&0\\2&2\end{pmatrix}$

Der Rang einer Matrix A kann jetzt sehr einfach definiert werden. Sind wir in der Lage, aus der Matrix A wenigstens ein n-reihiges quadratisches Schema von Elementen derart herauszuschneiden, daß dessen Determinante ungleich Null ist, während die Determinante jedes $(n + 1)$-reihigen quadratischen Schemas aus A gleich Null ist, so sagt man, die Matrix A habe den Rang n.

Es sei dieser Sachverhalt an einem Beispiel dargestellt. Gegeben ist die Matrix A, deren Rang es zu ermitteln gilt:

$$A = \begin{pmatrix} 2 & 2 \\ 0 & 0 \\ 1 & 1 \end{pmatrix}.$$

Aus A können drei zweireihige Determinanten gebildet werden. Es bleibt zu prüfen, ob wenigstens eine davon einen Wert ungleich Null besitzt:

$$D_1 = \begin{vmatrix} 2 & 2 \\ 0 & 0 \end{vmatrix} = 0, \quad D_2 = \begin{vmatrix} 2 & 2 \\ 1 & 1 \end{vmatrix} = 0, \quad D_3 = \begin{vmatrix} 0 & 0 \\ 1 & 1 \end{vmatrix} = 0.$$

Da alle zweireihigen Determinanten Null sind, kann der Rang von A nicht zwei sein. Es existieren aber sechs einreihige Determinanten, von denen mehrere einen Wert ungleich Null besitzen:

$$D_1 = |2| = 2, \quad D_2 = |2| = 2, \quad D_3 = |0| = 0, \quad D_4 = |0| = 0,$$
$$D_5 = |1| = 1, \quad D_6 = |1| = 1.$$

Damit ist folgender Tatbestand gegeben: Es existieren einreihige Determinanten ungleich Null, während alle zweireihigen Determinanten den Wert Null besitzen. Mithin ist der Rang der betrachteten Matrix A gleich 1.

Mit diesen kurzen Hinweisen erschöpft sich keineswegs die Matrizenrechnung, aber sie werden genügen, um die im folgenden abzuhandelnden Probleme der Graphentheorie verstehen zu können. Wir wollen uns nach diesen notwendigen Erklärungen wieder den Graphen zuwenden und die Matrizendarstellungen von Kirchhoff (1847), Poincaré (1899) und Veblen (1922) einführen.

Es sei ein endlicher gerichteter Graph G gegeben mit P_i $(i = 1, 2, \ldots, \alpha_0)$ Punkten und K_j $(j = 1, 2, \ldots, \alpha_1)$ Kanten. Wir definieren $\alpha_0 \cdot \alpha_1$ Zahlen ε_{ij} $(i = 1, 2, \ldots, \alpha_0;\ j = 1, 2, \ldots, \alpha_1)$ in der Weise, daß gilt:

$\varepsilon_{ij} = 1$, wenn P_i der Anfangspunkt der gerichteten Strecke K_j ist;

$\varepsilon_{ij} = -1$, wenn P_i der Endpunkt der gerichteten Strecke K_j ist;

$\varepsilon_{ij} = 0$, wenn P_i weder Anfangs- noch Endpunkt der gerichteten Strecke K_j ist.

Auf diese Weise erhält man eine sogenannte *Inzidenzmatrix* T von G mit den Elementen ε_{ij}. Es gilt $T = \|\varepsilon_{ij}\|$. Die Matrix T enthält entsprechend der Definition α_0 Zeilen und α_1 Spalten. Die Spaltensummen ergeben sich zu Null. Das

Verfahren läßt sich an dem Graphen der Abb. 18 leicht ausführen. Die zugehörigen Inzidenzmatrix T ergibt sich zu

ε_{ij}	K_1	K_2	K_3	K_4	K_5
P_1	1	−1	0	0	−1
P_2	−1	1	1	0	0
P_3	0	0	−1	−1	1
P_4	0	0	0	1	0
$\sum$	0	0	0	0	0

($T =$ obige Matrix)

Enthält ein endlicher Graph α_0 Punkte und besteht aus ν nicht zusammenhängenden Teilgraphen, so ist der Rang seiner Inzidenzmatrix gleich $\alpha_0 - \nu$.

Der Beweis dieser Behauptung wurde von VEBLEN (1922) gegeben. Da er — ebenso wie der Beweis der folgenden zwei Sätze — ohne Bedeutung für die weiteren Ausführungen ist, sei auf seine Wiedergabe an dieser Stelle verzichtet.

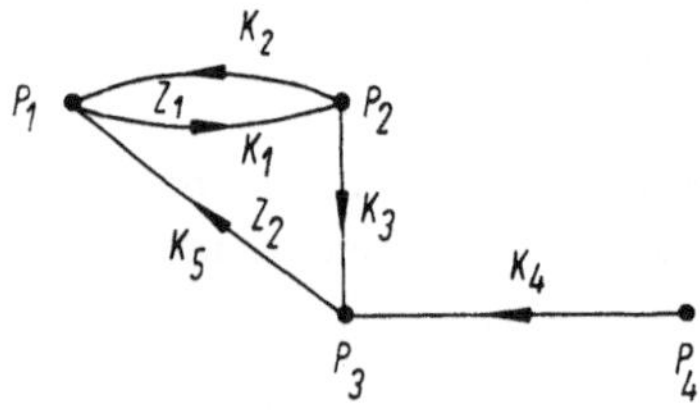

Abb. 18. Graph G; im Text sind die zugehörige Inzidenzmatrix und die Kanten-Zyklen-Matrix angegeben

Neben der Inzidenzmatrix kann in analoger Weise eine sogenannte *Kanten-Zyklen-Matrix* eines Graphen gebildet werden. Ein gegebener Graph enthalte K_j $(j = 1, 2, \ldots, \alpha_1)$ Kanten und Z_l $(l = 1, 2, \ldots, \alpha_2)$ Kreise (einschließlich Zyklen). Dann können $\alpha_1 \cdot \alpha_2$ Zahlen η_{jl} $(j = 1, 2, \ldots, \alpha_1;\ l = 1, 2, \ldots, \alpha_2)$ in folgender Weise definiert werden. Es gilt

$\eta_{jl} = 1$, wenn die Kante K_j zu Z_l gehört und mit einem willkürlich festgesetzten Umlaufsinn in Z_l übereinstimmt;

$\eta_{jl} = -1$, wenn die Kante K_j zu Z_l gehört und einem willkürlich festgesetzten Umlaufsinn in Z_l entgegengerichtet ist;

$\eta_{jl} = 0$, wenn die Kante K_j nicht zu Z_l gehört.

Die entstehende Matrix U mit den Elementen η_{jl} ist die Kanten-Zyklen-Matrix des gegebenen Graphen G, nämlich $U = \|\eta_{jl}\|$.

Betrachten wir als Beispiel noch einmal den Graphen der Abb. 18, dann ergibt sich die Kanten-Zyklen-Matrix, wenn als Umlaufsinn die Uhrzeigerbewegung gewählt wird, zu

η_{jl}	Z_1	Z_2	Z_3
K_1	−1	1	0
K_2	−1	0	−1
K_3	0	1	1
K_4	0	0	0
K_5	0	1	1

($U =$ obige Matrix)

Der Rang der Kanten-Zyklen-Matrix ist gleich μ, der Zusammenhangszahl des betrachteten Graphen. Der entsprechende Beweis wurde von KÖNIG (1936) gegeben. Ebenso konnte KÖNIG (1936) zeigen, daß das Produkt aus Inzidenzmatrix und Kanten-Zyklen-Matrix des gleichen Graphen die Nullmatrix ergibt. Das heißt, es gilt $T \cdot U = 0$.

Ordnet man jeder Kante K_j eines gegebenen Graphen G eine Variable x_j zu und betrachtet die Elemente ε_{ij} der i-ten Zeile von T als die Koeffizienten der x_j, dann kann man die Linearform L_i bilden:

$$L_i = \varepsilon_{i1}x_1 + \varepsilon_{i2}x_2 + \cdots + \varepsilon_{i\alpha_1}x_{\alpha_1}.$$

Entsprechend der Definition der Inzidenzmatrix enthält die Linearform L_i so viele additive Glieder, wie dem Grade des Punktes P_i in G entspricht.

Unter dem *Grad* g eines Punktes P_i versteht man die Zahl, die sich aus der Summe der bei P_i endenden und beginnenden Kanten ergibt. Betrachten wir z.B. den in Abb. 19 dargestellten Graphen G, dann sind die Punkte P_1 und P_5 vom Grade $g = 1$, die Punkte P_4 und P_6 vom Grade $g = 2$, der Punkt P_2 ist vom Grade $g = 3$ und schließlich der Punkt P_3 vom Grade $g = 5$. Alle Kanten, die im Punkte P_i enden oder beginnen, werden als das zu P_i gehörige *Büschel* b_i bezeichnet. Aus Abb. 19 ist ersichtlich, daß das Büschel b_1 aus der Kante K_1 besteht, das Büschel b_2 aus den Kanten K_2, K_6 und K_7, b_3 aus den Kanten K_1, K_2, K_3, K_4 und K_5 usw.

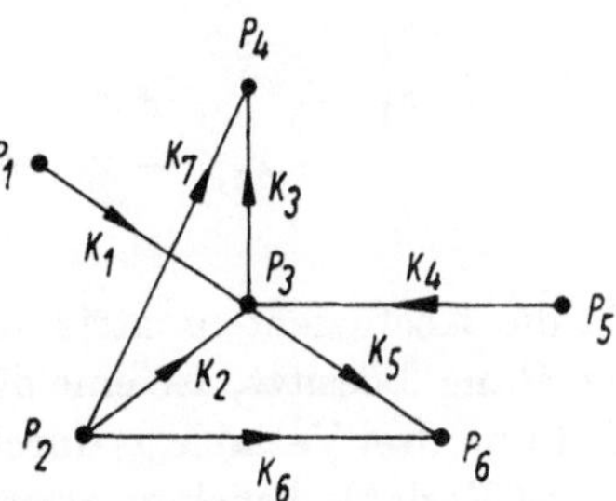

Abb. 19. Graph zur Erläuterung der Begriffe *Büschel* und *Grad eines Punktes*

Mit Hilfe dieser Definition läßt sich jetzt formulieren, daß die Elemente ε_{ij} der i-ten Zeile von T die Koeffizienten für die Linearformen L_i der Büschel b_i eines Graphen darstellen.

Auf analoge Weise können die Elemente η_{jl} der l-ten Spalte von U als Koeffizienten einer Linearform L_l betrachtet werden, so daß gilt:

$$L_l = \eta_{1l}\,x_1 + \eta_{2l}\,x_2 + \cdots + \eta_{\alpha_1 l}\,x_{\alpha_1}.$$

Mit anderen Worten: Die η_{jl} bilden die Koeffizienten der Linearformen L_l der Zyklen eines Graphen.

Wir wollen zu den obigen Ausführungen noch ein elementares Beispiel betrachten. Es sei der Graph der Abb. 20 gegeben. Seinen Kanten K_j werden Variable x_j zugeordnet. Die L_i und L_l sind als Konstanten aufzufassen. Aus der speziellen Gestalt des Graphen G ergeben sich seine Inzidenz- und Kanten-Zyklen-Matrix, die Ränge der Matrizen sowie die Linearformen der Zyklen und Büschel.

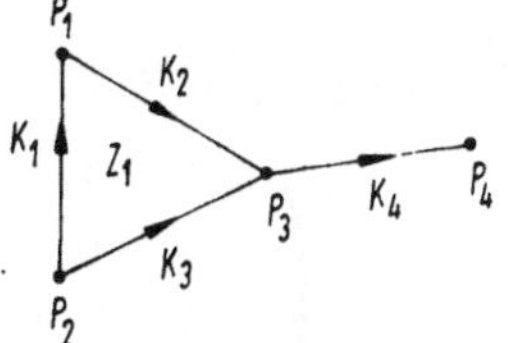

Abb. 20. Graph als Beispiel zur Berechnung seiner Linearformen L_i und L_l

Für die Inzidenzmatrix T erhalten wir

$T =$

ε_{ij}	K_1	K_2	K_3	K_4
P_1	−1	1	0	0
P_2	1	0	1	0
P_3	0	−1	−1	1
P_4	0	0	0	−1

Die Zahl der Punkte α_0 des Graphen G beträgt 4. Da er nur aus einem zusammenhängenden Bestandteil (der mit G selbst identisch ist) besteht, ist $\nu = 1$ und damit der Rang der Matrix T gleich $R_T = \alpha_0 - \nu = 4 - 1 = 3$. Das heißt, es gibt mindestens eine dreireihige Determinante, die aus T hervorgeht und ungleich Null ist. Folgende Linearformen lassen sich jetzt aufschreiben:

$$\begin{aligned} -x_1 + x_2 \phantom{{}+x_3+x_4} &= L_1, \\ x_1 \phantom{{}+x_2} + x_3 \phantom{{}+x_4} &= L_2, \\ - x_2 - x_3 + x_4 &= L_3, \\ - x_4 &= L_4. \end{aligned}$$

Da die Koeffizientenmatrix dieses Gleichungssystems, wie oben gezeigt wurde, den Rang 3 besitzt, ist eine dieser vier Gleichungen linear abhängig, und mithin sind nur drei Variable x_j durch das Gleichungssystem determiniert, während die vierte Variable beliebige Werte annehmen kann.

Wir stellen jetzt noch die Kanten-Zyklen-Matrix U des Graphen G auf. Dafür erhält man

$U =$

η_{jl}	Z_1
K_1	1
K_2	1
K_3	−1
K_4	0

Der Rang von U ist identisch mit der Zusammenhangszahl μ. μ ergibt sich aber aus der Beziehung $\mu = \alpha_1 - \alpha_0 + \nu$ zu $\mu = 4 - 4 + 1 = 1$.

Die zugehörige Linearform des einzigen in G vorhandenen Kreises ist dann $L_1' = x_1 + x_2 - x_3$.

Da weiterhin $T \cdot U = 0$ ist, explizit für den vorliegenden Fall

$$\begin{pmatrix} -1 & 1 & 0 & 0 \\ 1 & 0 & 1 & 0 \\ 0 & -1 & -1 & 1 \\ 0 & 0 & 0 & -1 \end{pmatrix} \cdot \begin{pmatrix} 1 \\ 1 \\ -1 \\ 0 \end{pmatrix} = \begin{pmatrix} 0 \\ 0 \\ 0 \\ 0 \end{pmatrix},$$

stellt U eine Lösung des Gleichungssystems dar, dessen Koeffizientenmatrix gleich T ist, und umgekehrt.

Ersetzt man in dem Gleichungssystem, dessen Koeffizientenmatrix gleich T ist, z.B. die letzte Gleichung ($-x_4 = L_4$) durch $L_1' = x_1 + x_2 - x_3$, dann erhält man das Gleichungssystem

$$\begin{aligned} -x_1 + x_2 \qquad\qquad &= L_1, \\ x_1 \qquad + x_3 \qquad &= L_2, \\ - x_2 - x_3 + x_4 &= L_3, \\ x_1 + x_2 - x_3 \qquad &= L_1' \end{aligned}$$

mit der Lösung

$$\begin{aligned} x_1 &= L_1' - L_1 + L_2, \\ x_2 &= L_1' + L_2, \\ x_3 &= L_1' - L_1 + 2L_2, \\ x_4 &= 2L_1' - L_1 + 3L_2 + L_3 = -L_4. \end{aligned}$$

Die Matrizen T und U behalten ihre aufgezeigten Eigenschaften auch bei, wenn die Elemente ε_{ij} und η_{jl} durch die Ausdrücke $c_j \cdot \varepsilon_{ij}$ und $c_j \cdot \eta_{jl}$ ersetzt werden. Das bedeutet, daß den Kanten K_j des Graphen G die Produkte $c_j \cdot x_j$ zugeordnet werden, wobei die c_j als Konstanten zu betrachten sind. Mit dieser Ersetzung gelangt man zu sehr allgemeinen homogenen linearen Gleichungssystemen. Betrachtet man insbesondere den Graphen der Abb. 20 als elektrisches Netzwerk, in dem die Konstanten c_j als elektrische Widerstände, die x_j als elektrische Teilströme im Leiterzweig K_j angesehen werden, dann liefert das aus den Linearformen resultierende Gleichungssystem eine Beschreibung des elektrischen Netzwerkes entsprechend den bekannten Kirchhoffschen Gesetzen. Die Lösung des Gleichungssystems liefert die Teilströme in den Leiterzweigen des elektrischen Netzwerkes.

Neben der soeben beschriebenen Art der Darstellung eines Graphen durch Matrizen entwickelte sich, ausgehend von den Arbeiten CAYLAYS (1860), eine zweite Darstellungsweise, die Bedeutung in der Graphentheorie erlangt hat. Das mag im besonderen darauf beruhen, daß diese Darstellung in gewisser Weise übersichtlicher als die soeben aufgezeigte ist und daß sich weitreichende Folgerungen mit ihrer Hilfe ableiten lassen.

Es sei ein Graph G mit α_0 Punkten und α_1 Kanten, $G(\alpha_0, \alpha_1)$, gegeben. Dann definieren wir Elemente s_{ij} in der Weise, daß gilt:

$s_{ij} = 1$, wenn eine Kante zwischen den Punkten P_i und P_j existiert, wobei P_i den Anfangs- und P_j den Endpunkt der Kante bildet;

$s_{ij} = 0$, wenn zwischen den Punkten P_i und P_j keine Kante existiert, deren Anfangspunkt P_i und deren Endpunkt P_j ist.

Die Elemente s_{ij} bilden eine Matrix A, nämlich $A = \|s_{ij}\|$, die als *Berührungsmatrix* des gegebenen Graphen bezeichnet wird.

Wir wollen dazu ein einfaches Beispiel betrachten. Es sei der Graph der Abb. 21 gegeben, und wir bilden die zugehörige Berührungsmatrix A:

$A =$

s_{ij}	P_1	P_2	P_3	P_4	P_5
P_1	0	1	0	0	0
P_2	1	0	1	1	0
P_3	0	0	0	1	0
P_4	0	0	0	0	0
P_5	0	1	0	0	0

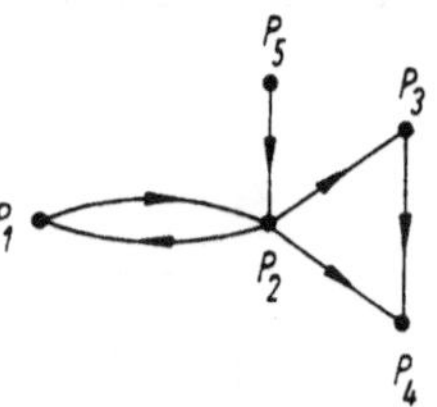

Abb. 21. Graph als Beispiel zur Bestimmung seiner Berührungsmatrix A

Aus der Berührungsmatrix lassen sich — ebenso wie aus der Inzidenzmatrix — wesentliche Struktureigenschaften des Graphen erkennen. In der gebildeten Matrix A fallen als Besonderheiten sofort folgende Eigenschaften als charakteristisch auf, wenn man sie mit der zugehörigen graphischen Darstellung des Graphen vergleicht:

1. Da die Graphen im engeren Sinne irreflexive Relationen sind, ergeben sich die Elemente s_{kk} stets zu Null, so daß allen Elementen in der Hauptdiagonale von A stets der Wert Null zukommt.
2. Dient in dem betrachteten Graphen ein Punkt P_k für keine Kante als Anfangspunkt, so sind alle Elemente s_{kj} der k-ten Zeile in A gleich Null.
3. Dient in dem betrachteten Graphen ein Punkt P_l für keine Kante als Endpunkt, so sind alle Elemente s_{il} der l-ten Spalte in A gleich Null.

Mit Hilfe der so eingeführten Berührungsmatrizen können wir jetzt das grundlegende Problem der Gleichheit bzw. Ungleichheit zweier Graphen behandeln. Dazu sind einige Vorbemerkungen erforderlich.

Die Gleichheit zwischen zwei mathematischen Strukturen ist auf Grund der Eigenschaften der Gleichheitsbeziehung (Reflexivität, Symmetrie und Transitivität) eine Äquivalenzrelation. Entsprechend den verschiedensten mathematischen Strukturen belegt man die zugehörigen Äquivalenzrelationen durch äquivalente Begriffe. Handelt es sich um algebraische Strukturen, so spricht man von *Isomorphie*, bei topologischen Strukturen verwendet man den Ausdruck *Homöomorphie* und bei metrischen Strukturen die Bezeichnung *Isometrie*. Für Graphen wären dann — je nach dem mathematischen Ausgangspunkt — die Begriffe Isomorphie oder Homöomorphie anzuwenden.

Zwei Graphen $G_1(\alpha_0^{(1)}, \alpha_1^{(1)})$ und $G_2(\alpha_0^{(2)}, \alpha_1^{(2)})$ sind dann und nur dann isomorph, wenn $\alpha_0^{(1)} = \alpha_0^{(2)}$ ist und wenn ihre Punkte $P_i^{(1)}$ $(i = 1, 2, \ldots, \alpha_0)$ und $P_i^{(2)}$ $(i = 1, 2, \ldots, \alpha_0)$ so geordnet werden können, daß jede Kante $(P_k^{(1)}, P_l^{(1)})$ dann und nur dann in G_1 existiert, wenn $(P_k^{(2)}, P_l^{(2)})$ in G_2 existiert. Für das Bestehen der Isomorphie zwischen zwei Grahpen G_1 und G_2 schreibt man in Zeichen: $G_1 \cong G_2$.

Bevor wir uns einem Beispiel zuwenden, erscheint es nützlich, nach einer Methode zu suchen, mit der man in übersichtlicher Weise die Isomorphie zweier Graphen ermitteln kann. Dabei leisten die Berührungsmatrizen der zu vergleichenden Graphen gute Dienste. Es gilt der Satz (Harary u.a., 1965):

Zwei Graphen G_1 und G_2 sind dann und nur dann isomorph, wenn ihre Punkte so geordnet werden können, daß die zugehörigen Berührungsmatrizen A_1 und A_2 gleich sind.

Beweis: Es bestehe ein Isomorphismus zwischen G_1 und G_2; es ist dann zu zeigen, daß die zugehörigen Berührungsmatrizen A_1 und A_2 gleich sind.

Nimmt man eine beliebige Anordnung der Punkte von G_1 an, dann ist es auf Grund der bestehenden Isomorphie zwischen G_1 und G_2 immer möglich, die Punkte von G_2 so zu ordnen, daß einer Kante $s_{ij}^{(1)}$ in G_1 eine Kante $s_{ij}^{(2)}$ in G_2 entspricht. Daraus folgt aber, daß $s_{ij}^{(1)}$ und $s_{ij}^{(2)}$ als Elemente der Matrizen A_1 und A_2 stets den gleichen Wert, nämlich 1 oder 0, annehmen. Mithin gilt $A_1 = A_2$.

Der zweite Teil des Beweises geht davon aus, daß $A_1 = A_2$ gegeben sei. Es läßt sich dann durch die gleichen oben angeführten Argumente zeigen, daß daraus $G_1 \cong G_2$ folgt, wovon man sich sofort überzeugen kann.

Mit Hilfe dieses Satzes ist es jetzt möglich, die Isomorphie zweier Graphen durch Vergleich ihrer Berührungsmatrizen zu prüfen. Wir betrachten dazu ein Beispiel. Es seien die zwei Graphen G_1 und G_2 der Abb. 22 gegeben, und es ist festzustellen, ob diese isomorph sind.

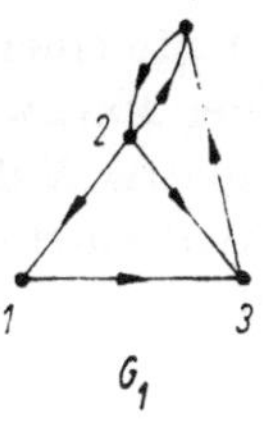

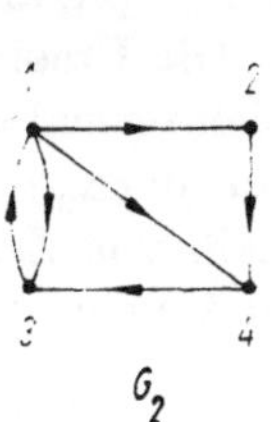

Abb. 22. Zwei Graphen G_1 und G_2, die auf Isomorphie zu prüfen sind

Zu diesem Zweck schreiben wir zunächst die den Graphen zugehörigen Berührungsmatrizen A_1 und A_2 auf:

$A_1 =$

$s_{ij}^{(1)}$	1	2	3	4
1	0	0	1	0
2	1	0	1	1
3	0	0	0	1
4	0	1	0	0

$A_2 =$

$s_{ij}^{(2)}$	1	2	3	4
1	0	1	1	1
2	0	0	0	1
3	1	0	0	0
4	0	0	1	0

Gilt $G_1 \cong G_2$, dann muß sich durch eine Umordnung der Punkte von G_2 (oder G_1), indem jeweils zwei Zeilen und die entsprechenden zwei Spalten in A_2 (oder A_1) miteinander vertauscht werden, Gleichheit der Matrizen ergeben.

Durch endlich viele Vertauschungen müssen schließlich A_1 und A_2 gleich werden, falls $G_1 \cong G_2$ gilt. Wir führen die Vertauschung an der Matrix A_2 durch, indem wir zuerst die Zeilen 1 und 2 sowie die Spalten 1 und 2 miteinander vertauschen, so daß man erhält:

$A_2 =$
$(1 \leftrightarrow 2)$

$s_{ij}^{(2)}$	2	1	3	4
2	0	0	0	1
1	1	0	1	1
3	0	1	0	0
4	0	0	1	0

Vertauscht man jetzt noch die Zeilen (und Spalten) 3 und 4 miteinander, dann ergibt sich

$A_2 =$
$(1 \leftrightarrow 2)$
$(3 \leftrightarrow 4)$

$s_{ij}^{(2)}$	2	1	4	3
2	0	0	1	0
1	1	0	1	1
4	0	0	0	1
3	0	1	0	0

Ein Vergleich der Elemente von A_1 mit denen der Matrix $\underset{\substack{(1\leftrightarrow 2)\\(3\leftrightarrow 4)}}{A_2}$ zeigt, daß $s_{ij}^{(1)} = s_{ij}^{(2)}$ für alle Elemente gilt. Mithin sind die Graphen G_1 und G_2 zueinander isomorph, also $G_1 \cong G_2$.

Die Umordnung der Elemente einer Matrix A in der angegebenen Weise läßt sich formal als Produkt dreier Matrizen darstellen. Bedeutet I eine Matrix, die aus der α_0-reihigen Einheitsmatrix E durch Vertauschung einer bestimmten Anzahl von Zeilen (oder Spalten) entstanden und damit gleichzeitig quadratisch und nichtsingulär ist, so gilt

$$I \cdot A_1 \cdot I = A_2 .$$

Die zwei Matrizen A_1 und A_2 werden in diesem Falle als kongruent zueinander bezeichnet, in Zeichen: $A_1 \overset{c}{\sim} A_2$.

Falls die Graphen G_1 und G_2 isomorph sind, dann läßt sich unter den $\alpha_0!$ möglichen Matrizen I eine finden, so daß die obige Gleichung erfüllt ist.

Ausgehend von der Berührungsmatrix A eines Graphen, können die Eigenschaften seiner inneren Struktur erkannt werden, indem die Matrix A bestimmten Operationen unterzogen wird.

Eine dieser Operationen ist die Potenzbildung. Es sei eine dreireihige Matrix A gegeben:

$$A = \begin{pmatrix} s_{11} & s_{12} & s_{13} \\ s_{21} & s_{22} & s_{23} \\ s_{31} & s_{32} & s_{33} \end{pmatrix}.$$

Bildet man die zweite Potenz von A, dann sind entsprechend den Regeln der Matrizenmultiplikation[1]) folgende Operationen auszuführen (zur Kennzeich-

[1]) Die Multiplikation erfolgt von rechts in der Art, daß gilt: $A^2 = A \cdot A$, $A^3 = A^2 \cdot A$, $A^4 = A^3 \cdot A$, usw.

nung der zu A bzw. A^2 gehörigen Elemente wird die Bezeichnung $s_{ij}^{(1)}$ bzw. $s_{ij}^{(2)}$ verwendet):

$$\begin{aligned} s_{11}^{(2)} &= s_{11}^{(1)} \cdot s_{11}^{(1)} + s_{12}^{(1)} \cdot s_{21}^{(1)} + s_{13}^{(1)} \cdot s_{31}^{(1)}, \\ s_{12}^{(2)} &= s_{11}^{(1)} \cdot s_{12}^{(1)} + s_{12}^{(1)} \cdot s_{22}^{(1)} + s_{13}^{(1)} \cdot s_{32}^{(1)}, \\ &\vdots \\ s_{33}^{(2)} &= s_{31}^{(1)} \cdot s_{13}^{(1)} + s_{32}^{(1)} \cdot s_{23}^{(1)} + s_{33}^{(1)} \cdot s_{33}^{(1)}. \end{aligned}$$

Jeder Summand auf der rechten Seite des Gleichungssystems ist nur dann von Null verschieden, wenn beide Elemente, $s_{ik}^{(1)}$ und $s_{kj}^{(1)}$, den Wert eins besitzen, d.h., wenn beide Kanten im betrachteten Graphen existieren. $s_{ik}^{(1)}$ stellt die Kante zwischen den Punkten P_i und P_k dar, während $s_{kj}^{(1)}$ für die Kante zwischen den Punkten P_k und P_j steht. Existiert in G sowohl $s_{ik}^{(1)}$ als auch $s_{kj}^{(1)}$, dann gilt $s_{ik}^{(1)} = 1$ und $s_{kj}^{(1)} = 1$, und es folgt für das Produkt $s_{ik}^{(1)} \cdot s_{kj}^{(1)}$ ebenfalls der Wert eins. Das bedeutet, daß der Punkt P_i mit dem Punkt P_j über eine Kette der Länge zwei (eine zweigliedrige Kette) verbunden ist. Ergibt sich für ein Element der Matrix A^2, z.B. für $s_{12}^{(2)}$, entsprechend dem obigen Gleichungssystem der Wert Null, so bedeutet das, daß keine Kette der Länge zwei zwischen den Punkten P_1 und P_2 in G existiert, wobei P_1 den Anfangs- und P_2 den Endpunkt der Kette bildet. $s_{12}^{(2)} = 1$ bedeutet dann, daß genau eine Kette existiert, $s_{12}^{(2)} = 2$ bedeutet, daß zwei Ketten der Länge zwei existieren, usw. Die Matrix A^2 mit den Elementen $s_{ij}^{(2)}$ gibt folglich alle möglichen Ketten der Länge zwei des zugehörigen Graphen G an. Allgemein stellen die Elemente von A^r die Ketten der Länge r im Graphen G dar. Eine Besonderheit der potenzierten Matrizen A^r gegenüber A besteht darin, daß in A alle Elemente der Hauptdiagonale Null sind (eine direkte Folge der Definition spezieller Graphen und der Berührungsmatrizen), während sie in A^r ungleich Null sein können. Ist z.B. $s_{ii}^{(r)} = 2$, so bedeutet das, daß zwei Zyklen der Länge r im Graphen G existieren und der Punkt P_i beiden Zyklen angehört.

Betrachten wir ein Beispiel zu dem erläuterten Sachverhalt. Gegeben ist der Graph $G(4,5)$ in Abb. 23.

Die Berührungsmatrix des Graphen $G(4,5)$ ergibt sich zu

$$A = \begin{pmatrix} 0 & 1 & 1 & 0 \\ 0 & 0 & 0 & 1 \\ 0 & 0 & 0 & 1 \\ 1 & 0 & 0 & 0 \end{pmatrix}.$$

Abb. 23. Graph als Beispiel zur Ermittlung seiner potenzierten Berührungsmatrizen A^n

Für A^2 und A^3 erhält man

$$A^2 = \begin{pmatrix} 0 & 0 & 0 & 2 \\ 1 & 0 & 0 & 0 \\ 1 & 0 & 0 & 0 \\ 0 & 1 & 1 & 0 \end{pmatrix}, \qquad A^3 = \begin{pmatrix} 2 & 0 & 0 & 0 \\ 0 & 1 & 1 & 0 \\ 0 & 1 & 1 & 0 \\ 0 & 0 & 0 & 2 \end{pmatrix}.$$

Aus A^2 läßt sich direkt ablesen:

1. P_1 ist Anfangspunkt und P_4 ist Endpunkt von zwei zweigliedrigen Ketten zwischen P_1 und P_4.
2. P_2 (bzw. P_3, P_4, P_4) ist Anfangspunkt und P_1 (bzw. P_1, P_2, P_3) ist Endpunkt einer zweigliedrigen Kette zwischen P_2 (bzw. P_3, P_4, P_4) und P_1 (bzw. P_1, P_2, P_3).

Aus A^3 lassen sich folgende Eigenschaften des Graphen erkennen:

1. Die Punkte P_1 und P_4 gehören je zwei Zyklen der Länge drei an. Die Punkte P_2 und P_3 gehören je einem Zyklus der Länge drei an.
2. P_2 (bzw. P_3) ist Anfangspunkt und P_3 (bzw. P_2) ist Endpunkt einer dreigliedrigen Kette zwischen P_2 (bzw. P_3) und P_3 (bzw. P_2).

Enthält ein beliebiger Graph G keinen Zyklus, dann existiert in G eine längste Kette (mit der Länge r), falls überhaupt Ketten in G vorhanden sind. Ist r die längste Kette in G, dann ist jede Matrix A^n mit einem Exponenten $n > r$ die Nullmatrix, $A^{r+m} = 0$, wobei $m = 1, 2, \ldots$ und $m + r = n$ gilt. Eine Matrix A mit diesen Eigenschaften heißt *nilpotent*. Umgekehrt läßt sich jetzt sagen: Ist A eine nilpotente Matrix mit $A^{r+1} = 0$ und $A^r \neq 0$, dann besitzt der zu A gehörige Graph G keinen Zyklus, und die längste Kette in G besitzt genau r Glieder.

Nach Rescigno (1964) gelten dann die Sätze:

1. In einem Graphen $G(\alpha_0, \alpha_1)$ existiert eine Kette der Länge r dann und nur dann, wenn $A^r \neq 0$ ist ($r < \alpha_0$).
2. Der Graph G enthält dann und nur dann keinen Zyklus, wenn A nilpotent ist.

Wir betrachten im folgenden ein Beispiel zur Verdeutlichung des Sachverhalts. Es sei der in Abb. 24 dargestellte Graph gegeben.

Die Berührungsmatrix A ergibt sich zu

$$A = \begin{pmatrix} 0 & 0 & 1 & 0 \\ 1 & 0 & 1 & 0 \\ 0 & 0 & 0 & 1 \\ 0 & 0 & 0 & 0 \end{pmatrix}.$$

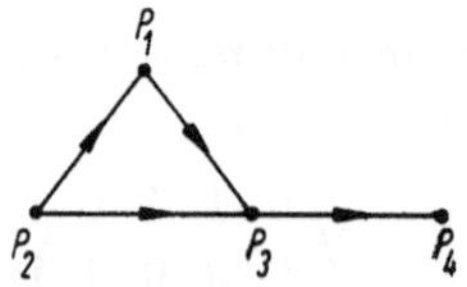

Abb. 24. Graph als Beispiel zur Berechnung seiner potenzierten Berührungsmatrizen und seiner Distanzmatrix

Für die Matrizen A^2, A^3 und A^4 erhält man

$$A^2 = \begin{pmatrix} 0 & 0 & 0 & 1 \\ 0 & 0 & 1 & 1 \\ 0 & 0 & 0 & 0 \\ 0 & 0 & 0 & 0 \end{pmatrix}, \quad A^3 = \begin{pmatrix} 0 & 0 & 0 & 0 \\ 0 & 0 & 0 & 1 \\ 0 & 0 & 0 & 0 \\ 0 & 0 & 0 & 0 \end{pmatrix}, \quad A^4 = \begin{pmatrix} 0 & 0 & 0 & 0 \\ 0 & 0 & 0 & 0 \\ 0 & 0 & 0 & 0 \\ 0 & 0 & 0 & 0 \end{pmatrix}.$$

Alle Matrizen, deren Exponent größer als drei ist, ergeben sich für den speziellen Graphen der Abb. 24 zu Nullmatrizen:

$$A^{3+n} = 0 \qquad (n = 1, 2, \ldots),$$

d.h., A ist nilpotent.

Im folgenden wollen wir alle Additonen nicht im üblichen Sinne ausführen, sondern wir verwenden dazu eine Art von *Booleschen* Regeln, d.h., es soll gelten

$$0 + 0 = 0$$

und

$$a + b = 1,$$

wenn wenigstens a oder b ungleich Null ist, sonst aber beliebige Werte annehmen kann. Als Folge einer solchen Addition ergibt sich z.B., daß ein Element $s_{ij} = 2$ in einer potenzierten Berührungsmatrix A^3 jetzt den Wert $s_{ij} = 1$ erhält. Dieses Ergebnis besagt: Es existiert mindestens eine dreigliedrige Kette zwischen den Punkten P_i und P_j, während wir im ersteren Falle die Information erhielten, daß genau zwei dreigliedrige Ketten zwischen den Punkten P_i und P_j existieren. In gewisser Weise bedeutet also die Ausführung der Addition auf Boolesche Art einen Verlust an Information. Allerdings erweist sich dieses Verfahren für eine Reihe von Matrizenoperationen als außerordentlich nützlich, so daß wir den Informationsverlust in Kauf nehmen. Kehren wir noch einmal zu dem Beispiel der Abb. 24 zurück. Wir verändern jetzt den Graphen G in der Weise, daß G wenigstens einen Zyklus enthält und die Matrix A nicht nilpotent wird. Der neue Graph ist in Abb. 25 dargestellt.

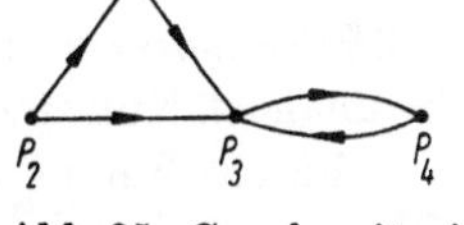

Abb. 25. Graph mit nicht nilpotenter Berührungsmatrix

Die Berührungsmatrix A ergibt sich zu

$$A = \begin{pmatrix} 0 & 0 & 1 & 0 \\ 1 & 0 & 1 & 0 \\ 0 & 0 & 0 & 1 \\ 0 & 0 & 1 & 0 \end{pmatrix}.$$

Der in Abb. 25 dargestellte Graph $G(4,5)$ liefert uns die folgenden potenzierten Berührungsmatrizen:

$$A^2 = \begin{pmatrix} 0 & 0 & 0 & 1 \\ 0 & 0 & 1 & 1 \\ 0 & 0 & 1 & 0 \\ 0 & 0 & 0 & 1 \end{pmatrix}, \qquad A^3 = \begin{pmatrix} 0 & 0 & 1 & 0 \\ 0 & 0 & 1 & 1 \\ 0 & 0 & 0 & 1 \\ 0 & 0 & 1 & 0 \end{pmatrix},$$

$$A^4 = \begin{pmatrix} 0 & 0 & 0 & 1 \\ 0 & 0 & 1 & 1 \\ 0 & 0 & 1 & 0 \\ 0 & 0 & 0 & 1 \end{pmatrix}, \qquad A^5 = \begin{pmatrix} 0 & 0 & 1 & 0 \\ 0 & 0 & 1 & 1 \\ 0 & 0 & 0 & 1 \\ 0 & 0 & 1 & 0 \end{pmatrix}.$$

Daraus ist zu ersehen, daß $A^2 = A^4 = \cdots$ und $A^3 = A^5 = \cdots$ ist. Der größte Exponent r der Berührungsmatrix A, für den die Matrix noch nicht periodisch ist, ergibt sich in unserem Falle zu drei. Alle Exponenten größer als drei führen zu periodischen Matrizen.

Allgemein gilt für einen beliebigen Graphen mit α_0 Punkten, der wenigstens einen Zyklus enthält, daß $r \leqq \alpha_0$ ist. Alle Matrizen A^{r+s} ($s = 1, 2, \ldots$) sind dann periodisch.

Addiert man die potenzierten Berührungsmatrizen vom Exponenten 1 bis r, dann erhält man eine sogenannte Erreichbarkeitsmatrix R mit den Elementen $r_{ij} = s_{ij}^{(1)} + s_{ij}^{(2)} + \cdots + s_{ij}^{(r)}$. Ist z.B. das Element r_{ij} von R ungleich Null, so heißt das: Der Punkt P_i ist Anfangspunkt mindestens einer Kette, deren Endpunkt P_j ist. Über die Anzahl und die Länge der Ketten läßt sich auf Grund der Boolesch ausgeführten Additionen keine Aussage machen. Für den Graphen der Abb. 25 ergibt sich die Erreichbarkeitsmatrix R zu

$$R = A + A^2 + \cdots + A^r \quad \text{mit } r = 3,$$

so daß folgt

$$R = \begin{pmatrix} 0 & 0 & 1 & 1 \\ 1 & 0 & 1 & 1 \\ 0 & 0 & 1 & 1 \\ 0 & 0 & 1 & 1 \end{pmatrix},$$

wie sich an Hand der angeführten potenzierten Berührungsmatrizen leicht nachprüfen läßt.

Bildet man die zur Matrix R transponierte Matrix R^{T}, indem die Matrix R an ihrer Hauptdiagonale gespiegelt wird, und führt eine elementweise Multiplikation zwischen den Matrizen R und R^{T} durch, dann erhält man die sogenannte *Zyklenmatrix* Z. In dieser Matrix zeigen alle Elemente einer Zeile oder Spalte, die ungleich Null sind, jene Punkte an, die wenigstens einem gemeinsamen Zyklus angehören. Für den Graphen der Abb. 25 ergibt sich die transponierte Matrix R^{T} zu

$$R^{\mathrm{T}} = \begin{pmatrix} 0 & 1 & 0 & 0 \\ 0 & 0 & 0 & 0 \\ 1 & 1 & 1 & 1 \\ 1 & 1 & 1 & 1 \end{pmatrix}$$

und die Zyklenmatrix $Z = R \times R^{\mathrm{T}}$ zu

$$Z = \begin{pmatrix} 0 & 0 & 0 & 0 \\ 0 & 0 & 0 & 0 \\ 0 & 0 & 1 & 1 \\ 0 & 0 & 1 & 1 \end{pmatrix}.$$

Aus der Zyklenmatrix Z läßt sich ablesen, daß die Punkte P_3 und P_4 gemeinsam wenigstens in einem Zyklus liegen. Dieses Ergebnis kann sowohl aus der dritten als auch aus der vierten Zeile bzw. Spalte der Zyklenmatrix abgelesen werden.

Schließlich ist es häufig von Nutzen, eine sogenannte Distanzmatrix $D = |d_{ij}|$ zu bilden. Die Elemente der Distanzmatrix ergeben sich aus der Kenntnis der Matrizen A^r und R. Die Elemente d_{ij} werden in folgender Weise definiert:

Es ist
$d_{ii} = 0$,
$d_{ij} = \infty$, falls $r_{ij} = 0$ für $i \neq j$.
Ist $i \neq j$ und $r_{ij} \neq 0$, dann ergeben sich die Elemente d_{ij} als die kleinsten Exponenten n der Berührungsmatrix A, so daß $s_{ij}^{(n)} > 0$ ist.

Als Beispiel zur Bildung der Distanzmatrizen betrachten wir noch einmal den in Abb. 24 dargestellten Graphen sowie die dort bereits berechneten Matrizen A, A^2, A^3 und R. Daraus ergibt sich unter Anwendung obiger Definitionen die Distanzmatrix D zu

$$D = \begin{pmatrix} 0 & \infty & 1 & 2 \\ 1 & 0 & 1 & 2 \\ \infty & \infty & 0 & 1 \\ \infty & \infty & \infty & 0 \end{pmatrix}.$$

$d_{ij} = n$ ($n = 1, 2, \ldots$) bedeutet praktisch, daß der Punkt P_i mit dem Punkt P_j des betrachteten Graphen durch eine n-gliedrige Kette verbunden ist und diese Verbindung die kürzeste existente von P_i nach P_j ist. Es bleibt die Möglichkeit offen, daß P_j durch weitere m-gliedrige Ketten mit $m > n$ von P_i aus erreichbar ist. $d_{ij} = \infty$ besagt schließlich, daß der Punkt P_j über keine Kette von P_i aus erreicht werden kann.

3.4. Zusammenhang eines Graphen

In Abschn. 3.2 über Netzwerke, Relationen und Graphen wurde eine Klassifikation der Graphen auf Grund der Eigenschaften der den Graphen zugrunde liegenden Relationen gegeben (Tab. 7). Dabei zeigte es sich, daß durch diese Klassifikation nur ungenügende Aussagen über den inneren Zusammenhang der Punkte im Graphen gemacht werden konnten. Insbesondere fehlte ein Kriterium zur Unterscheidung zwischen zusammenhängenden und nichtzusammenhängenden Graphen, das im Anschluß an Tab. 7 gegeben wurde. Die Bedeutung der zusammenhängenden Graphen zur Lösung von Problemstellungen der empirischen Wissenschaften gibt Veranlassung, diese Graphen näheren Betrachtungen zu unterziehen und sie entsprechend dem Grade ihres Zusammenhanges weiter zu klassifizieren.

Der Grad des Zusammenhanges eines Graphen ergibt sich aus der Art, in der seine Punkte miteinander verbunden sind. Es ist deshalb zunächst erforderlich, die möglichen Arten der Verbundenheit von Punkten zu untersuchen und zweckmäßige Bezeichnungen einzuführen.

Es sei ein Graph G gegeben, für dessen Punktepaare auf Grund der in G existierenden Kanten folgende Bezeichnungen eingeführt werden:

1. Jedes Paar von Punkten aus G heißt *0-verbunden*, wenn zwischen ihnen kein Weg irgendeiner Länge existiert.
2. Ist ein Paar von Punkten aus G über einen Weg beliebiger Länge miteinander verbunden, dann heißen diese Punkte *1-verbunden*.
3. Ist ein Paar von Punkten aus G über eine Kette beliebiger Gliederzahl miteinander verbunden, dann heißen diese Punkte *2-verbunden*.
4. Ist ein Paar von Punkten aus G über zwei Ketten entgegengesetzter Richtungen und beliebiger Gliederzahlen miteinander verbunden, d.h., gehören beide Punkte einem gemeinsamen Zyklus an, dann heißen diese Punkte *3-verbunden*.

In Tab. 9 ist die Verbundenheit der Punktepaare der Graphen G_1, G_2, G_3, G_4 und G_5 aus Abb. 26 zusammengestellt.

Tabelle 9. Die Verbundenheit der Punktepaare der Graphen in Abb. 26

Punktepaare	Verbundenheit				
	G_1	G_2	G_3	G_4	G_5
P_1, P_2	0	0	2	0	2
P_1, P_3	0	0	1	0	2
P_1, P_4	0	0	0	0	2
P_2, P_3	0	2	2	2	3
P_2, P_4	0	0	0	2	3
P_3, P_4	0	0	0	2	3

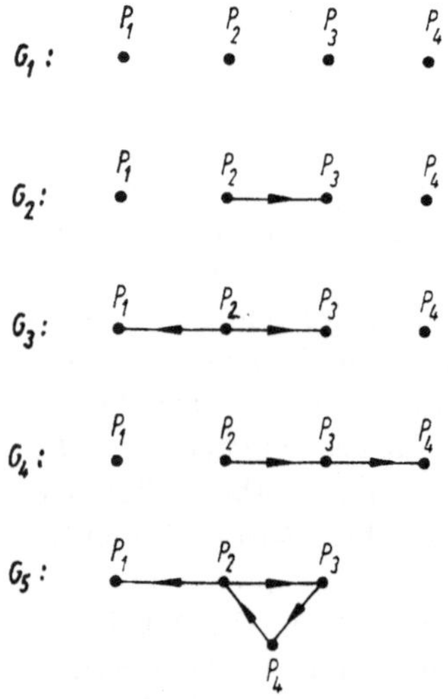

Abb. 26. Graphen G_1 bis G_5 zur Demonstration der Verbundenheit von Punktepaaren (siehe Tab. 9)

Die Verbundenheit aller Punktepaare eines Graphen läßt sich in übersichtlicher Weise in Form einer Matrix darstellen, die wir als *Verbundmatrix* C bezeichnen wollen. Die Elemente c_{ij} der Verbundmatrix können die Werte 0, 1, 2 oder 3 annehmen, je nachdem, ob das Punktepaar (P_i, P_j) 0-, 1-, 2- oder 3-verbunden ist. Für zusammenhängende Graphen berechnet sich C bei Kenntnis der Erreichbarkeitsmatrix R und ihrer Transponierten R^T zu (HARARY u. a., 1965)

$$C = R + R^T + (1).$$

(1) bedeutet dabei eine Matrix gleichen Typs wie die Erreichbarkeitsmatrix, deren sämtliche Elemente gleich 1 sind.

Für den Graphen in Abb. 25 ergibt sich die Verbundmatrix zu

$$C = \begin{pmatrix} 1 & 2 & 2 & 2 \\ 2 & 1 & 2 & 2 \\ 2 & 2 & 3 & 3 \\ 2 & 2 & 3 & 3 \end{pmatrix}.$$

Durch die Definition der verschiedenen Grade der Verbundenheit von Punktepaaren sind wir jetzt in die Lage versetzt, den Zusammenhang von Graphen differenzierter zu formulieren. Wir sagen:

1. Ein Graph G heißt *schwach zusammenhängend*, wenn jedes beliebige Paar seiner Punkte mindestens 1-verbunden ist.
2. Ein Graph G heißt *einseitig zusammenhängend*, wenn jedes Paar seiner Punkte mindestens 2-verbunden ist.
3. Ein Graph G heißt *stark zusammenhängend*, wenn jedes Paar seiner Punkte mindestens 3-verbunden ist.

Jeder stark zusammenhängende Graph ist damit gleichzeitig auch einseitig zusammenhängend und jeder einseitig zusammenhängende Graph schwach zusammenhängend. Die gegebenen Verhältnisse lassen sich in einem Euler-Diagramm schematisch darstellen, wie Abb. 27 zeigt.

In Abb. 28 sind als Beispiel eine Reihe von Graphen mit unterschiedlichen Graden des Zusammenhanges aufgeführt, um die Begriffsbildungen zu veranschaulichen.

Nun ist es häufig der Fall, daß ein gegebener Graph als Ganzes nur schwach oder einseitig zusammenhängend ist, während einzelne Teile des Graphen stark oder sogar komplett zusammenhängend sind. Führt man unter dem Gesichtspunkt des möglichen unterschiedlichen Grades des Zusammenhanges der Teile eines Graphen eine Zerlegung durch, so erhält man neue, oft nützliche Informationen über die innere Struktur des Graphen.

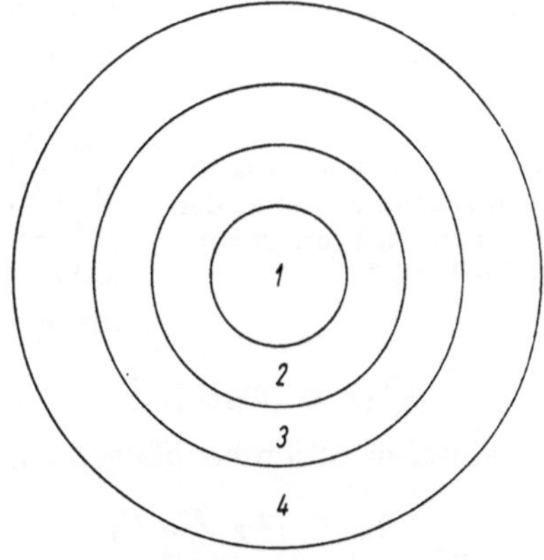

Abb. 27. Klassifikation der Graphen auf Grund ihres Zusammenhanges in einem EULER-Diagramm.

1 Menge der komplett zusammenhängenden Graphen;
2 Menge der stark zusammenhängenden Graphen;
3 Menge der einseitig zusammenhängenden Graphen;
4 Menge der schwach zusammenhängenden Graphen

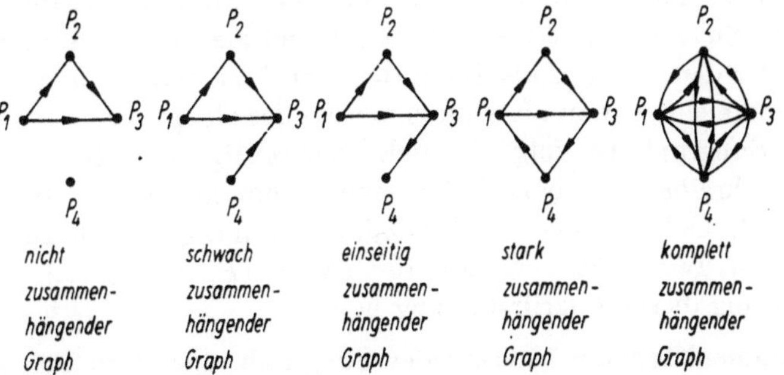

Abb. 28. Beispiele für unterschiedlich zusammenhängende Graphen

Es sei ein Graph $G = [M, R]$ gegeben. Wir zerlegen die Punktmenge M derart in Teilmengen S_i, daß die S_i einschließlich der zugehörigen Teilmengen der Kanten R_i Subgraphen $G_i = [S_i, R_i]$ mit bestimmten Eigenschaften des Zusammenhanges ergeben. Eine solcher Zerlegung ist weitgehend willkürlich und durch keine Bedingungen eingeschränkt.

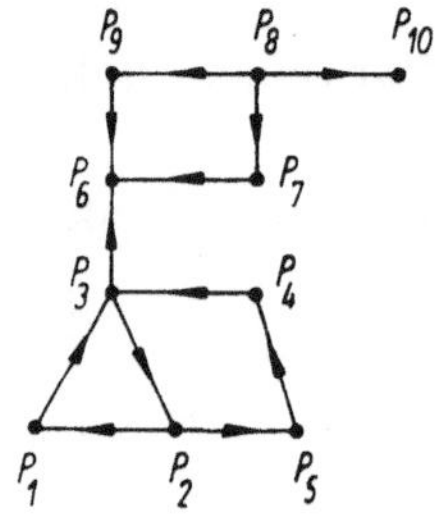

Wir betrachten dazu als Beispiel den schwach zusammenhängenden Graphen der Abb. 29.

Abb. 29. Schwach zusammenhängender Graph, der in Subgraphen zerlegt wird (siehe Text)

Da die Kanten fest vorgegeben sind, genügt es für eine Zerlegung, die entsprechende Teilpunktmenge S anzugeben, die zusammen mit den Kanten zwischen den Punkten der Teilpunktmenge den Subgraphen eindeutig charakterisiert. Besteht die Teilpunktmenge S_1 aus den Punkten P_1, P_2 und P_5, also $S_1 = \{P_1, P_2, P_5\}$, so gehören dazu die Kanten $[P_2, P_1]$ und $[P_2, P_5]$, wie aus Abb. 29 ersichtlich ist. Wir symbolisieren diesen Sachverhalt durch die Angabe $\langle S_1 \rangle = \{P_1, P_2, P_5\}$. In Abb. 29 existieren z.B. die schwach zusammenhängenden Subgraphen

$$\langle S_1 \rangle = \{P_1, P_2, P_5\}, \quad \langle S_2 \rangle = \{P_7, P_8, P_{10}\} \text{ u.a.},$$

die einseitig zusammenhängenden Subgraphen

$$\langle S_3 \rangle = \{P_2, P_4, P_5\}, \quad \langle S_4 \rangle = \{P_1, P_2, P_3, P_4, P_5, P_6\} \text{ u.a.}$$

und die stark zusammenhängenden Subgraphen

$$\langle S_5 \rangle = \{P_1, P_2, P_3\}, \quad \langle S_6 \rangle = \{P_2, P_3, P_4, P_5\},$$

$$\langle S_7 \rangle = \{P_1, P_2, P_3, P_4, P_5\} \text{ u.a.}$$

Unter diesen Mengen von Subgraphen existieren solche, die eine maximale Anzahl von Punkten enthalten, so daß ein bestimmter Zusammenhangsgrad besteht.

Wird dagegen ein weiterer Punkt in diese Subgraphen einbezogen, so ändern sich die Zusammenhangseigenschaften. Anders ausgedrückt: Ein Subgraph ist maximal bezüglich einer Teilpunktmenge mit bestimmtem Zusammenhangsgrad, wenn kein Subgraph mit mehr Punkten und gleichem Zusammenhangsgrad existiert, der den ersteren als Teilgraphen enthält. Subgraphen mit diesen Eigenschaften bezeichnet man als Komponenten des Graphen.

Nicht jeder Subgraph ist folglich auch gleichzeitig eine Komponente des Graphen. Wir schreiben symbolisch für eine Komponente des Graphen $\langle K \rangle$ in Analogie zur Bezeichnungsweise der Subgraphen und geben die zu der Komponente gehörende Teilpunktmenge an, also $\langle K \rangle = \{P_i, P_j, P_k, \ldots\}$.

Nach Einführung dieser Begriffsbildung heißt

ein stark zusammenhängender maximaler Subgraph eine *stark zusammenhängende Komponente*, bezeichnet durch $\langle K \rangle_S$;

ein einseitig zusammenhängender maximaler Subgraph eine *einseitig zusammenhängende Komponente*, bezeichnet durch $\langle K \rangle_E$;

ein schwach zusammenhängender maximaler Subgraph eine *schwach zusammenhängende Komponente*, bezeichnet durch $\langle K \rangle_W$.

Kehren wir noch einmal zu dem Graphen der Abb. 29 zurück, um am Beispiel das Verhältnis zwischen Subgraphen und Komponenten aufzuzeigen. Wie wir bereits feststellten, sind u.a. $\langle S_1 \rangle$ und $\langle S_2 \rangle$ schwach zusammenhängende Subgraphen von G. Aber sowohl die Punktmenge S_1 als auch S_2 sind Teilmengen der Punktmenge $S_8 = \{P_1, P_2, P_3, P_4, P_5, P_6, P_7, P_8, P_9, P_{10}\}$, d.h. $S_1 \subset S_8$ und $S_2 \subset S_8$. Der Subgraph $\langle S_8 \rangle$ ist aber ein schwach zusammenhängender maximaler Subgraph, d.h., es gilt $\langle S_8 \rangle = \langle K \rangle_W$. In dem vorliegenden Falle ist die schwach zusammenhängende Komponente $\langle K \rangle_W$ mit dem Graphen G identisch (wir bemerkten schon früher, daß G ein schwach zusammenhängender Graph ist). Gleichzeitig folgt aus diesem Sachverhalt, daß weder $\langle S_1 \rangle$ noch $\langle S_2 \rangle$ Komponenten des Graphen G darstellen. Ähnlich verhält es sich mit den einseitig zusammenhängenden Subgraphen $\langle S_3 \rangle$ und $\langle S_4 \rangle$. Zunächst gilt $S_3 \subset S_4$, so daß S_3 mit Sicherheit keine Komponente von G sein kann. Vermehrt man die Punktemenge S_4 um einen weiteren Punkt, z.B. P_7 oder P_9, so daß $S'_4 = \{P_1, P_2, P_3, P_4, P_5, P_6, P_7\}$ ist, dann folgt aber sofort, daß $\langle S'_4 \rangle$ seine Eigenschaft des einseitigen Zusammenhanges verliert, wie durch Prüfung der Abb. 29 festzustellen ist. Der Punkt P_7 ist durch keine Kette, sondern nur durch Wege mit den übrigen Punkten der Teilmenge S_4 verbunden. Das gleiche gilt für die Punkte P_8, P_9 und P_{10} des Graphen G. Das bedeutet aber, daß $\langle S'_4 \rangle$ kein einseitig zusammenhängender Subgraph mehr ist. Folglich ist $\langle S_4 \rangle$ ein einseitig zusammenhängender maximaler Subgraph und damit eine einseitig zusammenhängende Komponente von G; denn wie wir uns überzeugten, existiert kein Subgraph in G, der $\langle S_4 \rangle$ als Teilgraphen enthält und die Eigenschaft aufweist, einseitig zusammenhängend zu sein. Für die angeführten stark zusammenhängenden Subgraphen $\langle S_5 \rangle$, $\langle S_6 \rangle$ und $\langle S_7 \rangle$ ist ersichtlich, daß $S_5 \subset S_7$ und $S_6 \subset S_7$ gilt. Damit scheiden $\langle S_5 \rangle$ und $\langle S_6 \rangle$ als Komponenten aus, und nach Prüfung wie bei den einseitig zusammenhängenden Subgraphen zeigt sich, daß $\langle S_7 \rangle$ eine stark zusammenhängende Komponente von G darstellt.

In den Abbildungen 30 und 31 sind noch zwei Beispiele für die Zerlegung eines Graphen in Komponenten gegeben.

Im folgenden wenden wir uns zwei Sätzen über die Komponenten eines Graphen zu (Harary u.a., 1965), die von großem Nutzen sein werden.

1. Jeder Punkt eines gegebenen Graphen G liegt genau in einer stark zusammenhängenden Komponente.

Beweis: Betrachten wir zunächst einen Punkt P aus G und die Menge S aller jener Punkte aus G, die zusammen mit P einem gemeinsamen Zyklus an gehören. Der Subgraph $\langle S \rangle$, der durch die Punktmenge S erzeugt wird, ist *ein stark* zusammenhängender maximaler Subgraph, oder er gehört als

Teilgraph einem solchen an. Daraus folgt, daß jeder Punkt wenigstens einer stark zusammenhängenden Komponente angehört. (Es ist möglich, daß eine stark zusammenghänende Komponente nur einen Punkt enthält, und zwar dann, wenn dieser Punkt mit keinem weiteren Punkt des Graphen einem gemeinsamen Zyklus angehört.) Gehört der Punkt P mehr als einer stark zusammenhängenden Komponente an, dann sind zwei beliebige Punkte aus der Vereinigungsmenge dieser zwei stark zusammenhängenden Komponenten gegenseitig über Ketten erreichbar. Daraus folgt aber sofort, daß P nur in einer stark zusammenhängenden Komponente liegt.

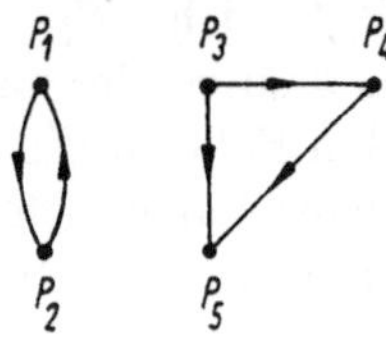

Abb. 30. Nichtzusammenhängender Graph G mit der einseitig zusammenhängenden Komponente $\langle K_1\rangle_E = \{P_3, P_4, P_5\}$ und den stark zusammenhängenden Komponenten $\langle K_1\rangle_S = \{P_1, P_2\}$, $\langle K_2\rangle_S = \{P_3\}$, $\langle K_3\rangle_S = \{P_4\}$ und $\langle K_4\rangle_S = \{P_5\}$

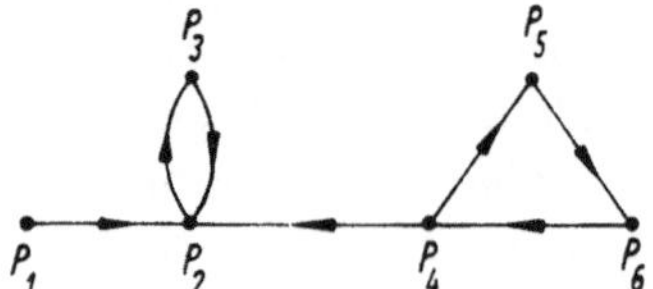

Abb. 31. Schwach zusammenhängender Graph G mit den einseitig zusammenhängenden Komponenten $\langle K_1\rangle_E = \{P_1, P_2, P_3\}$ und $\langle K_2\rangle_E = \{P_2, P_3, P_4, P_5, P_6\}$ und den stark zusammenhängenden Komponenten $\langle K_1\rangle_S = \{P_2, P_3\}$, $\langle K_2\rangle_S = \{P_4, P_5, P_6\}$ und $\langle K_3\rangle_S = \{P_1\}$

2. Jeder Punkt eines gegebenen Graphen G liegt genau in einer schwach zusammenhängenden Komponente.

   Beweis: Jeder Punkt ist selbst ein schwach zusammenhängender Subgraph und liegt folglich in einem schwach zusammenhängenden maximalen Subgraphen. Nehmen wir an, P liege in zwei schwach zusammenhängenden Komponenten $\langle K_1\rangle_W$ und $\langle K_2\rangle_W$. Sei P_1 irgendein Punkt der Menge S_1 und P_2 irgendein Punkt der Menge S_2, dann enthält der Graph G einen Weg zwischen P und P_1 und einen Weg zwischen P und P_2. Folglich liegen P_1 und P_2 in der gleichen schwach zusammenhängenden Komponente. (Ist G nicht zusammenhängend, so wird der zusammenhängende Subgraph betrachtet, dem S_1 und S_2 angehören.)

Für einseitig zusammenhängende Komponenten läßt sich kein ähnlicher Satz beweisen, so daß es nicht immer sinnvoll ist, eine Zerlegung in einseitige Komponenten vorzunehmen.

Grundsätzlich ist es natürlich möglich, einen Graphen unabhängig von den Zusammenhangseigenschaften bestimmter Subgraphen zu zerlegen. Besteht die Aufgabe darin, die Punktmenge M eines Graphen G derart in Teilpunktmengen S_i zu zerlegen, so daß jeder Punkt genau einer Teilpunktmenge angehört, $S_i \subset M$ $(i = 1, 2, \ldots, n)$ und $\bigcap_{i=1}^{n} S_i = \emptyset$, dann kann diese Zerlegung unter

Berücksichtigung beliebiger Gesichtspunkte erfolgen. Die Teilmengen S_i $(i = 1, 2, \ldots, n)$ können als erzeugende Punkte eines neuen Graphen G^* betrachtet werden, dessen Kanten sich durch die folgende Regel ermitteln lassen:

> Es existiere dann und nur dann eine Kante zwischen S_i und S_j in G^*, wenn in G wenigstens eine Kante von einem Punkt der Teilpunktmenge S_i zu einem Punkt der Teilpunktmenge S_j existiert.

Der auf diese Art gebildete neue Graph G^* enthält höchstens die gleiche Anzahl von Punkten und Kanten wie G, im allgemeinen jedoch ist diese Anzahl geringer. Man bezeichnet deshalb G^* auch als *kondensierten Graphen* von G.

An einem Beispiel soll die praktische Bedeutung der Kondensation von Graphen erläutert werden. Stellen wir uns vor, daß eine Population gegeben sei, die sich aus drei verwandten Arten zusammensetzt. Jedes Mitglied der Population steht zu gewissen anderen Mitgliedern der Population in bestimmten Beziehungen. Im Graphen der Abb. 32 sind diese Beziehungen zwischen den Angehörigen der Population dargestellt.

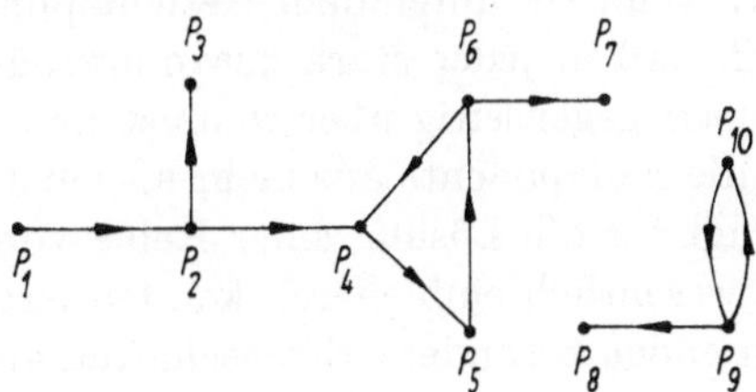

Abb. 32. Graph G, der die Beziehungen zwischen den Individuen einer Population darstellt

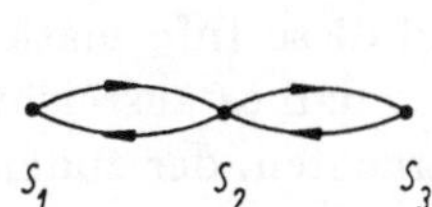

Abb. 33. Graph G^*, der sich durch Kondensation aus dem Graphen G der Abb. 32 ergibt (siehe Text)

Zur Art S_1 sollen die Individuen P_1, P_2, P_9 gehören, zu S_2 die Individuen P_3, P_4, P_8, P_{10} und zu S_3 die Individuen P_5, P_6, P_7. Mit anderen Worten: Es erfolgt eine Zerlegung der Punktmenge $M = \{P_1, P_2, P_3, P_4, P_5, P_6, P_7, P_8, P_9, P_{10}\}$ in die Teilpunktmengen $S_1 = \{P_1, P_2, P_9\}$, $S_2 = \{P_3, P_4, P_8, P_{10}\}$ und $S_3 = \{P_5, P_6, P_7\}$, so daß jeder Punkt genau einer Teilmenge angehört. Es wäre jetzt denkbar, daß die Beziehungen zwischen den einzelnen Individuen der Population für uns ohne Interesse sind, wir aber Kenntnis darüber erlangen möchten, welche Beziehungen zwischen den drei Arten der Population bestehen. Dazu machen wir von dem Konzept der Kondensation Gebrauch und betrachten die Teilmengen S_1, S_2 und S_3 (die drei verschiedenen Arten) als Punkte eines neuen Graphen G^*. Ermitteln wir noch die Kanten des Graphen G^* nach der angeführten Regel, dann ergibt sich der in Abb. 33 dargestellte kondensierte Graph.

Aus ihm ist ersichtlich, daß sowohl zwischen den Arten S_2 und S_3 als auch zwischen S_1 und S_2 wechselseitige Beziehungen bestehen, aber keine direkten Beziehungen zwischen S_1 und S_3 existieren. Lediglich über die Vermittlung der Art S_2 bestehen indirekte Beziehungen zwischen S_1 und S_3.

Außer für die Behandlung von Aufgaben des angeführten Typs liegt die Bedeutung der Kondensation eines Graphen in der Nützlichkeit des Konzepts für Untersuchungen der inneren Struktur eines Graphen.

In einem der obenstehenden mathematischen Sätze war bewiesen worden, daß jeder Punkt eines Graphen genau einer stark zusammenhängenden Komponente angehört. Folglich wird es immer möglich sein, einen Graphen so zu zerlegen, daß jeder Punkt des Graphen genau einer Teilpunktmenge angehört, die genau eine stark zusammenhängende Komponente des Graphen erzeugt. Da darüber hinaus diese Zerlegung eindeutig ist, gehört zu jedem Graphen G genau ein kondensierter Graph G^*.

In den folgenden Ausführungen soll, falls nicht ausdrücklich anderes vermerkt wird, unter einem kondensierten Graphen G^* stets verstanden werden, daß der Graph G in stark zusammenhängende Komponenten zerlegt wurde, die ihrerseits G^* erzeugten.

Der Grund für die Bedeutung dieser speziellen Zerlegung eines Graphen ist im wesentlichen darin zu sehen, daß eine stark zusammenhängende Komponente relativ wenig Informationen besitzt, wenn sie unter dem Gesichtspunkt ihrer Struktur betrachtet wird. Man weiß, daß in jeder stark zusammenhängenden Komponente jedes beliebige Punktepaar gegenseitig über wenigstens zwei Ketten miteinander verbunden ist, falls die Komponente aus mehr als einem Punkt besteht. Und diese Information genügt für die Lösung einer Reihe von Fragestellungen, so daß es ausreicht, den wesentlich einfacheren kondensierten Graphen zu betrachten, der zudem noch einige besondere Eigenschaften aufweist.

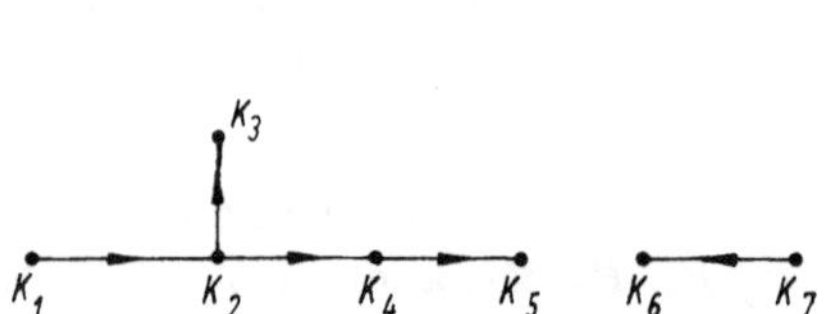

Abb. 34. Kondensierter Graph G^*, der durch Kondensation aus dem Graphen G der Abb. 32 entsteht, wenn dieser in stark zusammenhängende Komponenten zerlegt wird

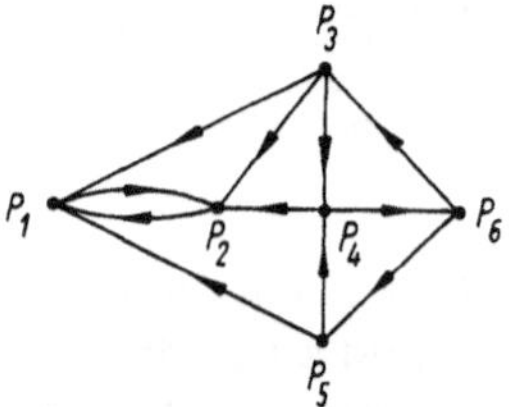

Abb. 35. Graph G als Beispiel zur Ermittlung der stark zusammenhängenden Komponenten mit Hilfe eines Algorithmus (siehe Text)

Zerlegt man den Graphen G der Abb. 32 in stark zusammenhängende Komponenten, so erhält man

$$\langle K_1\rangle_S = \{P_1\},\ \langle K_2\rangle_S = \{P_2\},\ \langle K_3\rangle_S = \{P_3\},\ \langle K_4\rangle_S = \{P_4,\ P_5,\ P_6\},$$
$$\langle K_5\rangle_S = \{P_7\},\ \langle K_6\rangle_S = \{P_8\},\ \langle K_7\rangle_S = \{P_9,\ P_{10}\},$$

und der zugehörige kondensierte Graph G^* hat die in Abb. 34 dargestellte Gestalt.

Nun ist es bei größeren und komplizierteren Graphen im allgemeinen keine sehr leichte Aufgabe, diese nur durch Prüfung der graphischen Darstellung in stark zusammenhängende Komponenten zu zerlegen. Es scheint deshalb notwendig, nach einem Hilfsmittel, einem Algorithmus, zu suchen, der es gestattet, die Komponenten eines Graphen aufzufinden. Wir erinnern uns zu diesem Zweck an die Matrizendarstellungen, insbesondere an die Zyklenmatrix eines Graphen. Diese ergab sich durch elementeweise Multiplikation der Erreichbarkeitsmatrix mit ihrer Transponierten. In Abschn. 3.3 wurde darüber hinaus dargelegt, daß dieElemente z_{ij} mit dem Wert eins in einer Zeile (oder Spalte) der Zyklenmatrix angeben, daß die Punkte P_j (oder P_i) wenigstens einem Zyklus gemeinsam angehören.

Jetzt läßt sich präziser formulieren, daß diese ausgezeichneten Punkte einer stark zusammenhängenden Komponente des Graphen angehören. Da in der Zyklenmatrix aber die Struktur des gesamten Graphen berücksichtigt ist, lassen sich aus ihr alle in dem Graphen existierenden stark zusammenhängenden Komponenten ablesen.

Betrachten wir dazu ein Beispiel. In Abb. 35 ist ein Graph G dargestellt, der in stark zusammenhängende Komponenten zerlegt werden soll.

Wir schreiben dazu als erstes die Berührungsmatrix A auf und ermitteln ihre Potenzen. Da der Graph wenigstens einen Zyklus enthält, ist A nicht nilpotent, und die Potenzen von A werden von einem bestimmten Exponenten r an periodisch. Dieser Exponent ist gleichfalls zu bestimmen. Es gilt

$$A = \begin{bmatrix} 0&1&0&0&0&0\\ 1&0&0&0&0&0\\ 1&1&0&1&0&0\\ 0&1&0&0&0&1\\ 1&0&0&1&0&0\\ 0&0&1&0&1&0 \end{bmatrix}, \quad A^2 = \begin{bmatrix} 1&0&0&0&0&0\\ 0&1&0&0&0&0\\ 1&1&0&0&0&1\\ 1&0&1&0&1&0\\ 0&1&0&0&0&1\\ 1&1&0&1&0&0 \end{bmatrix}, \quad A^3 = \begin{bmatrix} 0&1&0&0&0&0\\ 1&0&0&0&0&0\\ 1&1&1&0&1&0\\ 1&1&0&1&0&0\\ 1&0&1&0&1&0\\ 1&1&0&0&0&1 \end{bmatrix},$$

$$A^4 = \begin{bmatrix} 1&0&0&0&0&0\\ 0&1&0&0&0&0\\ 1&1&0&1&0&0\\ 1&1&0&0&0&1\\ 1&1&0&1&0&0\\ 1&1&1&0&1&0 \end{bmatrix}, \quad A^5 = \begin{bmatrix} 0&1&0&0&0&0\\ 1&0&0&0&0&0\\ 1&1&0&0&0&1\\ 1&1&1&0&1&0\\ 1&1&0&0&0&1\\ 1&1&0&1&0&0 \end{bmatrix}, \quad A^6 = \begin{bmatrix} 1&0&0&0&0&0\\ 0&1&0&0&0&0\\ 1&1&1&0&1&0\\ 1&1&0&1&0&0\\ 1&1&1&0&1&0\\ 1&1&0&0&0&1 \end{bmatrix},$$

$$A^7 = \begin{bmatrix} 0&1&0&0&0&0\\ 1&0&0&0&0&0\\ 1&1&0&1&0&0\\ 1&1&0&0&0&1\\ 1&1&0&1&0&0\\ 1&1&1&0&1&0 \end{bmatrix}, \quad A^8 = \begin{bmatrix} 1&0&0&0&0&0\\ 0&1&0&0&0&0\\ 1&1&0&0&0&1\\ 1&1&1&0&1&0\\ 1&1&0&0&0&1\\ 1&1&0&1&0&0 \end{bmatrix}, \quad A^9 = \begin{bmatrix} 0&1&0&0&0&0\\ 1&0&0&0&0&0\\ 1&1&1&0&1&0\\ 1&1&0&1&0&0\\ 1&1&1&0&1&0\\ 1&1&0&0&0&1 \end{bmatrix},$$

$A^{10} = A^4$, $A^{11} = A^5$, $A^{12} = A^6$, usw.; d.h., vom Exponenten 10 an sind die potenzierten Berührungsmatrizen mit einer der Matrizen A^{4+n} $(n = 0, 1, 2, 3, 4, 5)$ identisch. Daraus folgt $r = 9$.

Die Erreichbarkeitsmatrix R ergibt sich folglich aus der Summe der Berührungsmatrizen der Potenzen 1 bis 9, also

$$R = \sum_{m=1}^{r} A^m = \begin{bmatrix} 1 & 1 & 0 & 0 & 0 & 0 \\ 1 & 1 & 0 & 0 & 0 & 0 \\ 1 & 1 & 1 & 1 & 1 & 1 \\ 1 & 1 & 1 & 1 & 1 & 1 \\ 1 & 1 & 1 & 1 & 1 & 1 \\ 1 & 1 & 1 & 1 & 1 & 1 \end{bmatrix} \quad \text{und} \quad R^{\mathrm{T}} = \begin{bmatrix} 1 & 1 & 1 & 1 & 1 & 1 \\ 1 & 1 & 1 & 1 & 1 & 1 \\ 0 & 0 & 1 & 1 & 1 & 1 \\ 0 & 0 & 1 & 1 & 1 & 1 \\ 0 & 0 & 1 & 1 & 1 & 1 \\ 0 & 0 & 1 & 1 & 1 & 1 \end{bmatrix}.$$

Die Zyklenmatrix $Z = R \times R^{\mathrm{T}}$ hat dann die Gestalt

$$Z = \begin{bmatrix} 1 & 1 & 0 & 0 & 0 & 0 \\ 1 & 1 & 0 & 0 & 0 & 0 \\ 0 & 0 & 1 & 1 & 1 & 1 \\ 0 & 0 & 1 & 1 & 1 & 1 \\ 0 & 0 & 1 & 1 & 1 & 1 \\ 0 & 0 & 1 & 1 & 1 & 1 \end{bmatrix}.$$

Die erste oder zweite Zeile bzw. Spalte identifiziert die Punkte P_1 und P_2 aus G als Teilpunktmenge, die eine der stark zusammenhängenden Komponenten erzeugt. Ebenso ist aus den Zeilen bzw. Spalten 3 bis 6 eine weitere Teilpunktmenge, bestehend aus den Punkten P_3, P_4, P_5 und P_6 ersichtlich, die eine zweite stark zusammenhängende Komponente des Graphen erzeugt. Es gilt also

$$\langle K_1 \rangle_S = \{P_1, P_2\}, \quad \langle K_2 \rangle_S = \{P_3, P_4, P_5, P_6\}.$$

Wie aus Abb. 35 ersichtlich ist, sind die Kanten zwischen den Punkten der beiden stark zusammenhängenden Komponenten von Punkten der Komponente $\langle K_2 \rangle_S$ nach Punkten der Komponente $\langle K_1 \rangle_S$ gerichtet. Wir ersetzen diese Kanten durch eine Kante gleicher Richtung zwischen den Komponenten $\langle K_1 \rangle_S$ und $\langle K_2 \rangle_S$, so daß der in Abb. 36 dargestellte kondensierte Graph G^* entsteht.

Abb. 36. Kondensierter Graph G^*, der aus dem Graphen G der Abb. 35 entsteht

Es sei bemerkt, daß die Kanten zwischen den Punkten zweier beliebiger stark zusammenhängender Komponenten eines Graphen (falls solche überhaupt existieren) stets die gleiche Richtung aufweisen, z. B. von Punkten der Komponente 1 zu Punkten der Komponente 2 oder umgekehrt. Wäre das nicht der Fall, dann würden alle Punkte beider Komponenten gegenseitig über Ketten erreichbar sein, was im Widerspruch zu der Voraussetzung steht, daß der Graph zwei getrennte stark zusammenhängende Komponenten besitzt. Daraus folgt aber sofort, daß jeder kondensierte Graph G^* azyklisch ist — eine Feststellung, die im nächsten Abschnitt von Wichtigkeit sein wird.

3.5. Punktbasen und Fundamentalmengen

Nachdem der Zusammenhang von Graphen und Subgraphen einer ausführlichen Betrachtung unterzogen wurde, wollen wir die dabei gewonnenen Erkenntnisse zur Lösung von zwei Problemen der Graphentheorie anwenden. Es handelt sich dabei um folgende Fragestellungen:

Existiert in einem Graphen eine ausgezeichnete Teilpunktmenge, von deren Elementen aus jeder weitere Punkt des Graphen über wenigstens eine Kette erreichbar ist, und welche Punkte können von einem Element der Teilpunktmenge aus über wenigstens eine Kette erreicht werden? Die Bedeutung dieser Problematik ist insbesondere für die Analyse biotopologischer Modelle wichtig und offensichtlich. Denn es bedeutet letztlich, daß von den Elementen jener Teilpunktmenge aus alle übrigen Elemente des Graphen indirekt über Ketten beeinflußt, gesteuert bzw. gestört werden können.

Zur besseren Verständigung über die anstehenden Probleme führen wir die in der Graphentheorie üblichen Begriffsbildungen Punktbasis und Fundamentalmenge eines Graphen ein. Wenden wir uns zunächst dem Begriff der Punktbasis zu.

Unter der Punktbasis B eines Graphen G soll eine minimale Anzahl von Punkten aus G verstanden werden, so daß alle übrigen Punkte des Graphen von diesen ausgezeichneten Punkten aus über wenigstens eine Kette erreichbar sind. Eine solche Menge B ist aber nur dann eine Punktbasis von G, wenn keine echte Teilmenge von B existiert, die die gleichen Eigenschaften wie B besitzt. Am Beispiel des Graphen der Abb. 37 soll der Sachverhalt verdeutlicht werden. Nehmen wir an, die Punkte P_1, P_4, P_6 und P_8 bilden die Punktbasis des Graphen G, also $B_1 = \{P_1, P_4, P_6, P_8\}$. Zunächst ist offensichtlich, daß von den Punkten der Menge B_1 aus alle übrigen Punkte des Graphen G über Ketten erreichbar sind. Weiterhin darf keine echte Teilmenge von B_1 existieren, von deren Punkten aus alle übrigen Punkte von G über Ketten erreichbar sind. Das ist in dem betrachteten Beispiel nicht der Fall, da von den Punkten P_1, P_4 und P_8 alle übrigen Punkte von G erreichbar sind. Bezeichnen wir die letztgenannte Teilpunktmenge mit $B_2 = \{P_1, P_4, P_8\}$, dann gilt $B_2 \subset B_1$, d.h., B_2 ist echte Teilmenge von B_1 und besitzt die gleichen Eigenschaften bezüglich der Erreichbarkeit der Punkte des Graphen wie B_1. Daraus folgt aber, daß B_1 nicht Punktbasis des Graphen G sein kann. Entfernt man dagegen aus der Menge B_2 einen beliebigen weiteren Punkt, dann sind nicht mehr alle übrigen Punkte des Graphen G erreichbar, wie man leicht in Abb. 37 nachprüft. Das heißt, es existiert keine echte Teilmenge von B_2, die die gleichen Eigenschaften wie B_2 besitzt, so daß wir sicher sein können, in der Menge B_2 eine Punktbasis des Graphen G vor uns zu haben.

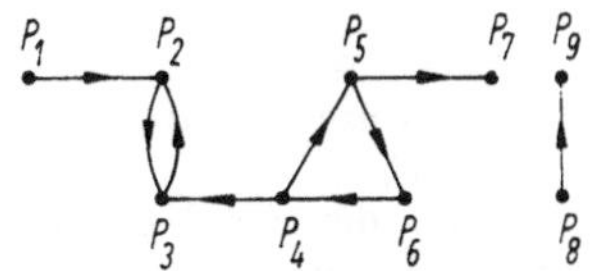

Abb. 37. Graph G, dessen Punktbasen B_i zu bestimmen sind (siehe Text)

Nun bilden jedoch die Punkte P_4, P_5 und P_6 des Graphen G eine stark zusammenhängende Komponente, wie man sofort aus Abb. 37 ersieht. Das heißt, die Punkte P_4, P_5 und P_6 sind gegenseitig über Ketten erreichbar, und folglich kann in der Punktbasis B_2 das Element P_4 durch P_5 oder P_6 ersetzt werden, ohne daß dadurch die Eigenschaften der Punktbasis geändert werden. Mit anderen Worten: Es existieren neben der Menge $B_2 = \{P_1, P_4, P_8\}$ die Mengen $B_3 = \{P_1, P_5, P_8\}$ und $B_4 = \{P_1, P_6, P_8\}$, die ebenfalls Punktbasen des Graphen G darstellen. Der Graph G besitzt also, bedingt durch die Tatsache, daß er eine stark zusammenhängende Komponente enthält (und damit nicht azyklisch ist), mehrere Teilpunktmengen, die gleichberechtigte Punktbasen des Graphen G sind. Im vorliegenden Falle existieren die Punktbasen B_2, B_3 und B_4. Die Weiterverfolgung des Gedankens führt zu dem Schluß, daß jeder azyklische Graph genau eine Punktbasis besitzt, wenn man berücksichtigt, daß jeder Graph wenigstens eine Punktbasis besitzen muß, was unmittelbar aus der Definition der Punktbasis hervorgeht.

Nun ist die Suche nach den Punktbasen ebenso wie das Auffinden der stark zusammenhängenden Komponenten eines Graphen ohne geeigneten Algorithmus eine mühsame Sache. Es wird also unsere nächste Aufgabe sein, ein mathematisches Verfahren zu suchen, mit dessen Hilfe die Punktbasen eines Graphen sicher zu bestimmen sind.

Gehen wir davon aus, daß uns die Punkte der stark zusammenhängenden Komponenten eines Graphen wenig interessieren, da sie alle gleichberechtigte Elemente von Punktbasen sind; wenn einer einer Punktbasis zugehören sollte, dann können wir als erstes zu dem kondensierten Graphen G^* von G übergehen. In ihm ist jede stark zusammenhängende Komponente durch einen neuen Punkt ersetzt worden, und G^* ist darüber hinaus azyklisch, so daß genau eine Punktbasis existiert. Über das Verfahren zur Ermittlung von G^* ist ausführlich berichtet worden (siehe Abschn. 3.4), so daß es sich erübrigt, an dieser Stelle erneut darauf einzugehen. Die Aufgabe reduziert sich damit zunächst auf das Problem, die Punktbasis B^* des kondensierten Graphen G^* zu finden. In diesem Zusammenhang erinnern wir uns an die Definition des Grades eines Punktes P (siehe Abschn. 3.3), der die Anzahl der im Punkte P endenden und beginnenden Kanten angibt. Unterteilen wir das Büschel der Kanten des Punktes P in solche, für die P den Endpunkt bildet, und in solche, für die P der Anfangspunkt ist, dann läßt sich für den Punkt P ein Eintrittsgrad g_e und ein Austrittsgrad g_a definieren. g_e ergibt sich als die Anzahl der Kanten, für die P den Endpunkt bildet, und g_a als die Anzahl der Kanten, für die P den Anfangspunkt darstellt (Abb. 38).

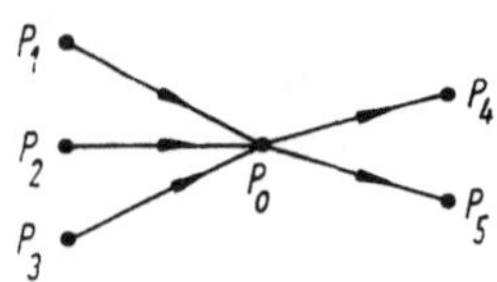

Abb. 38. Büschel b_0 des Punktes P_0.
P_0 besitzt den Grad $g = 5$, den Eintrittsgrad $g_e = 3$ und den Austrittsgrad $g_a = 2$. Es gilt $g = g_e + g_a$.
P_1, P_2, P_3 heißen die *Vorgänger*, P_4, P_5 die *Nachfolger* des Punktes P_0

Zur Ermittlung der Punktbasis eines Graphen sind nun die Punkte mit dem Eintrittsgrad Null von besonderem Interesse. Falls sie keine isolierten Punkte sind, gehen von ihnen Ketten aus, über die eine Reihe weiterer Punkte des

Graphen erreichbar sind, während sie selbst von keinem anderen Punkt in einem azyklischen Graphen erreicht werden können. Offenbar stellt aber die Menge dieser Punkte mit dem Eintrittsgrad Null die Punktbasis eines azyklischen Graphen dar. Ein Punkt mit einem Eintrittsgrad ungleich Null hat stets einen Vorgänger, von dem aus er direkt erreicht werden kann, so daß dieser Punkt in einem azyklischen Graphen niemals einer Punktbasis angehören kann, sondern höchstens sein Vorgänger, wenn dieser den Eintrittsgrad Null besitzt. Andererseits kann von allen Punkten mit dem Eintrittsgrad Null jeder Punkt des Graphen mit einem Eintrittsgrad ungleich Null erreicht werden, denn jeder dieser Punkte ist Endpunkt wenigstens einer Kante, wobei seine Vorgänger entweder der Punktbasis angehören oder selbst von weiteren Punkten erreichbar sind, für die die gleichen Argumente gelten. Daraus ergibt sich, daß uns die Menge der Punkte mit dem Eintrittsgrad Null eines azyklischen Graphen die vollständige Punktbasis des Graphen liefert. Die Punkte mit dem Eintrittsgrad Null sind nun aber sehr einfach aus der Berührungsmatrix A eines Graphen zu ermitteln. Besitzt die einem Punkt zugehörige Spalte nur Elemente mit dem Wert Null, dann dient der betrachtete Punkt für keine Kante des Graphen als Endpunkt und besitzt folglich den Eintrittsgrad Null.

Ein Punkt K gehört deshalb dann und nur dann der Punktbasis B^* des Graphen G^* an, wenn die entsprechende Spaltensumme der zugehörigen Berührungsmatrix A^* gleich Null ist. Wurde auf diese Weise die Punktbasis $B^* = \{K_l, K_m, \ldots\}$ ermittelt, dann bleibt als letzter Schritt der Übergang von B^* zu B. Da wir bereits wissen, daß alle Punkte einer stark zusammenhängenden Komponente gleichberechtigt sind, um Element einer Punktbasis zu sein, wenn wenigstens ein Punkt der Komponente der Punktbasis angehört, ist es lediglich erforderlich, jedes Element K der Punktbasis B^* durch einen beliebigen Punkt P zu ersetzen, der Element von K ist, um von B^* zu B zu gelangen. Wir erinnern uns zu diesem Zweck an die Tatsache, daß sich die Elemente einer stark zusammenhängenden Komponente des Graphen aus der Zyklenmatrix ablesen lassen (siehe Abschn. 3.4).

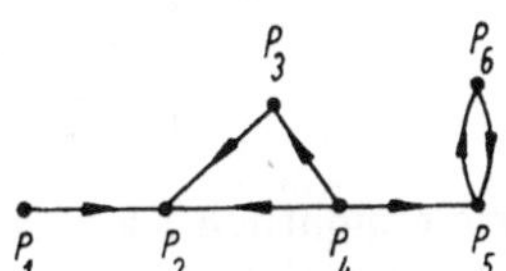

Abb. 39. Graph G, dessen Punktbasen und Fundamentalmengen zu ermitteln sind (siehe Text)

Fassen wir das soeben dargestellte Verfahren zum Aufsuchen der Punktbasis B eines Graphen G in drei Sätzen kurz zusammen:

1. Bilde den kondensierten Graphen G^* von G.
2. Bestimme die Punktbasis B^* von G^*.
3. Ermittle aus B^* die Punktbasis B.

Wir demonstrieren das Verfahren ausführlich an dem in Abb. 39 dargestellten Graphen G, dessen Punktbasen B_i zu bestimmen sind.

Zur Bildung des kondensierten Graphen G^* von G sind, ausgehend von der Berührungsmatrix A, die Erreichbarkeitsmatrix R, die transponierte Erreichbarkeitsmatrix R^{T} und die Zyklenmatrix Z zu bestimmen. Es gilt für den Graphen G in Abb. 39:

$$A = \begin{bmatrix} 0&1&0&0&0&0\\ 0&0&0&0&0&0\\ 0&1&0&0&0&0\\ 0&1&1&0&1&0\\ 0&0&0&0&0&1\\ 0&0&0&0&1&0 \end{bmatrix}, \quad R = \begin{bmatrix} 0&1&0&0&0&0\\ 0&0&0&0&0&0\\ 0&1&0&0&0&0\\ 0&1&1&0&1&1\\ 0&0&0&0&1&1\\ 0&0&0&0&1&1 \end{bmatrix}, \quad R^{\mathrm{T}} = \begin{bmatrix} 0&0&0&0&0&0\\ 1&0&1&1&0&0\\ 0&0&0&1&0&0\\ 0&0&0&0&0&0\\ 0&0&0&1&1&1\\ 0&0&0&1&1&1 \end{bmatrix},$$

$$Z = \begin{bmatrix} 0&0&0&0&0&0\\ 0&0&0&0&0&0\\ 0&0&0&0&0&0\\ 0&0&0&0&0&0\\ 0&0&0&0&1&1\\ 0&0&0&0&1&1 \end{bmatrix}.$$

Mithin ergibt die Zerlegung des Graphen G die stark zusammenhängenden Komponenten $\langle K_1\rangle_S = \{P_1\}$, $\langle K_2\rangle_S = \{P_2\}$, $\langle K_3\rangle_S = \{P_3\}$, $\langle K_4\rangle_S = \{P_4\}$, $\langle K_5\rangle_S = \{P_5, P_6\}$, und der kondensierte Graph G^* hat die in Abb. 40 dargestellte Gestalt.

Die zu G^* gehörige Berührungsmatrix A^* folgt zu

$$A^* = \begin{bmatrix} 0&1&0&0&0\\ 0&0&0&0&0\\ 0&1&0&0&0\\ 0&1&1&0&1\\ 0&0&0&0&0 \end{bmatrix}.$$

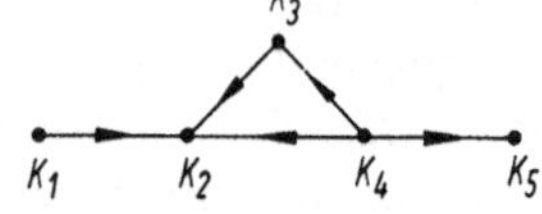

Abb. 40. Kondensierter Graph G^* des in Abb. 39 dargestellten Graphen G

Wie ersichtlich ist, besitzen die Spalten 1 und 4 nur Elemente des Wertes Null, d.h., K_1 und K_4 sind die Elemente der Punktbasis B^*, also $B^* = \{K_1, K_4\}$. Die Ersetzung der Mengen K_1 und K_4 durch eines ihrer Elemente ist eindeutig, da jede der beiden Mengen nur je ein Element enthält. Die Punktbasis B des Graphen G ergibt sich somit zu $B = \{P_1, P_4\}$ und ist die einzige existierende Punktbasis des betrachteten Graphen.

Unter den Punktbasen verschiedener Graphen findet man nun, falls einige der Graphen eine bestimmte Struktur aufweisen, solche, die dadurch vor allen anderen Punktbasen ausgezeichnet sind, daß sie nur aus einem einzigen Element bestehen. Das bedeutet, daß von diesem einen Punkt aus alle übrigen Punkte des Graphen über wenigstens eine Kette erreichbar sind. Man bezeichnet einen solchen Punkt als *Quelle* des betrachteten Graphen. Es ist möglich, daß eine Quelle den Elementen einer stark zusammenhängenden Komponente angehört, so daß mehrere gleichberechtigte Quellen des Graphen existieren (jeder Punkt der stark zusammenhängenden Komponente ist Quelle, wenn ein Punkt Quelle ist), obwohl jede Punktbasis des Graphen nur ein Element enthält. Zur Unterscheidung von diesem Fall bezeichnet man, wenn ein Graph genau eine Quelle enthält, diese als *einzige Quelle* des Graphen. Dann gilt der Satz (HARARY u.a., 1965):

> Ein Graph besitzt dann und nur dann eine Quelle, wenn der zugehörige kondensierte Graph eine einzige Quelle, d.h. genau einen Punkt mit dem Eintrittsgrad Null, besitzt.

Der Beweis ist sofort einzusehen, wenn man sich vergegenwärtigt, daß jeder kondensierte Graph azyklisch ist. Besitzt dieser eine einzige Quelle, dann besteht die Punktbasis aus einem einzigen Element und folglich jede Punktbasis des Ausgangsgraphen gleichfalls nur aus einem Punkt, der definitionsgemäß als Quelle des Graphen bezeichnet wird.

In Analogie zu dem Begriff der Quelle spricht man von der *Senke* eines Graphen, wenn dieser einen Punkt besitzt, von dem aus kein weiterer Punkt des Graphen über eine Kette erreichbar ist. Auch für die Existenz einer Senke läßt sich ein analoger Satz formulieren:

> Ein Graph besitzt dann und nur dann eine Senke, wenn der zugehörige kondensierte Graph eine einzige Senke, d.h. genau einen Punkt mit dem Austrittsgrad Null, besitzt.

Die Gültigkeit dieses Satzes überlegt man sich mit Hilfe der gleichen Argumente, die oben angeführt wurden, ohne daß diese noch einmal explizit dargelegt werden. Es erscheint in diesem Zusammenhang nützlicher, ein entsprechendes Beispiel zu betrachten.

Es sei der Graph G gegeben, der zusammen mit seinem kondensierten Graphen G^* in Abb. 41 dargestellt ist. Die Berührungsmatrix A^* ergibt sich zu

$$A^* = \begin{pmatrix} 0 & 0 & 0 & 0 \\ 1 & 0 & 0 & 0 \\ 1 & 1 & 0 & 0 \\ 0 & 1 & 1 & 0 \end{pmatrix}.$$

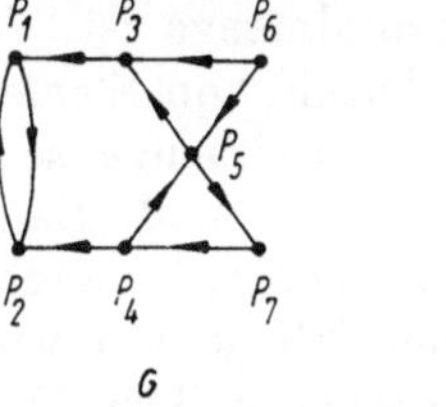

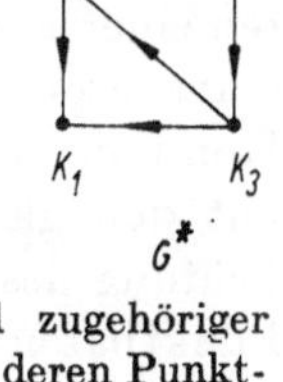

Abb. 41. Graph G und zugehöriger kondensierter Graph G^*, deren Punktbasen zu ermitteln sind (siehe Text). $\langle K_1 \rangle s = \{P_1, P_2\}$, $\langle K_2 \rangle s = \{P_3\}$, $\langle K_3 \rangle s = \{P_4, P_5, P_7\}$, $\langle K_4 \rangle s = \{P_6\}$

Da in ihr nur die Elemente der vierten Spalte sämtlich den Wert Null besitzen, existiert in G^* nur ein Punkt, nämlich K_4, mit dem Eintrittsgrad Null, der damit die einzige Quelle von G^* ist. Ersetzt man K_4 durch seine Elemente, dann erhält man die Quellen des Graphen G. Da im vorliegenden Falle K_4 den Punkt P_6 als einziges Element enthält, ist dieser nicht nur eine Quelle, sondern die einzige Quelle des Graphen G. Suchen wir weiter nach Punkten mit dem Austrittsgrad Null, so zeigt sich, daß in G^* nur der Punkt K_1 diese Eigenschaft besitzt, die unmittelbar aus der Berührungsmatrix A^* erkennbar ist (alle Elemente der ersten Zeile besitzen den Wert Null). K_1 ist folglich die einzige Senke des kondensierten Graphen G^*. Da K_1 die zwei Punkte P_1 und P_2 zu Elementen hat, besitzt der Graph G eine Senke in dem Punkt P_1 sowie eine zweite im Punkt P_2.

Es ist also mit Hilfe der kondensierten Berührungsmatrix A^* das Problem auf einfache Art gelöst worden.

Wenden wir uns nun dem eingangs erwähnten Begriff der Fundamentalmenge zu, der auf das engste mit dem Konzept der Punktbasen und der Erreichbarkeit von Punkten über Ketten verknüpft ist.

Unter einer Fundamentalmenge $F(P_i)$ eines Graphen G versteht man eine Menge mit einer maximalen Anzahl von Elementen (Punkten des Graphen G), die vom Punkt P_i aus, dem Anfangspunkt der Fundamentalmenge, über wenigstens eine Kette erreichbar sind. $F(P_i)$ ist dann und nur dann Fundamentalmenge, wenn es keine Menge $F(P_j)$ mit $P_j \neq P_i$ in G gibt, so daß $F(P_i)$ echte Teilmenge von $F(P_j)$ ist. Wir betrachten dazu ein Beispiel.

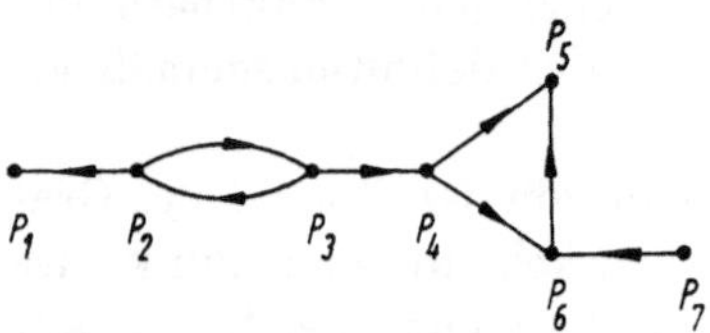

Abb. 42. Graph G, dessen Fundamentalmengen zu bestimmen sind (siehe Text)

Gegeben ist der Graph in Abb. 42, dessen Fundamentalmengen zu bestimmen sind. Wir vermuten, daß folgende Fundamentalmengen existieren:

$$F(P_2) = \{P_1, P_2, P_3, P_4, P_5, P_6\},$$

$$F(P_4) = \{P_4, P_5, P_6\} \text{ und } F(P_7) = \{P_5, P_6, P_7\}.$$

Wie sofort zu ersehen ist, gilt aber $F(P_4) \subset F(P_2)$, so daß $F(P_4)$ mit Sicherheit keine Fundamentalmenge ist. Andererseits existieren keine Teilmengen mit einer größeren Anzahl von Elementen als $F(P_2)$ und $F(P_7)$ und den Eigenschaften einer Fundamentalmenge, so daß $F(P_2)$ und $F(P_7)$ Fundamentalmengen des betrachteten Graphen sind. Da P_2 und P_3 einer stark zusammenhängenden Komponente angehören, ist auch P_3 Ausgangspunkt einer Fundamentalmenge mit den gleichen Elementen wie $F(P_2)$. Es gilt also $F(P_2) = F(P_3)$. Durch Prüfung des Graphen in Abb. 42 sieht man ohne Schwierigkeiten, daß dort die Punktbasen $B_1 = \{P_2, P_7\}$ und $B_2 = \{P_3, P_7\}$ existieren, deren Elemente mit den Anfangspunkten der Fundamentalmengen identisch sind. Demzufolge gilt der Satz:

> Jedes Element einer Punktbasis ist Ausgangspunkt einer Fundamentalmenge, und jeder Ausgangspunkt einer Fundamentalmenge ist Element einer Punktbasis.

Kennen wir also die Punktbasen B_1 und B_2 des Graphen, so kennen wir auch die Ausgangspunkte der Fundamentalmengen des Graphen, und umgekehrt. Diese Erkenntnis läßt sich für die Entwicklung eines Verfahrens zur Ermittlung der Fundamentalmengen eines Graphen, auf das wir im folgenden eingehen, verwenden.

Da alle Ausgangspunkte einer Fundamentalmenge einer stark zusammenhängenden Komponente des Graphen angehören, können wir zunächst von dem zu untersuchenden Graphen zu seinem kondensierten Graphen übergehen. Die Punktbasis B^* läßt sich dann ohne Schwierigkeiten bestimmen, und jedes Element der Punktbasis B^* dient als Ausgangspunkt einer Fundamentalmenge $F^*(K)$. Es bleiben noch die Elemente der Fundamentalmengen zu ermitteln. Zu diesem Zwecke erinnern wir uns der Tatsache, daß die Erreichbarkeitsmatrix R eines Graphen Auskunft darüber gibt, welche Punkte von einem bestimmten Punkte aus über Ketten erreichbar sind. Zum Beispiel geben uns die Elemente der i-ten Zeile, die ungleich Null sind, an, daß diese sämtlich vom Punkt P_i aus erreichbar sind. Ist der Punkt P_i der Ausgangspunkt einer Fundamentalmenge, dann erhält man aus der i-ten Zeile der Matrix R Kenntnis über die Elemente der Fundamentalmenge. Speziell liefert die Matrix R^* die Elemente der Menge $F^*(K)$. Es sei bemerkt, daß der Ausgangspunkt der Fundamentalmenge auch selbst Element dieser Menge ist. Geht man nach der bekannten Methode von B^* zu B über, dann sind die Ausgangspunkte der Fundamentalmengen durch die Elemente von B gegeben. Die Elemente der Mengen $F(P)$ sind aus der Erreichbarkeitsmatrix R ersichtlich, womit die Aufgabe als gelöst gilt.

Fassen wir zusammen, und erläutern wir die Methode an einem Beispiel. Zur Bestimmung der Fundamentalmengen eines Graphen sind folgende Schritte notwendig:

1. Übergang vom gegebenen Graphen G zum kondensierten Graphen G^*,
2. Ermittlung der Punktbasis B^*,
3. Übergang von B^* zur Punktbasis B des Graphen G,
4. Ermittlung der Elemente der Fundamentalmengen $F(P)$ mit Hilfe der Erreichbarkeitsmatrix R.

Als Beispiel sollen die Fundamentalmengen des in Abb. 39 dargestellten Graphen bestimmt werden. Für diesen hatten wir die einzige existierende Punktbasis bereits ermittelt, die sich zu $B = \{P_1, P_4\}$ ergab. Folglich existieren in dem betrachteten Graphen zwei Fundamentalmengen mit den Ausgangspunkten P_1 und P_4, so daß gilt

$$F(P_1) = \begin{Bmatrix} \text{Elemente} \\ \text{zu ermitteln} \end{Bmatrix} \text{ und } F(P_4) = \begin{Bmatrix} \text{Elemente} \\ \text{zu ermitteln} \end{Bmatrix}.$$

Die zur Ermittlung der Elemente der Fundamentalmengen notwendige Erreichbarkeitsmatrix R wurde an anderer Stelle ebenfalls bereits angeführt. Für sie folgte

$$R = \begin{bmatrix} 0 & 1 & 0 & 0 & 0 & 0 \\ 0 & 0 & 0 & 0 & 0 & 0 \\ 0 & 1 & 0 & 0 & 0 & 0 \\ 0 & 1 & 1 & 0 & 1 & 1 \\ 0 & 0 & 0 & 0 & 1 & 1 \\ 0 & 0 & 0 & 0 & 1 & 1 \end{bmatrix}.$$

Die Elemente der Menge $F(P_1)$ sind jene Punkte P_j, deren Matrixelemente r_{1j} $(j = 1, 2, \ldots, 6)$ den Wert eins besitzen. Das ist in der ersten Zeile der Matrix nur das Element r_{12}. Folglich ist $F(P_1) = \{P_1, P_2\}$. Zur Ermittlung der Menge $F(P_4)$ wird die vierte Zeile der Matrix herangezogen, so daß sich für $F(P_4)$ ergibt $F(P_4) = \{P_2, P_3, P_4, P_5, P_6\}$.

Mit diesen Betrachtungen über Fundamentalmengen wollen wir das Kapitel über einige grundlegende Elemente der Graphentheorie abschließen. Die Auswahl dieser Elemente erfolgte unter dem Gesichtspunkt der Schaffung einer Grundlage für das Verständnis der spezielleren Probleme der Graphentheorie. Aber auch dabei konnten durchaus nicht alle Teilgebiete der Graphentheorie berücksichtigt werden. Insbesondere wurde auf eine Darstellung der kombinatorischen Probleme der Graphentheorie vollständig verzichtet. In einigen Anwendungsgebieten werden dazu noch spezielle Aufgaben behandelt werden.

Es erschöpft sich also keineswegs die Graphentheorie mit den hier abgehandelten Problemen. Im Gegenteil, es existiert eine erdrückende Fülle von Begriffsbildungen, Definitionen und Sätzen, die entsprechend den speziellen Forderungen der Anwendungsgebiete entwickelt wurden.

Darüber hinaus wurde in dem vorliegenden Kapitel versucht, bei der Darstellung der Probleme möglichst einfache mathematische Formulierungen zu wählen. Das geht selbstverständlich auf Kosten einer eleganten mathematischen Darstellung und oft auch auf Kosten einer präzisen Formulierung. Aber es geht ja hier nicht darum, ein Lehrbuch der Graphentheorie zu schaffen oder die neuesten Ergebnisse der Theorie zu referieren, sondern darum, die theoretischen Ausgangspunkte für die Anwendung der Graphentheorie in den biologischen Wissenschaften darzulegen.

Zu den Problemen der Graphentheorie existiert heute eine kaum überschaubare Anzahl von Originalarbeiten, die bis zum Jahre 1963 ziemlich vollständig in dem Band des Symposiums von Smolenice (1964) zitiert sind. Darüber hinaus erschien in den letzten Jahren eine beträchtliche Anzahl ausgezeichneter Monographien der Graphentheorie und ihrer Teilgebiete — insbesondere in den angelsächsischen Ländern —, die für weiterführende Studien empfohlen seien. Einige der neuesten Bücher sind in dem anschließenden Literaturverzeichnis zusammengestellt worden.

Literatur zu den Abschnitten 3.3, 3.4 und 3.5

Caylay, A.: Collected mathematical papers, Vol. 3, 242 pp.; Vol. 9, 365pp.; Vol. 13, 26pp. Cambridge 1889—1897.

Harary, F., R. Z. Norman und D. Cartwright: Structural Models. An Introduction to the Theory of Directed Graphs. New York/London/Sidney 1965.

Kirchhoff, G.: Über die Auflösung der Gleichungen, auf welche man bei den Untersuchungen der linearen Verteilung galvanischer Ströme geführt wird. Poggendorfs Ann. Phys. Chem. **72** (1847) S. 497.

König, D.: Theorie der endlichen und unendlichen Graphen. Leipzig 1936.

Poincaré, H.: Complément à l'analysis situs. Rend. Circ. Mat. Palermo **13** (1899) S. 285.

Rescigno, A.: On some topological properties of the Systems of compartments. Bull. Math. Biophysics **26** (1964) S. 31.

Veblen, O.: Analysis Situs. The Cambridge Colloquium 1916, Part II. New York 1922.

ZURMÜHL, R.: Matrizen und ihre technischen Anwendungen. 3. Aufl. Berlin/Göttingen/Heidelberg 1961.

Theory of Graphs and its Applications. Proceedings of the Symposium held in Smolenice in June 1963. Prag 1964.

Monographien über Graphentheorie

BERGE, C.: Théorie des Graphes et ses Applications. Paris 1958.

BUSACKER, R. G., und T. L. SAATY: Finite Graphs and Networks. An Introduction with Applications. New York/St. Louis/San Francisco/Toronto/London/Sidney 1965.

HARARY, F., R. Z. NORMAN und D. CARTWRIGHT: Structural Models. An Introduction to the Theory of Directed Graphs. New York 1965.

KIM, W. H., und R. T. CHIEN: Topological Analysis and Synthesis of Communication Networks. New York 1962.

ORE, O.: Theory of Graphs. Amer. Math. Soc. Colloq. Publs., Vol. XXXVIII. Providence 1962.

—: Graphs and Their Uses. New York 1963.

PONSTEIN, J.: Matrices in Graph and Network Theory. Assen 1966.

SESHU, S., und M. B. REED: Linear Graphs and Electrical Networks. Reading, Mass., 1961.

WAI-KAI CHEN: General Topological Analysis of Linear Systems. Coord. Sci. Lab., Univ. of Illinois, Report R-191, 1964 (zitiert nach PONSTEIN).

Soeben erschienen:

SACHS, H.: Einführung in die Theorie der endlichen Graphen, Teil I. Leipzig 1970.

4. Relationale Modelle biologischer Systeme

4.1. Die Ausgangssituation

Erinnern wir uns einleitend, daß sich die Wörter Organisation und Organismus von dem gleichen sprachlichen Stamm herleiten — eine Tatsache, die uns meist nicht bewußt wird, wenn wir eines dieser Wörter hören oder lesen. Der allgemeine Sprachgebrauch bedient sich aber mit dieser Bezeichnung lebender Systeme nicht zufällig eines Ausdrucks, der auf das engste an den geordneten Aufbau der Systeme geknüpft ist. Man darf im Gegenteil sicher mit Recht annehmen, daß diese Begriffsbildung der Erkenntnis Rechnung trägt, daß die biologischen Funktionen eines lebenden Systems in ganz bestimmten Beziehungen zueinander stehen, so daß schließlich eine im Inneren wohlgeordnete Einheit entsteht. Von dieser durchaus nicht neuen, aber grundlegenden Erkenntnis des Wesens biologischer Systeme ausgehend, wurde zum ersten Male von RASHEVSKY (1954) der Versuch unternommen, eine Theorie aufzubauen, die es ermöglicht, die biologischen Systeme mathematisch zu beschreiben, logisch zu durchdringen und zu neuen theoretischen Erkenntnissen über sie zu gelangen.

Jeder Organismus ist durch eine Menge von biologischen Grundeigenschaften ausgezeichnet, die sich auf höchster Abstraktionsstufe als Reizempfindlichkeit, Reizleitung, Transport und Bewegung, Aufnahme von Materie und Energie, Abgabe von Materie und Energie, Stoffwechsel und Entwicklung angeben lassen. Jede dieser biologischen Eigenschaften kann als Element einer Menge $M^{(n)}$ angesehen werden, wenn $M^{(n)}$ die Menge der biologischen Funktionen sein soll. Der Begriff der biologischen Funktion ist im allgemeinen abstrakt und kann auf unterschiedlichen Abstraktionsstufen gebildet werden.

Gehen wir von der abstraktesten Darstellung der biologischen Funktionen aus, d.h. von den soeben angeführten biologischen Grundfunktionen, dann bildet die Menge bzw. das Mengensystem $M^{(n)}$ mit den Elementen $M_x^{(n-1)}$ eine Menge n-ter Stufe, die als Abbild des Organismus bezüglich seiner biologischen Funktionen gilt. Werden die Elemente $M_x^{(n-1)}$ spezifiziert als $M_{\mathrm{A}}^{(n-1)} \equiv$ Absorption, $M_{\mathrm{S}}^{(n-1)} \equiv$ Sekretion, $M_{\mathrm{W}}^{(n-1)} \equiv$ Stoffwechsel, $M_{\mathrm{T}}^{(n-1)} \equiv$ Transport, $M_{\mathrm{R}}^{(n-1)} \equiv$ Reizempfindlichkeit, $M_{\mathrm{L}}^{(n-1)} \equiv$ Reizleitung und $M_{\mathrm{E}}^{(n-1)} \equiv$ Entwicklung, dann gilt

$$M^{(n)} = \{M_{\mathrm{A}}^{(n-1)}, M_{\mathrm{S}}^{(n-1)}, M_{\mathrm{W}}^{(n-1)}, M_{\mathrm{T}}^{(n-1)}, M_{\mathrm{R}}^{(n-1)}, M_{\mathrm{L}}^{(n-1)}, M_{\mathrm{E}}^{(n-1)}\}.$$

Die Ermittlung der Elemente der Menge $M^{(n)}$ erfolgt formal durch die Existenz einer Aussageform $H(M_x^{(n-1)})$, die sich auf die Elemente $M_x^{(n-1)}$ bezieht und die beinhaltet, daß $M_x^{(n-1)}$ eine biologische Grundfunktion ist. Wenn $H(M_x^{(n-1)})$ gilt, dann ist $M_x^{(n-1)}$ ein Element des Mengensystems $M^{(n)}$. Darüber hinaus muß aus biologischer Sicht gefordert werden, daß die Menge $M^{(n)}$ so gebildet wird, daß ein Organismus vollständig, d.h. in allen wesentlichen Eigenschaften bezüglich seiner biologischen Funktionen durch $M^{(n)}$ charakterisiert wird. Formale Kriterien zur Prüfung der Frage, inwieweit in jedem einzelnen Falle diese Forderung erfüllt ist, existieren nicht, so daß als einzige Grundlage einer Entscheidung darüber die Erfahrung am biologischen Objekt sowie die Einsicht und Erkenntnis des Wissenschaftlers dienen können.

Nun können die Elemente $M_x^{(n-1)}$ der Menge $M^{(n)}$ selbst wieder Mengen sein, deren Elemente Mengen $(n-2)$-ter Stufe sind, formal $M_{xy}^{(n-2)} \in M_x^{(n-1)}$. Das bedeutet praktisch, daß die biologischen Grundeigenschaften weiter spezialisiert werden. Betrachten wir als Beispiel dazu die Spezialisierung der biologischen Grundfunktionen $M_{\mathrm{A}}^{(n-1)}$ $(M_{\mathrm{A}}^{(n-1)} \in M^{(n)})$. Es werde dazu die biologische Funktion „Aufnahme von Materie und Energie" zerlegt in die spezielleren Funktionen $M_{\mathrm{AB}}^{(n-2)} \equiv$ Absorption von Baustoffen und Wasser, $M_{\mathrm{AS}}^{(n-2)} \equiv$ Absorption von energetisch nutzbaren Substanzen und $M_{\mathrm{AE}}^{(n-2)} \equiv$ Absorption von Strahlungsenergie, so daß gilt:

$$M_{\mathrm{A}}^{(n-1)} = \{M_{\mathrm{AB}}^{(n-2)}, M_{\mathrm{AS}}^{(n-2)}, M_{\mathrm{AE}}^{(n-2)}\}$$

und

$$M_{\mathrm{A}}^{(n-1)} \subset M^{(n-1)}.$$

Die Menge $M^{(n-1)}$ besitzt als Elemente alle Mengen $(n-2)$-ter Stufe, die sich aus der Spezialisierung aller Mengen $(n-1)$-ter Stufe, die in die Betrachtung einbezogen wurden, ergeben. Es bedarf keiner weiteren Erklärung, daß auch für diese Spezialisierung eine Aussageform $H(M_{xy}^{(n-2)})$ für die Mengen $(n-2)$-ter Stufe existieren muß. Sie beinhaltet: $M_{xy}^{(n-2)}$ ist eine biologische Funktion, durch die die biologische Grundfunktion $M_x^{(n-1)}$ spezialisiert wird. Wenn $H(M_{xy}^{(n-2)})$ gilt, dann ist $M_{xy}^{(n-2)}$ Element des Mengensystems $M_y^{(n-1)}$. Bezüglich der Vollständigkeit gilt sinngemäß das oben Ausgeführte.

Das Verfahren kann in der angegebenen Weise fortgeführt werden, so daß sich z.B. als Elemente des Mengensystems $M_{\mathrm{AB}}^{(n-2)}$ für höhere Pflanzen die folgenden biologischen Funktionen ergeben: $M_{\mathrm{ABC}}^{(n-3)} \equiv$ Absorption von CO_2, $M_{\mathrm{ABH}}^{(n-3)} \equiv$ Absorption von H_2O, $M_{\mathrm{ABM}}^{(n-3)} \equiv$ Absorption von Nährsalzen und $M_{\mathrm{ABO}}^{(n-3)} \equiv$ Absorption von O_2. Es gilt dann

$$M_{\mathrm{AB}}^{(n-2)} = \{M_{\mathrm{ABC}}^{(n-3)}, M_{\mathrm{ABH}}^{(n-3)}, M_{\mathrm{ABM}}^{(n-3)}, M_{\mathrm{ABO}}^{(n-3)}\}.$$

Wie aus den angeführten Beispielen klar ersichtlich ist, werden die Mengensysteme $M^{(k)}$ mit fallendem k spezieller, während sie umgekehrt mit steigendem k zunehmend abstrakter und allgemeiner werden. Für allgemeine Aussagen über lebende Systeme sind demzufolge Mengensysteme hoher Abstraktionsstufen in besonderem Maße geeignet, während für spezielle Aussagen über einen bestimmten Organismus Mengensysteme niedriger Abstraktionsstufen heranzuziehen sind.

Ein biologisches System ist nun allerdings, wie bereits erwähnt, allein durch ein Mengensystem nicht abbildbar. Als ein wesentliches Kennzeichen lebender Systeme wurde ja gerade erkannt, daß zwischen den biologischen Funktionen Wechselwirkungen, d.h. Relationen im angeführten Sinne, existieren. Daraus ergibt sich die Aufgabe, auf Grund der bekannten experimentellen Befunde zwischen bestimmten biologischen Funktionen biologische Relationen anzugeben.

Wurde die Menge M einer bestimmten Stufe mit den Elementen P für die Beschreibung des konkreten Systems ausgewählt, dann sind nunmehr die Elemente der biologischen Relation R ($R \subseteq M \times M$) zu bestimmen, wenn man sich über die Aussage der Relation klar geworden ist. Das heißt, es ist auch hier wieder eine Aussageform $H([P_i, P_j])$ zu fixieren, die angibt, daß ein geordnetes Paar $[P_i, P_j]$ Element der Relation R ist, wenn die Aussageform für dieses geordnete Paar gilt. Die Aussageform $H([P_i, P_j])$ könnte z.B. beinhalten: Die biologische Funktion P_i beeinflußt direkt die biologische Funktion P_j. Als Folge erhält man eine Menge von geordneten Paaren, für die die Aussageform zutrifft und die damit Elemente der Relation R werden, so daß gilt:

$$R = \{[P_i, P_j], [P_k, P_l], \ldots\}.$$

Wie schon an anderer Stelle angeführt (Kap. 1, Abb. 5 und zugehöriger Text), ergeben sich auf diese Weise für die biologischen Grundfunktionen, wenn die Aussageform der biologischen Relation beinhaltet, M_i beeinflußt, steuert oder stört M_j, die geordneten Paare

$$[M_A, M_W], [M_W, M_E], [M_W, M_R], [M_W, M_L], [M_R, M_L],$$

$$[M_L, M_T], [M_T, M_S] \text{ und } [M_T, M_A] \text{ als Elemente der Menge } R.$$

Geht man schließlich einen letzten Schritt, indem die biologischen Funktionen durch Punkte und die biologischen Relationen durch gerichtete Strecken dargestellt werden, dann gelangt man zu dem graphischen Modell — einem Graphen — des untersuchten Originals. Für das angeführte Beispiel der biologischen Grundfunktionen ist dieser Graph bereits in Abb. 5 dargestellt worden.

Es sei an dieser Stelle noch einmal darauf hingewiesen, daß der Aufbau eines Strukturmodelles in der angeführten Weise in hohem Maße subjektive Komponenten enthält. Das betrifft sowohl die Auswahl der biologischen Funktionen als auch der biologischen Relationen. Als Grundlage der Modellierung kann nur die Erfahrung und Einsicht des Modellerschaffers am Objekt dienen, so unbefriedigend das auch erscheinen mag.

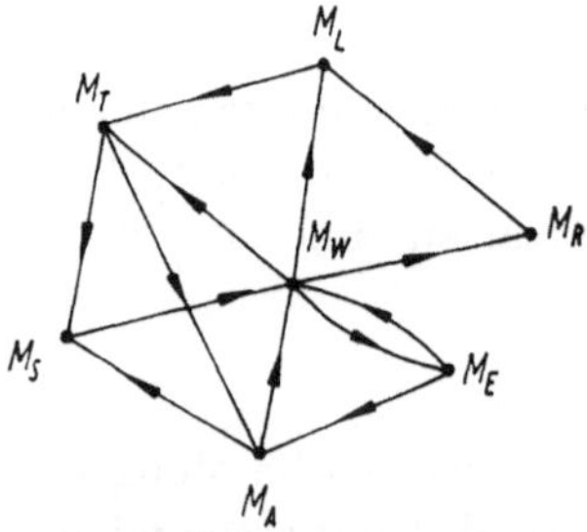

Abb. 43. Graph der biologischen Grundfunktionen, zweite Variante

So könnten natürlich mit guten Argumenten die angeführten biologischen Grundfunktionen auch auf die Weise miteinander verknüpft werden, daß der in Abb. 43 dargestellte Graph entsteht.

Nur ein Vergleich der theoretischen Ergebnisse, die sich aus diesen Graphen ableiten lassen, mit den experimentellen Erfahrungen kann eine Entscheidung zwischen diesen Modellen bezüglich ihrer Ähnlichkeit mit dem Original ermöglichen. Ansatzpunkte für die Ausschaltung gewisser subjektiver Komponenten bei der Modellbildung stellen die Ähnlichkeitsbetrachtungen von Stahl (1963), die Systemuntersuchungen von Rosen (1958a) und die Modelluntersuchungen von Noack (1968) dar, auf die an anderer Stelle noch eingegangen wird.

Als Beispiele biotopologischer Modelle werden im folgenden ein Graph von Rashevsky (1954) für einen einzelligen Organismus, ein Graph von Laue (1966) für ein Teilsystem der höheren Pflanze und ein Graph von Fritts (1966) für das Wachstum der Baumringe in Abhängigkeit von den klimatischen Bedingungen angeführt (Abbildungen 44, 45, 46). Die Bedeutung der Bezeichnungen sind den zugehörigen Symbollisten zu entnehmen.

Während das biotopologische Modell einer Zelle von Rashevsky nach seinen eigenen Worten nur die Aufgabe hat, das Grundkonzept dieser Betrachtungsweise zu verdeutlichen, haben die Modelle von Laue und Fritts durchaus praktische Bedeu-

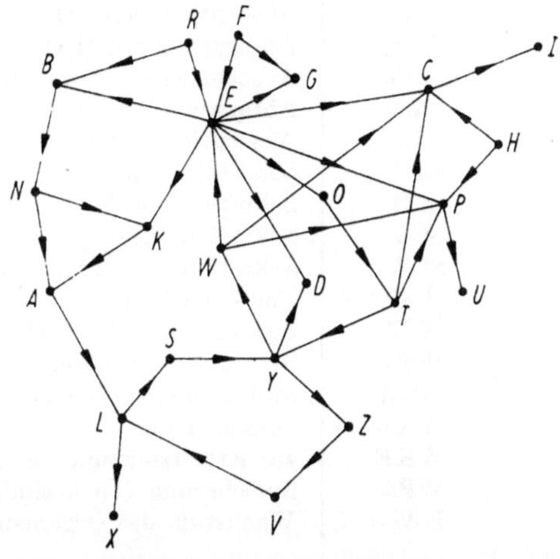

Abb. 44. Graph für einen Einzeller zur Demonstration der biotopologischen Modellierung (nach Rashevsky, 1954)

Tabelle 10. Symbolerklärung zu Abb. 44

Symbol	Erklärung
R	Reiz durch Nahrung, setzt Energie frei
B	Bewegung, bringt Zelle mit Nahrung in Kontakt
N	Nahrung
A	Aufnahme der Nahrung in die Vakuole
K	Kontakt mit der Nahrung bewirkt eine Bewegung zur Aufnahme der Nahrung
E	zur Bewegung erforderliche Energie
L	Nahrung aufgespalten
S	Absorption der aufgespaltenen Nahrung in das Protoplasma
X	Ausscheidung der Nahrungsreste
Y	Synthese der Nahrung zu zelleigenen Substanzen
Z	Synthese von Spaltungsenzymen
V	Ausscheidung der Spaltungsenzyme in die Vakuole
W	Stoffwechselprozesse
D	Reproduktion
O	Bewegung des Protoplasmas
T	innerer Transport
P	Produktion von Abfallprodukten
U	Ausscheidung der Abfallprodukte
H	O_2-Aufnahme
C	Produktion von CO_2
I	Ausscheidung von CO_2
F	schädlicher Reiz
G	Bewegung zur Vermeidung des schädlichen Reizes

Tabelle 11. Symbolerklärung zu Abb. 45

Symbol	Erklärung
ABC	Absorption von CO_2
ABH	Absorption von H_2O
ABM	Absorption von Nährsalzen
ABO	Absorption von O_2
AES	Absorption von Strahlung des sichtbaren Bereiches
SCC	Sekretion von CO_2
SCH	Sekretion von H_2O
SCO	Sekretion von O_2
SCW	Sekretion von organischen Substanzen
WSP	Photosynthese
WSZ	Synthese primärer zelleigener Substanzen
WSG	Synthese geordneter Strukturelemente der Zelle
WSW	Stoffwechsel im engeren Sinne
WKD	Dissimilation
WKE	zur Arbeitsleistung verfügbare Energie
WPA	Speicherung von Assimilaten und Wasser
EW	Wachstum des Organismus

Tabelle 12. Symbolerklärung zu Abb. 46

Symbol	Erklärung
A	geringer Niederschlag
B	geringe Wolkendecke
C	hohe Sonneneinstrahlung
D	hohe Temperaturen
E	niedrige Bodenfeuchtigkeit
F	gesteigerte Evaporation
G	ansteigende Temperaturen der Pflanze
H	abnehmende Zellgröße und Differentiation des meristematischen Gewebes
I	anwachsender Wasser-Stress im Baum
J	Abnahme der Kühlung durch Transpiration
K	geringe Stromataapertur während des Tages
L	geringe Ausdehnung der Nadeln
M	Abnahme des Wachstums der Spitzen
N	verminderte Wasser-Absorption
O	verstärkte Atmung
P	wenig Nadel- und Stamm-Primordia
Q	geringe photosynthetisch nutzbare Fläche
R	reduzierte Netto-Photosynthese
S	geringes Wurzelwachstum
T	geringe Konzentration der Wachstumshormone
U	geringe Assimilation der Zellteile
V	wenig gespeicherte Nährstoffreserven
W	verstärkter Nährstoffverbrauch
X	Differentiation kleiner Xylem-Zellen
Y	kurze Wachstumsperiode
Z	reduzierte Aktivität des Kambiums
Φ	Bildung eines schmalen Jahresringes

tung für die Lösung bestimmter Probleme der Pflanzenphysiologie bzw. der Bioklimatologie.

Aber wenden wir uns zunächst dem Modell von RASHEVSKY zu, um einige typische Aspekte biotopologischer Modelle herauszustellen.

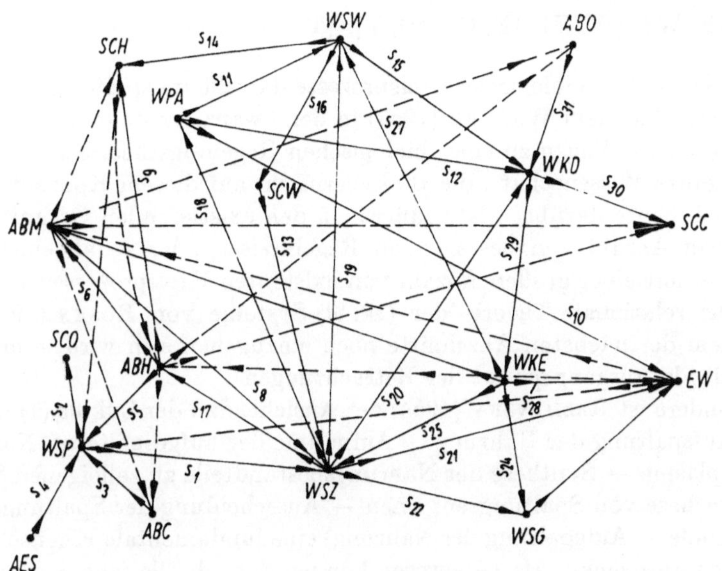

Abb. 45. Graph eines Teilsystems der höheren Pflanze (nach LAUE, 1966)

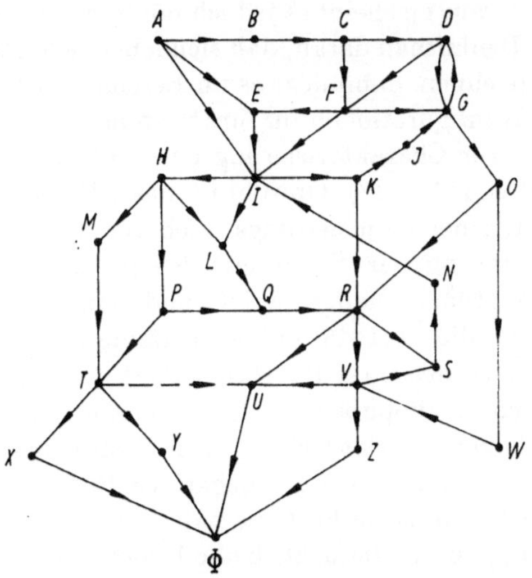

Abb. 46. Graph zur Demonstration der Einwirkung einiger klimatischer Faktoren auf die Breite der Wachstumsringe bei Gehölzen (nach FRITTS, 1966)

Betrachtet man den Graphen in Abb. 44 genauer, so zeigt sich, daß in ihm eine ganze Anzahl von Zyklen existiert, so z.B. die Zyklen

$$[L, S],\ [S, Y],\ [Y, Z],\ [Z, V],\ [V, L]; \quad (1)$$

$$[L, S],\ [S, Y],\ [Y, W],\ [W, E],\ [E, B],\ [B, N],\ [N, A],\ [A, L]; \quad (2)$$

$$[Y, W],\ [W, E],\ [E, O],\ [O, T],\ [T, Y]. \quad (3)$$

Diese Zyklen stellen biologische Kreisprozesse dar, die im speziellen Regelkreise sein können. Nachdem WAGNER (1954) in den zwanziger Jahren unseres Jahrhunderts die Grundlagen zu einer biologischen Regelungstheorie geschaffen hat und eine ganze Wissenschaft, die Biokybernetik, auf diesem Konzept aufbaut, ist man sich heute darüber klar, daß wir in den existierenden Organismen mit einer großen Anzahl von bestehenden Regelkreisen oder — allgemeiner ausgedrückt — mit einer großen Anzahl von existenten Kreisprozessen zu rechnen haben. Die relationale Theorie der $(\mathfrak{M}, \mathfrak{R})$-Systeme von ROSEN (1958b), auf die in einem der nächsten Abschnitte noch einzugehen sein wird, nimmt diese Erkenntnis als Ausgangspunkt der Betrachtungen.

Insbesondere ist RASHEVSKY (1954) der Ansicht, daß der Zyklus (1) in seinem Modell (Aufspaltung der Nahrung — Aufnahme der aufgespaltenen Nahrung in das Protoplasma — Synthese der Nahrungsbestandteile zu zelleigenen Substanzen — Synthese von Spaltungsenzymen — Ausscheidung der Spaltungsenzyme in die Vakuole — Aufspaltung der Nahrung) eine fundamentale Eigenschaft aller Organismen ausdrückt. Als Lebewesen können danach alle jene Systeme angesprochen werden, die wenigstens einen solchen Fundamentalzyklus enthalten (RASHEVSKY, 1954).

Aus der gegenwärtigen Sicht heraus erscheint es jedoch nötig, diese Hypothese in gewisser Weise zu erweitern. Denkt man daran, daß sich lebende Systeme u.a. durch adaptives Verhalten auszeichnen, dann liegt es im Bereich des Möglichen, daß die Natur nichtkanonische Konfigurationen für ihre Systeme bevorzugt hat, so daß mindestens zwei Zyklen zur Charakterisierung eines lebenden Systems erforderlich sind (MILSUM, 1966, S. 414—418). Obwohl in dieser Frage das letzte Wort noch nicht gesprochen ist, scheinen neuerdings auch aus experimenteller Sicht Hinweise für eine Erweiterung der Hypothese RASHEVSKYS auf zwei Zyklen zu existieren. D. NOACK (1968) gelangte auf Grund seiner Befunde an lysogenen Bakterienpopulationen, die zwei stationäre Zustände der Zelldichten aufweisen, zu dem Modell zweier vermaschter Regelkreise mit unterschiedlicher Rückkopplung, die das Verhalten der Population erklären können. Berücksichtigt man darüber hinaus die bekannte Entdeckung von JAKOB und MONOD (1961), die die Möglichkeit einer positiven als auch negativen Rückkopplung in enzymatischen Systemen durch allosterische Proteine nahelegt, dann kann man mit NOACK der Ansicht zuneigen, daß sich schließlich alle bekannten Verhaltensweisen biologischer Systeme durch vermaschte Regelsysteme erklären lassen. Das bedeutet aber letztlich, daß man wenigstens zwei Zyklen, die auf bestimmte

Weise gekoppelt sind, als fundamentale Komponente lebender Systeme annehmen sollte.

Neben Rashevsky betrachtet Fong (1968) die Zyklen als eines der Charakteristika lebender Systeme. In seiner phänomänologischen Theorie des Lebens (Fong, 1968) werden die zyklischen Prozesse als eine Klasse spezieller abstrakter Systeme aufgefaßt, die sich durch ihre Eigenschaft der Selbsterhaltung auszeichnen.

Eine Reihe außerordentlich interessanter Folgerungen ergibt sich bezüglich der Stabilität, der Dynamik und anderer Probleme unmittelbar aus dieser Annahme, deren explizite Darstellung jedoch über den Rahmen unserer Thematik weit hinausgehen würde.

Es sei lediglich bemerkt, daß Fong (1968) die Idee des Zyklus für die einzig wichtige „philosophische" Idee ansieht, die zum Verständnis des Phänomens des Lebens notwendig ist. Da die Idee des Zyklus weder in die griechische Naturphilosophie noch in die Logik Eingang fand — im Gegensatz etwa zur indischen Philosophie — und die wissenschaftlichen Ideen im wesentlichen in der griechischen Philosophie ihre Wurzeln haben, mag deutlich werden, warum uns das Verständnis des Lebens als Phänomen bis heute so große Schwierigkeiten bereitet.

Diese Feststellung bezieht sich auf einen rein methodischen Aspekt, nämlich die Betrachtungsweise biologischer Systeme, und bedeutet nicht, daß durch die Existenz der Zyklen eine überphysikalische Komponente auftritt. Im Gegenteil, Morowitz (1966) konnte zeigen, daß sich Zyklen als Folge der Offenheit biologischer Systeme ergeben, wenn bestimmte physikalische Gesetzmäßigkeiten auf offene Systeme Anwendung finden.

Ist ein biologisches System gegeben, das in Subsysteme zerlegt wird, dann bezeichne die Zahl f_i die Menge der Subsysteme, die sich im i-ten Zustand befinden mögen. Bezeichnet t_{ij} die Übergangswahrscheinlichkeit dafür, daß das System vom Zustand i in den Zustand j übergeht, dann gilt auf Grund des Onsagerschen Prinzips der dynamischen Reversibilität die Beziehung

$$f_i t_{ij} = f_j t_{ji}.$$

Das System befinde sich in Kontakt mit einem unendlichen isothermen Reservoir, und es erfolge eine zeitlich konstante elektromagnetische Einstrahlung in das System, so daß eine bestimmte Netto-Absorption von Strahlungsenergie resultiert. Entsprechend der Netto-Absorption von Strahlungsenergie findet ein Wärmeabfluß aus dem System in das isotherme Reservoir statt. Das biologische System geht nach einer Anlaufphase in einen Zustand des Fließgleichgewichtes über, wobei die Subsysteme durch neue Größen f_i' und t_{ij}' charakterisiert sind, so daß sich wiederum schreiben läßt:

$$f_j' t_{ij}' = f_j' t_{ji}'.$$

Eine einfache Überlegung zeigt jedoch, daß diese Beziehung für offene Systeme — wie in dem angeführten Beispiel — im allgemeinen nicht für alle

Paare von Zuständen gilt. Würde nämlich diese Beziehung für alle Paare von Zuständen gelten, so würde das in unserem Beispiel bedeuten, daß jeder Absorption eines Photons die Ausstrahlung eines Photons unmittelbar folgen müßte. Eine Netto-Absorption von Strahlungsenergie durch das System wäre mithin unmöglich, ein Ergebnis, das allen unseren Erfahrungen widerspräche. Da im Zustand des Fließgleichgewichtes $\frac{df'_i}{dt} = 0$ für alle i folgt, ergibt sich die Beziehung

$$\frac{df'_i}{dt} = 0 = \sum_{j=1}^{n} (f'_i t'_{ij} - f'_j t'_{ji}), \quad i = 1, 2, \ldots, n.$$

Die Gültigkeit dieser Beziehung verlangt unter der Bedingung, daß für einige Paare von Zuständen $f'_i t'_{ij} - f'_j t'_{ji} \neq 0$ ist, daß weitere Paare ungleich Null sind, so daß für jeden Zustand i die obige Gleichung gilt. Das bedeutet aber, daß ein Subsystem auf einem bestimmten Wege von einem Zustand in einen zweiten übergeht, jedoch auf einem anderen Wege in den Ausgangszustand zurückkehrt, d.h. einen Zyklus beschreibt.

Auf Grund dieser Überlegungen formuliert MOROWITZ (1966) das folgende Theorem:

> Befindet sich ein offenes System im Zustand des Fließgleichgewichtes und erfolgt ein Energiefluß durch das System (von einer Quelle zu einer Senke), dann bedingt dieser in dem System die Existenz wenigstens eines Zyklus.

Aber kehren wir noch einmal zu dem biotopologischen Modell RASHEVKYS zurück. Im Zusammenhang mit den drei ziemlich willkürlich aus dem Modell herausgegriffenen Zyklen erscheint noch eine weitere Tatsache bedeutungsvoll. Betrachten wir diese Zyklen zunächst unabhängig von den übrigen Elementen des Modells, d.h., schneiden wir einen Teilgraphen aus dem System heraus, der zwar biologisch ohne jede Bedeutung ist, aber die anzustellenden Betrachtungen vereinfacht, dann erhält man den in Abb. 47 dargestellten Teilgraphen.

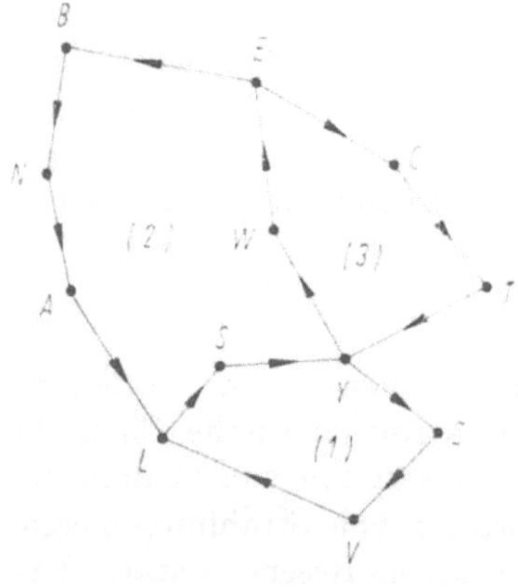

Abb. 47. Teil des Graphen der Abbildung 44 (Erklärungen siehe Text)

Aus ihm ist ersichtlich, daß einige der biologischen Funktionen nur Element eines einzigen Zyklus sind (die Punkte B, N, A, V, Z, O, T), während andere gleichzeitig zwei Zyklen angehören (das betrifft die Punkte E, W, S, L) und Y sogar Element aller drei Zyklen ist. Nimmt man an, daß eine biologische Funktion nur dann einen Output erzeugt, wenn wenigstens einer ihrer Inputs existiert, dann wird durch einen Funktionsausfall des Elements Y jedes Element des Graphen in Abb. 47 funktionsunfähig. Ebenso bedeutet dann der Ausfall eines der Elemente E oder W bzw. S oder L, daß die Elemente der Zyklen (2) und (3) bzw. des Zyklus (1) funktionsunfähig werden. Darüber hinaus würde durch den Ausfall von S oder L der Zyklus (2) zerstört, so daß keine Beeinflussung der Elemente des Zyklus (3) von Elementen aus (2) mehr möglich ist. Die geringste Bedeutung kommt unter diesen Gesichtspunkten den biologischen Funktionen zu, die nur Element eines einzigen Zyklus sind. Ihr Ausfall zerstört zwar die Funktionstüchtigkeit einer Reihe von Nachfolgern und damit den Zyklus, die beiden anderen Zyklen jedoch werden davon nicht betroffen. Das besagt aber nichts anderes, als daß den Punkten des Graphen eine unterschiedliche Bedeutung bezüglich der Funktionsfähigkeit der biologischen Funktionen zukommt. Diese Bedeutung ist einzig bedingt durch die Struktur des Graphen und gilt unter Zugrundelegung der obigen Annahme. Die größte Bedeutung kommt unter diesem Aspekt dem Element Y in dem Graphen der Abb. 47 zu. Ihm folgen die Elemente E, W, S sowie L und diesen die Elemente von geringster Bedeutung, die Punkte B, N, A, V, Z, O sowie T.

Verständlicherweise ist diese Klassifizierung der Punkte eines Graphen entsprechend ihrer Bedeutung für das gesamte System nicht die einzig mögliche. Wir werden im Zusammenhang mit der Bewertung der Elemente eines Graphen auf einige wichtige Fälle noch zu sprechen kommen.

4.2. Die Theorie von RASHEVSKY

Entsprechend den vorangegangenen Betrachtungen setzen wir im folgenden voraus, daß sich komplexe Systeme, insbesondere Organismen, auf einer bestimmten Abstraktionsstufe in Form eines Graphen modellieren lassen. Dabei ist hier von untergeordneter Bedeutung, wie sich dieses Konzept im einzelnen verwirklichen läßt. Von Interesse ist lediglich, daß diese Vorstellung die Grundlage bildet für das von RASHEVSKY (1954) axiomatisch formulierte *Prinzip der biotopologischen Abbildung* (in späteren Arbeiten auch bezeichnet als *Prinzip der biologischen Abbildung* und *Prinzip der epimorphen Abbildung*). Es stellt den interessanten Versuch dar, eine theoretische Biologie aufzubauen, die — (in Analogie zur Physik) von einem Axiom bzw. Axiomensystem ausgehend — die beobachteten Phänomene ihrer Objekte zu erklären versucht.

Das Prinzip der biotopologischen Abbildung besagt:

> Alle Graphen, die Modelle unterschiedlicher Organismen darstellen, können aus einem ursprünglichen Graphen — einem Primordial — (oder mehreren) durch die gleiche Transformation erzeugt werden. Die Transformation enthält eine Reihe von Parametern, wobei unterschiedliche Werte der Parameter zu Graphen unterschiedlicher Organismen führen.

Den Ideen RASHEVSKYS folgend, wollen wir sehen, wie sich dieses Konzept verwirklichen läßt und welche Aussagen die Theorie zu liefern vermag.

Wir wollen einen Primordial künftig durch das Symbol G_p kennzeichnen, während wir für den Graphen eines vielzelligen Organismus die Bezeichnung G_o wählen.

Den Ausgangspunkt weiterer Betrachtungen müßten sinnvolle Hypothesen über die möglichen Strukturen ursprünglicher Graphen bilden. Bedauerlicherweise lassen sich aber gerade darüber auf Grund unserer heutigen Kenntnisse nur sehr wenige konkrete Angaben machen. Den einzigen Anhaltspunkt bieten die in Abschn. 4.1 angeführten Überlegungen, die zu der Auffassung Anlaß geben, daß wenigstens zwei miteinander gekoppelte Zyklen für einfachste lebende Systeme erforderlich sind. RASHEVSKY legte für seine Untersuchungen eine solche Struktur als möglichen Primordial zugrunde.

Wird ein Primordial G_p zunächst als gegeben angenommen, dann sind für die Konstruktion der Graphen G_0 folgende Forderungen zu stellen:

1. Der Graph G_p werde durch die Menge der Punkte P_i $(i = 1, 2, \ldots, n)$ erzeugt. Die Elemente P_i stellen Mengen n-ter Stufe dar. Nach dem in Abschn. 4.1 beschriebenen Verfahren bestimme man für jede Menge P_i die Elemente P_{ik_i} von $(n-1)$-ter Stufe $(k_i = 1, 2, \ldots, \nu_i)$. Es gilt dann für jede Menge $P_1, P_2, \ldots, P_j, \ldots, P_n$ die Beziehung $P_j = \{P_{jk_j}\}_{k_j=1}^{\nu_j}$. Die Mengen P_{jk_j} sind die Punkte des Graphen G_0.
2. Falls in G_p das geordnete Paar $[P_l, P_m]$ existiert, dann soll in G_0 wenigstens ein geordnetes Paar $[P_{lk_l}, P_{mk_m}]$ vorhanden sein. Umgekehrt, wenn in G_p das geordnete Paar $[P_l, P_m]$ nicht vorkommt, dann soll in G_0 kein einziges Paar der Art $[P_{lk_l}, P_{mk_m}]$ existieren. Dabei bleibt im ersteren Falle unbestimmt, ob nur ein Paar $[P_{lk_l}, P_{mk_m}]$ oder mehrere unterschiedliche Paare dieser Art in G_p existent sind.

Entsprechend dem Prinzip der biotopologischen Abbildung stellt dann jeder Graph G_0, der im Einklang mit den Vorschriften 1 und 2 ermittelt wird, das Modell eines vielzelligen Organismus dar. In Abb. 48 wird anschaulich (ohne biologische Bedeutung) gezeigt, wie man durch die Sätze 1 und 2 von einem Graphen G_p zu G_0 gelangt.

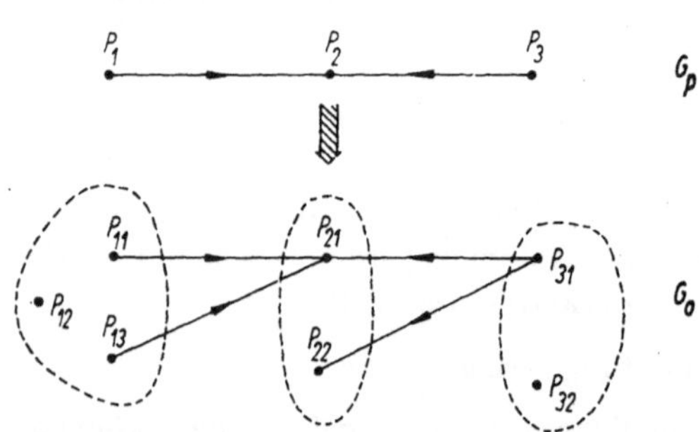

Abb. 48. Überführung von G_p in G_0 auf Grund der Sätze 1 und 2 (siehe Text)

In Abb. 48 wird nun aber offensichtlich, daß die Sätze 1 und 2 nicht ausreichen, um eine sinnvolle Abbildung von G_p auf G_0 zu erreichen. Denn G_0 kann insbesondere wie in Abb. 48 nicht zusammenhängend sein. Nichtzusammenhängende Graphen sind aber sicher nicht in der Lage, als Modelle biologischer Systeme zu dienen. Es ergibt sich folglich die Notwendigkeit, zusätzlich zu fordern, daß

3. G_p und G_0 zusammenhängende Graphen sind.

Des weiteren bleibt zu überlegen, in welcher Weise die einzelligen Organismen in die Betrachtungen einbezogen werden können. Dazu formuliert RASHEVSKY:

4. Ist M_{OE} die Menge aller möglichen einzelligen Organismen, dann erhält man die zugehörigen Graphen G_{OE}, indem man a) auf Grund der Sätze 1, 2 und 3 aus einem Primordial G_p die Graphen G_0 für vielzellige Organismen konstruiert und b) jeden möglichen Graphen G_0 einer Zelle zuordnet, außer jenen biologischen Funktionen und Relationen, die der Größe einer Zelle oder den speziellen physikalischen Gesetzen in der Zelle widersprechen.

Wenn also in G_0 ein geordnetes Paar $[P_{ik_i}, P_{jk_j}]$ existiert, dann existiert nach Satz 4 auch ein einzelliger Organismus, der das geordnete Paar $[P_{ik_i}, P_{jk_j}]$ enthält, falls die biologischen Funktionen P_{ik_i} und P_{jk_j} sowie die Relation $[P_{ik_i}, P_{jk_j}]$ in einer Zelle überhaupt realisiert werden können.

Schließlich bleibt unter den Voraussetzungen der Theorie festzustellen, daß

5. alle möglichen vielzelligen Organismen durch die Menge M_0 der Graphen G_0 abgebildet werden. Jeder Graph G_0 stellt andererseits das Modell eines existenzfähigen vielzelligen Organismus dar, unabhängig davon, ob dieser wirklich existiert oder nicht.

Betrachten wir mit Rashevsky (1954) ein einfaches Beispiel, um zu einigen biologisch sinnvollen Hypothesen über die Art der Transformationsgesetze zu gelangen, die eine Abbildung von G_p auf G_0 bewirken.

Es sei eine Kolonie von n identischen Zellen gegeben, die auf Grund ihrer Identität sämtlich durch gleiche Graphen modelliert werden. Symbolisch kann dann die Kolonie der n Zellen durch einen dieser Graphen repräsentiert werden. Verfolgt man die Entwicklung dieser Kolonie voneinander unabhängiger Zellen zu einem Organismus, dann beobachtet man als augenfälligstes Merkmal eine Differenzierung und Spezialisierung der Zellen. Das heißt, einige Zellen verlieren eine bestimmte Eigenschaft f_i, während sich andere Zellen genau in dieser Eigenschaft f_i spezialisieren. Der erste Teil der Zellen spezialisiert sich natürlich ebenfalls, aber in einer anderen Eigenschaft f_k, die die Zellen des zweiten Teiles verlieren. Die spezialisierten Zellen übernehmen dann die Aufgaben, in denen sie spezialisiert sind, für den gesamten Zellverband.

Auf Grund dieser Entwicklung zerfällt die Kolonie von n identischen Zellen in zwei verschiedene Klassen von Zellen, deren Graphen nicht mehr identisch sind. Nimmt man willkürlich zwei identische Graphen als Ausgangspunkte an, die als Modelle für jede der n Zellen der Kolonie gelten können, dann spezialisiert sich während der Entwicklung eine Klasse von Zellen, repräsentiert durch den Graphen G_i, in der Eigenschaft $f_i^{(i)}$, während sich die zweite Klasse von Zellen, symbolisiert durch den Graphen G_k, in der Eigenschaft $f_k^{(k)}$ spezialisiert. Indem gewisse Klassen von Zellen spezielle Aufgaben für den ganzen Zellverband übernehmen, entsteht eine enge Bindung zwischen den Zellen, die die Zellen schließlich zu einem Organismus werden läßt, in dem keines seiner Teile unabhängig vom Ganzen zu existieren vermag. Die Abb. 49 beschreibt diesen ersten Schritt.

Es ist eine bekannte Tatsache in der Biologie, daß mit der Höherentwicklung der Organismen nicht nur eine Spezialisierung bestimmter Eigenschaften einhergeht, sondern daß neue Eigenschaften hinzukommen, die den niederen Organismen nicht zu eigen sind. Das heißt, die Spezialisierung führt nicht nur zu einer „Arbeitsteilung" im Organismus, sie erlaubt darüber hinaus eine weitere Entwicklung bzw. Verbesserung der Funktionsausübung. Denken wir dabei etwa an ein Auge der höheren Tiere, das sich phylogenetisch aus einer lichtempfindlichen Stelle in der Amöbe über viele Zwischenschritte entwickelte. Aber offensichtlich ist im Auge eines höheren Tieres nicht nur eine Spezialisierung der Lichtempfindlichkeit bestimmter Klassen von Zellen erfolgt, sondern es erfolgte gleichzeitig eine außerordentliche Leistungssteigerung des Sehvorgangs. Neue, differenziertere Eigenschaften der optischen Wahrnehmung sind hinzugekommen. Und diese Entwicklung ist nicht nur beim Auge zu verzeichnen, sie scheint im Gegenteil eine gewisse Allgemeingültigkeit zu besitzen. Wir erwarten aus diesem Grunde, daß die Transformation von einem Primordial zu einem vielzelligen Organismus dieser Tatsache Rechnung trägt. Die einfachste mögliche Annahme besteht diesbezüglich darin, daß zu jeder spezialisierten Funktion eine neue Subfunktion hinzukommt, d.h., die spezialisierte Funktion spaltet sich gewissermaßen in noch speziellere und damit neue biologische Funktionen auf. Um den wirklichen Verhältnissen gerecht zu werden, sollte man annehmen, daß zu q verlorenen Funktionen $p = f(q)$ spezialisierte Subfunktionen von jener Art hinzukommen, in der die Zelle oder das Gewebe spezialisiert ist. Gegenwärtig erscheint es jedoch unmöglich, begründete Annahmen über die Funktion $p = f(q)$ zu machen, so daß der oben angeführte einfachste denkbare Fall eine gewisse Berechtigung besitzt. Weiterhin soll vereinfachend vorausgesetzt werden, daß die spezialisierte Funktion $f_i^{(i)}$ mit der speziellen Subfunktion $f_{i_1}^{(i)}$ durch die binäre Relation $[f_i^{(i)}, f_{i_1}^{(i)}]$ verbunden ist. Es

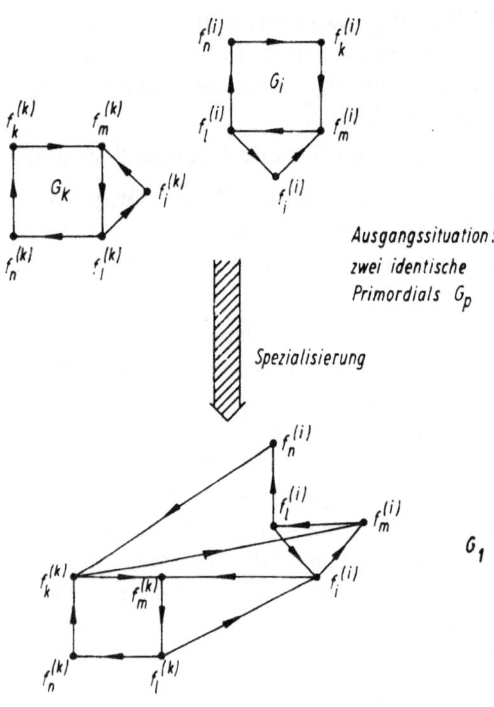

Abb. 49. Spezialisierung zweier Klassen von Zellen (nach RASHEVSKY, 1954).
G_k spezialisiert sich in $f_k^{(k)}$, $f_k^{(i)}$ geht in G_i verloren; G_i spezialisiert sich in $f_i^{(i)}$, $f_i^{(k)}$ geht in G_k verloren.
Die biologischen Funktionen von G_k müssen jetzt so mit $f_i^{(i)}$ durch gerichtete Strecken verbunden werden, wie sie zuvor mit $f_i^{(k)}$ verbunden waren. Das Analoge gilt für $f_k^{(i)}$ und die übrigen biologischen Funktionen in G_i

ist naheliegend zu vermuten, daß die Eigenschaft $f_{i_1}^{(i)}$ in der gleichen Weise mit allen übrigen biologischen Funktionen gekoppelt ist wie $f_i^{(i)}$ selbst.

Der Graph G_1 in Abb. 49 wäre also in der Weise zu erweitern, daß der in Abb. 50 dargestellte Graph G_2 entsteht.

Schließlich bleibt zu bedenken, daß niemals alle biologischen Funktionen eines Primordials spezialisiert werden. Die nicht verlorenen und nicht spezialisierten Funktionen bezeichnen wir als residuale biologische Funktionen und den zugehörigen Teilgraphen als residualen Graphen. Die residualen biologischen Funktionen sind solche, die jeder Zelle, jedem Gewebe und jedem Organ eigen sind und die Existenz der spezialisierten Funktionen erst gewährleisten. Dazu gehören

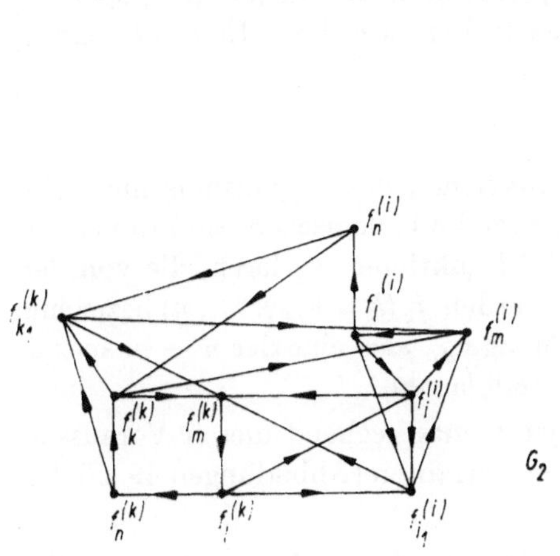

Abb. 50. Die spezialisierten Funktionen sind um spezielle neue Subfunktionen vermehrt worden (nach RASHEVSKY, 1954)

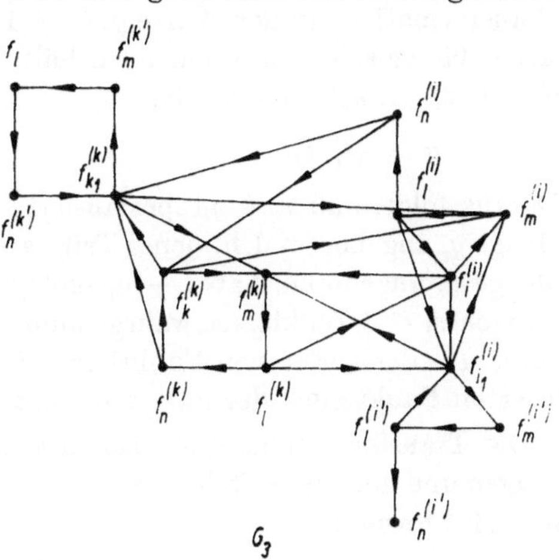

Abb. 51. Erweiterung von G_2 durch Hinzufügen der residualen Graphen für die speziellen Subfunktionen (nach RASHEVSKY, 1954)

insbesondere bestimmte Stoffwechsel- und Transportprozesse. Das gilt aber in gleicher Weise wie für die spezialisierten Funktionen auch für die Subfunktionen, so daß es erforderlich ist, diese mit einem speziellen residualen Graphen zu verbinden. Wir nehmen dazu an, daß die Struktur des residualen Graphen von $f_{i_1}^{(i)}$ mit der des residualen Graphen von $f_i^{(i)}$ identisch ist. Die Erweiterung des Graphen G_2 in Abb. 50 ist in Abb. 51 dargestellt und trägt dieser Annahme Rechnung.

Ein Vergleich der Transformation mit den realen Verhältnissen zeigt, daß diese wesentlich komplizierter sind, indem im allgemeinen nicht nur zwei biologische Funktionen in einem vielzelligen Organismus spezialisiert sind, sondern m Stück, die m verschiedenen Zellklassen zugehören, und jede Klasse von Zellen wird nicht nur bezüglich einer einzigen Funktion spezialisiert sein, sondern im Gegenteil in einer ganzen Gruppe biologischer Funktionen.

Wir wollen versuchen, ausgehend von den in den Abbildungen 49, 50 und 51 erläuterten Transformationsregeln, diese präzis zu formulieren und unter den oben angeführten Gesichtspunkten zu erweitern.

Wir nehmen zu diesem Zwecke an, daß in einem biologischen System n spezialisierte biologische Funktionen f_i $(i = 1, 2, \ldots, n)$ vorhanden sind. Es existieren m verschiedene Klassen von Zellen in dem Organismus, wobei zu jeder Zellklasse eine Menge spezialisierter biologischer Funktionen gehört. Die m Mengen g_r $(r = 1, 2, \ldots, m)$ bestehen aus $n_1, n_2, \ldots, n_m$ spezialisierten biologischen Funktionen, so daß gilt:

$$\sum_{r=1}^{m} n_r = n.$$

Die Wahl der Zahlen n_r $(r = 1, 2, \ldots, m)$ ist dabei einer der Parameter der Transformation. In der Menge g_r $(r = 1, 2, \ldots, m)$, die als Elemente n_r spezialisierte biologische Funktionen enthält, bezeichnen wir diese Elemente mit f_l $(l = 1, 2, \ldots, n_r)$, so daß gilt:

$$g_r = \{f_1, f_2, \ldots, f_{n_r}\}.$$

Daraus folgt, daß $n - n_r$ spezialisierte Funktionen des Organismus nicht der Menge g_r angehören, d.h., jener Teilgraph, dem die biologischen Funktionen der Menge g_r angehören, hat $n - n_r$ biologische Funktionen verloren, die von den übrigen $m - 1$ Zellklassen wahrgenommen werden. f_k $(k = n_{r+1}, \ldots, n)$ bezeichne dann eine der verlorenen Funktionen der Menge g_i, also eine der $n - n_r$ spezialisierten Funktionen der $m - 1$ restlichen Zellklassen.

Die Transformationsregeln lassen sich jetzt entsprechend diesen Voraussetzungen und dem dargestellten zeichnerischen Verfahren (Abbildungen 49, 50, 51) wie folgt formulieren:

T_1: Zeichne m identische getrennte Primordials G_i $(i = 1, 2, \ldots, m)$. (m ist der erste Parameter der Transformation und entspricht der Zahl der Zellklassen des Organismus.)

T_2: Entferne aus jedem Graphen G_i $(i = 1, 2, \ldots, m)$ die $n - n_i$ Punkte, die den verlorenen biologischen Funktionen des Primordials G_i entsprechen. (Diese biologischen Funktionen sind in einem der $m - 1$ anderen Graphen spezialisiert. n_i ist der zweite Parameter der Transformation.)

T_3: Verbinde jede spezialisierte biologische Funktion $f_l^{(i)}$ $(l = 1, 2, \ldots, n_i)$ des Graphen G_i $(i = 1, 2, \ldots, m)$, die die Funktion $f_l^{(i)}$ für alle übrigen Graphen mit übernommen hat, in der Weise mit allen Punkten $f_p^{(k)}$ $(p = 1, 2, \ldots, n_k - 1)$ der Graphen G_k $(k = 1, 2, \ldots, i - 1, i + 1, \ldots, m)$, daß alle existenten Relationen $[f_p^{(k)}, f_l^{(k)}]$ in G_k durch die Relationen $[f_p^{(k)}, f_l^{(i)}]$ zwischen G_k und G_i ersetzt werden.

T_4: Wähle eine Zerlegung der Menge von $n - n_i$ Elementen, die der Anzahl der verlorenen Funktionen des Graphen G_i entsprechen, in n_i Teilmengen, so daß die l-te Teilmenge $\nu_l^{(i)}$ Elemente besitzt. Es gilt

$$\sum_{l=1}^{n_i} \nu_l^{(i)} = n - n_i.$$

(Die Wahl der $\nu_l^{(i)}$ Elemente stellt den dritten Parameter der Transformation dar.)

T_5: Füge zu dem Graphen G_i $(i = 1, 2, \ldots, n)$ $n - n_i$ neue Punkte hinzu, die den speziellen Subfunktionen der spezialisierten Funktionen entsprechen. Zu jeder spezialisierten Funktion $f_l^{(i)}$ werden $\nu_l^{(i)}$ Subfunktionen addiert, so daß gilt:

$$[f_l^{(i)}, f_{l,1}^{(i)}], [f_{l,1}^{(i)}, f_{l,2}^{(i)}], \ldots, [f_{l,\nu_l^{(i)}-1}^{(i)}, f_{l,\nu_l^{(i)}}^{(i)}].$$

Jeder der hinzugefügten Punkte $f_{l,r}^{(i)}$ $(r = 1, 2, \ldots, \nu_l^{(i)})$ des Graphen G_i wird auf die gleiche Weise mit allen Punkten verbunden, mit denen $f^{(i)}$ verbunden ist.

T_6: Verbinde jeden Punkt $f_{l,r}^{(i)}$ $(r = 1, 2, \ldots, \nu_l^{(i)})$ mit einem residualen Graphen in der Art, wie $f_l^{(i)}$ mit seinem eigenen residualen Graphen verbunden ist.

Faßt man die Transformationsregeln T_1 bis T_6 als Elemente einer sechsstelligen Relation T auf, nämlich $T = [T_1, T_2, \ldots, T_6]$, dann kann die Transformation von G_p in G_o formal beschrieben werden durch den Ausdruck $T(G_p) = G_o$.

Aus den Transformationsregeln ergeben sich nun unmittelbar eine Reihe von Folgerungen. Aus den Regeln T_1 und T_2 ersieht man, daß der transformierte Graph $T(G_p)$ aus m echten residualen Graphen besteht. Aus T_4 und T_5 folgt weiter, daß jeder Graph G_i $(i = 1, 2, \ldots, m)$ $n - n_i$ neue Punkte (Subfunktionen) erhält, so daß sich die Gesamtzahl der speziellen Subfunktionen von $T(G_p)$ auf

$$\sum_{i=1}^{m} (n - n_i) = n(m - 1)$$

beläuft. Da nach T_6 jede Subfunktion aber mit einem residualen Graphen zu verbinden ist, ergibt sich die Gesamtzahl der residualen Graphen in $T(G_p)$ zu

$$\tau = m + n(m - 1).$$

In dieser von RASHEVSKY als fundamental vermuteten Beziehung, die zur Charakterisierung der Organismen herangezogen werden kann, bedeutet:

n die Gesamtzahl der spezialisierten biologischen Funktionen in $T(G_p)$ (n kann mit der Zahl der biologischen Grundeigenschaften eines Organismus identifiziert werden),

m die Zahl der verschiedenen Zellklassen des Organismus (m kann als die Zahl der Organe eines biologischen Systems aufgefaßt werden),

τ kann mit der Zahl der verschiedenen Zelltypen eines Organs identifiziert werden.

Zur Deutung des Transformationsparameters m ist ein Postulat erforderlich, das konkrete Aussagen darüber macht, was unter einem Organ bei den hier verwendeten Begriffsbildungen zu verstehen ist. RASHEVSKY postulierte dazu:

Die Zelltypen, die durch die spezialisierten biologischen Funktionen und ihre Subfunktionen charakterisiert sind und zu einer der m Zellklassen, einem Teilgrundgraphen, gehören, sind in einem Organismus räumlich von den übrigen Zellklassen getrennt und bilden ein Organ.

Für die Transformation T ergeben sich unmittelbar aus den Regeln T_1 bis T_6 die Sätze (RASHEVSKY, 1954):

1. Die Transformationsregeln T führen bei gleicher Wahl der Parameter auf unterschiedliche Graphen G_0, wenn T auf unterschiedliche Primordials angewandt wird.
2. Die Transformationsregeln T bilden einen Teilgraphen eines Primordials so ab, daß die Punkte des transformierten Teilgraphen in der gleichen Weise miteinander verbunden sind wie die des Originals.

Das Konzept der biotopologischen Abbildung bedeutet also praktisch, daß ein vielzelliger Organismus durch eine Menge von Graphen dargestellt wird, die über gewisse „soziale" Beziehungen miteinander gekoppelt sind und dadurch eine Einheit bilden. Es bleibt die Aufgabe, die bis heute ungelöst ist, ein System von Primordials und Transformationen zu finden, das in der Lage ist, Graphen G_0 zu erzeugen, die den realen biologischen Objekten weitgehend isomorph sind.

Die Transformation T, die im vorangehenden dargestellt wurde, ist selbstverständlich nicht die einzig mögliche, selbst wenn man zunächst von den vereinfachenden Annahmen absieht. RASHEVSKY (1955a, 1956a, 1956b) hat selbst eine Reihe weiterer Transformationen angegeben, die an Stelle von T möglich sein könnten, d. h. mit den Erfahrungen der biologischen Wissenschaften durchaus im Einklang stehen.

Kennzeichnen wir die Transformation T, um Mißverständnisse auszuschließen, durch den Index (1), also $T \equiv T^{(1)}$, dann gelangt man, von $T^{(1)}$ ausgehend, zu weiteren Transformationen $T^{(U)}$, wenn einige der Regeln variiert werden. Das kann z. B. geschehen, indem in die Regel T_5 andere Annahmen aufgenommen werden oder indem die Transportprozesse zwischen den biologischen Funktionen bei der Transformation eine besondere Berücksichtigung finden usw. Grundsätzlich muß von sachlogischen Gesichtspunkten aus die Nützlichkeit bzw. Richtigkeit der Transformationen $T^{(U)}$ beurteilt werden.

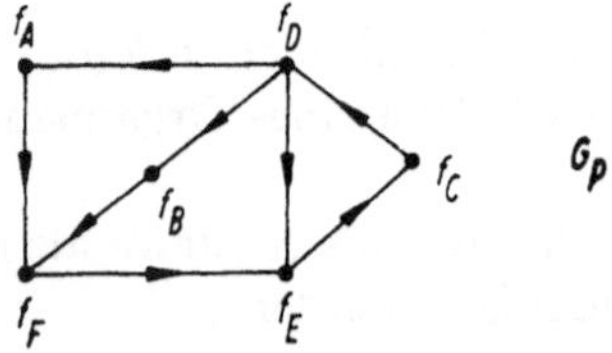

Abb. 52. Primordial zur Veranschaulichung der Transformationsregeln durch die Struktur von Berührungsmatrizen (nach BRAMSEN, 1966)

Erinnern wir uns der Tatsache, daß Graphen u. a. durch Berührungsmatrizen dargestellt werden können, dann ist zu vermuten, daß sich die Transformationsregeln durch bestimmte Matrizenoperationen angeben lassen bzw. daß sich die einzelnen Schritte der Transformation in der Berührungsmatrix des transformierten Graphen erkennen lassen. BRAMSEN (1966) hat für einige spezielle Fälle diesen Versuch unternommen. Er legte dafür die Rashevskyschen Transformationsregeln T_1, T_2 und T_3 zugrunde. Als Primordial diente der in Abb. 52 dargestellte Graph. Es wurde angenommen, daß die biologischen Funktionen f_A, f_B und f_C jede in genau einem Primordial spezialisiert werden. Es sind folglich entsprechend Regel T_1 drei identische Primordials G_p als Ausgangspunkt zu verwenden. Die Berührungsmatrix für einen Primordial ergibt sich zu

$$A = \begin{array}{c} \begin{array}{cccccc} f_A & f_B & f_C & f_D & f_E & f_F \end{array} \\ \left[\begin{array}{ccc|ccc} 0 & 0 & 0 & 0 & 0 & 1 \\ 0 & 0 & 0 & 0 & 0 & 1 \\ 0 & 0 & 0 & 1 & 0 & 0 \\ \hline 1 & 1 & 0 & 0 & 1 & 0 \\ 0 & 0 & 1 & 0 & 0 & 0 \\ 0 & 0 & 0 & 0 & 1 & 0 \end{array}\right] \end{array} \begin{array}{c} \\ f_A \\ f_B \\ f_C \\ f_D \\ f_E \\ f_F \end{array}$$

Wir zerlegen die Matrix A in vier Submatrizen, wie durch die unterbrochenen Linien in A angedeutet wurde, und führen für die Submatrizen die Abkürzungen ein:

$$\begin{bmatrix} 0 & 0 & 0 \\ 0 & 0 & 0 \\ 0 & 0 & 0 \end{bmatrix} = 0, \quad \begin{bmatrix} 0 & 0 & 1 \\ 0 & 0 & 1 \\ 1 & 0 & 0 \end{bmatrix} = \mathrm{I}, \quad \begin{bmatrix} 1 & 1 & 0 \\ 0 & 0 & 1 \\ 0 & 0 & 0 \end{bmatrix} = \mathrm{II}, \quad \begin{bmatrix} 0 & 1 & 0 \\ 0 & 0 & 0 \\ 0 & 1 & 0 \end{bmatrix} = \mathrm{III}.$$

Dann läßt sich für die Matrix A symbolisch schreiben:

$$A = \begin{bmatrix} 0 & \mathrm{I} \\ \mathrm{II} & \mathrm{III} \end{bmatrix}.$$

Nehmen wir an, daß f_A in dem dritten Primordial G_p spezialisiert wird, also in $G_p^{(3)}$, f_B in $G_p^{(2)}$ und f_C in $G_p^{(1)}$, dann ergibt sich die Berührungsmatrix A für den transformierten Graphen G_o zu

$$A_T = \left[\begin{array}{cc|c|c} 0 & \mathrm{I} & \mathrm{I} & \mathrm{I} \\ \mathrm{II} & \mathrm{III}\ {\scriptstyle\alpha} & 0 & 0 \\ \hline \mathrm{II} & 0 & \mathrm{III}\ {\scriptstyle\beta} & 0 \\ \hline \mathrm{II} & 0 & 0 & \mathrm{III}\ {\scriptstyle\gamma} \end{array}\right].$$

Während die Submatrix α für einen der Primordials gilt, beschreibt die Submatrix β die Spezialisierung von zwei Funktionen in je einem Primordial und γ schließlich den Graphen G_o. Wie zu ersehen ist, setzt sich A_T nur aus Subsubmatrizen der Art 0, I, II und III zusammen. Das Bildungsgesetz der Matrix A_T für das betrachtete Beispiel ist unmittelbar ablesbar.

Die angeführten Beispiele zur Demonstration der Transformationsregeln zeigen nun überaus deutlich, daß bereits für sehr einfache Fälle außerordentlich komplizierte Graphen entstehen. Abgesehen von der Unübersichtlichkeit dieser

Gebilde, wird es im allgemeinen schwerlich gelingen, diese Strukturen durch eine Reihe experimenteller Prüfungen zu verifizieren oder zu falsifizieren. Aus diesem Grunde wäre es wertvoll, wenn es möglich würde, die Graphen G_o in einfachere Modelle umzuwandeln.

Bezeichnen wir mit RASHEVSKY (1956b) durch $T^{(U)}(a)$ eine Menge von Punkten Q, R aus dem Graphen $T^{(U)}(G_p) = G_o$, die als Ergebnis der Spezialisierung des Punktes a aus G_p durch die Transformation $T^{(U)}$ erzeugt werden. Sei $T^{(U)}(A)$ eine Teilmenge der Menge der Q Punkte und $T^{(U)}(B)$ eine Teilmenge der Menge der R Punkte, dann bilden wir die Menge der Q Punkte auf $T^{(U)}(A)$ und die Menge der R Punkte auf $T^{(U)}(B)$ ab. Die zu den Punkten Q und R gehörenden residualen Graphen werden auf die residualen Graphen von $T^{(U)}(A)$ bzw. $T^{(U)}(B)$ abgebildet. Die Ketten, bestehend aus spezialisierter Funktion und ihren Subfunktionen, werden auf einen Punkt, die spezialisierte Funktion selbst, abgebildet. Als Ergebnis erhält man einen vereinfachten transformierten Graphen $[T^{(U)}(G_p)]_S$, der mit dem transformierten Graphen, ausgehend von einem vereinfachten Primordial, identisch ist, wenn dieser auf folgende Art vereinfacht wurde: $G_p(A)$ sei ein Teilgraph von G_p, der auf den Punkt A abgebildet werde, und $G_p(B)$ ein Teilgraph, der auf B abgebildet wird. Haben alle gerichteten Strecken zwischen Punkten aus $G_p(A)$ und $G_p(B)$ die gleiche Richtung, dann lassen sich alle diese Kanten auf $[A, B]$ abbilden, und es entsteht ein vereinfachter Primordial $(G_p)_S$. (Praktisch läßt sich diese Vereinfachung z.B. mit Hilfe des Konzeptes der Kondensation erreichen.) Nach RASHEVSKY gilt nun die Beziehung

$$[T^{(U)}(G_p)]_S = T^{(U)}\,(G_p)_S.$$

Die vereinfachten Graphen G_{oS} sind aber einer experimentellen Prüfung leichter zugänglich und erlauben Schlußfolgerungen zu ziehen, die ebenfalls experimentell prüfbar sind.

Die Transformationsregeln sind nicht so willkürlich ausgewählt, wie das im ersten Augenblick den Anschein haben könnte. Neben einer Reihe offensichtlicher Übereinstimmungen mit bekannten biologischen Sachverhalten gewährleistet die Transformation z.B. auch, daß die im Primordial enthaltenen Ketten und Zyklen nicht zerstört werden (RASHEVSKY, 1955b).

Gehören alle r zu spezialisierenden Funktionen $f_1, f_2, \ldots, f_r$ im Primordial G_p einem Zyklus an, dann gilt:

1. Ist kein Paar zu spezialisierender Funktionen in G_p durch e i n e Kante miteinander verbunden, dann gehört in $T^{(1)}(G_p)$ jede spezialisierte Funktion wenigstens m verschiedenen Zyklen als Element an. Diese m Zyklen haben keine gemeinsame Kante, aber alle Zyklen haben die spezialisierten Funktionen $f_1, f_2, \ldots, f_r$ gemeinsam.
2. Sind einige Paare (s Stück) der zu spezialisierenden Funktionen in G_p durch eine Kante miteinander verbunden, dann gehört in $T^{(1)}(G_p)$ jede spezialisierte Funktion wenigstens m verschiedenen Zyklen als Element an. Diese m Zyklen haben dann genau s gemeinsame Kanten.

3. Wenn in G_p ein Zyklus nur die zu spezialisierenden Funktionen enthält, dann gehören diese spezialisierten Funktionen in $T^{(1)}(G_p)$ sämtlich nur einem Zyklus an.

Sind in einem Primordial zwei zu spezialisierende biologische Funktionen durch p Ketten miteinander verbunden, von denen jede wenigstens einen residualen Punkt als Element enthält, dann existieren in $T^{(1)}(G_p)$ mindestens $m \cdot p$ Ketten zwischen den beiden spezialisierten Funktionen.

Wir kommen jetzt noch einmal auf die Beziehung für die Zahl der residualen Graphen in $T^{(1)}(G_p)$ zurück. Wie gezeigt, galt dafür $\tau = m + n(m - 1)$, wobei n mit der Zahl der Grundeigenschaften, m mit der Zahl der Organe und τ mit der Zahl der Zelltypen eines Organs korrespondiert. Betrachten wir zunächst den Fall $n = m$; das bedeutet, wenn die Transformation $T^{(1)}$ angewendet wird, daß jede spezialisierte Funktion in einem eigenen Teilgrundgraphen lokalisiert ist und $m - 1$ Subfunktionen besitzt, die alle mit einem residualen Graphen verbunden sind.

Da m die Zahl der Organe angibt, folgt unmittelbar, daß jedes Organ unter diesen Bedingungen monofunktional ist (nur eine Funktion ist in jedem Teilgrundgraphen spezialisiert). Da jedes Organ aber weiterhin die gleiche Zahl von residualen Graphen besitzt, ist die Zahl der Zelltypen in jedem Organ gleich groß. Fassen wir dieses Ergebnis in einem Satz zusammen, dann gilt:

> Wird die Transformation $T^{(1)}$ auf einen Primordial angewendet und ist $n = m$, dann ist die Zahl der Zelltypen in allen Organen gleich groß, und es gilt $\tau = m^2$, d.h., die Zahl der Zelltypen hängt nur von der Zahl der Organe ab.

Ist $n \neq m$, dann folgt für die Zahl der residualen Graphen in jedem Teilgrundgraphen

$$\tau = n - n_i + 1.$$

$n - n_i$ ist, wie die Transformationsregeln angeben, die Zahl der residualen Graphen der Subfunktionen, zu der der residuale Graph der spezialisierten Funktion selbst noch hinzukommt. Alle Teilgrundgraphen mit der gleichen Anzahl n_i von spezialisierten Funktionen enthalten aber dann auch die gleiche Anzahl von residualen Graphen, so daß gilt:

> Wird die Transformation $T^{(1)}$ auf einen Primordial angewendet und ist $n \neq m$, dann bestehen alle Organe eines Organismus, die die gleiche Anzahl von spezialisierten biologischen Funktionen enthalten, aus der gleichen Zahl verschiedener Zelltypen.

Wir erinnern uns jetzt des Begriffes der Fundamentalmenge, der in Abschn. 3.5 eingeführt wurde. Betrachten wir in einem gegebenen Primordial die zueinander fremden Fundamentalmengen des Graphen, dann besitzt die Transformation die weitere Eigenschaft, daß die Zahl der zueinander fremden *Fundamentalmengen konstant* bleibt. Bezeichnet man die Menge der spezialisierten biologischen Funktionen, die einer Fundamentalmenge angehören, als Syndrom, dann läßt sich formulieren:

> Die Anzahl der zueinander fremden Syndrome ist für alle Organismen gleich, wenn die Transformation $T^{(1)}$ auf den gleichen Primordial angewendet wird.

Schließlich legen die Transformationsregeln ein Postulat nahe, das in gewisser Weise als Ergänzung bzw. Erweiterung des Prinzips der biotopologischen Abbildung gelten kann oder als zweites Grundprinzip ihm zur Seite gestellt werden könnte. Das Postulat grenzt die Zahl der möglichen Transformationen auf biologisch sinnvolle ein unter Berücksichtigung der Erfahrungen, die sich aus der Transformation $T^{(1)}$ ergeben.

Dieses Rashevskysche Postulat besagt:

> Jedes Organ kann durch eine kontinuierliche Abbildung[1]) auf den Primordial abgebildet werden, und der Organismus als Ganzes kann kontinuierlich auf jedes seiner Organe abgebildet werden.

Diese Vorstellungen RASHEVSKYS aus den fünfziger Jahren haben in vielfacher Hinsicht anregend auf die Entwicklungen in der theoretischen Biologie und Biophysik gewirkt. Insbesondere durch die konsequent relationale Betrachtungsweise, die den Blick dafür öffnete, daß relationale Methoden der Beschreibung biologischer Systeme viel besser angepaßt erscheinen als die metrischen und analytischen Methoden der klassischen Naturwissenschaften, erfolgte eine wertvolle Bereicherung der Methoden der Biowissenschaften.

4.3. Die $(\mathfrak{M}, \mathfrak{R})$-Systeme von ROSEN

Ausgehend von den Rashevskyschen Arbeiten zur Anwendung relationaler Methoden in der Biologie, betrachtet auch ROSEN (1958) Modelle biologischer Systeme, die sich als Graphen darstellen lassen. Die Aufmerksamkeit wird dabei von ROSEN auf einen speziellen Aspekt dieser Modelle gelenkt, auf den wir im folgenden zu sprechen kommen. Ebenso wie bei RASHEVSKY erfolgt die Zerlegung eines gegebenen Systems in Komponenten (Punkte des Graphen), wobei die Komponenten selbst als strukturlose Elemente angesehen werden, die entsprechend der Abstraktionstufe z.B. eine Reihe von Zellteilen oder Organen symbolisieren. Eine Komponente ist nun insbesondere dadurch ausgezeichnet, daß sie eine Menge von Inputs und Outputs besitzt, wobei die Funktion der Komponente im wesentlichen darin besteht, daß sie die Menge der Inputs auf die Menge der Outputs abbildet. Einer gerichteten Strecke zwischen zwei Komponenten M_i und M_j kommt dann die Bedeutung zu, daß einige Outputs der Komponente M_i als Inputs für die Komponente M_j dienen. Darüber hinaus bleibt zu berücksichtigen, daß eine Menge von Outputs existiert, die für keine weiteren Komponenten des Systems als Inputs dienen, sondern an die Umge-

---

[1]) Gemeint ist eine stetige und eineindeutige Abbildung.

bung des Systems abgegeben werden. Wir bezeichnen diese Menge mit U und bilden gleichzeitig zu jeder Komponente M_i eine Teilmenge u_i von U $(u_i \subset U)$, die aus den Umgebungs-Outputs jener Elemente besteht, die nicht mehr existent sind, wenn die Komponente M_i inhibiert oder entfernt wird. In Abb. 53 ist ein Beispiel zur Verdeutlichung des Sachverhaltes dargestellt. Dabei ist bereits die Annahme gemacht worden, daß jede Komponente nur dann ihre Outputs erzeugt, wenn alle die Inputs die Komponente erreichen, die in dem Graphen angegeben sind. Wir werden im folgenden diese Eigenschaft der Komponenten als *Eindeutigkeitsbeziehung* bezeichnen.

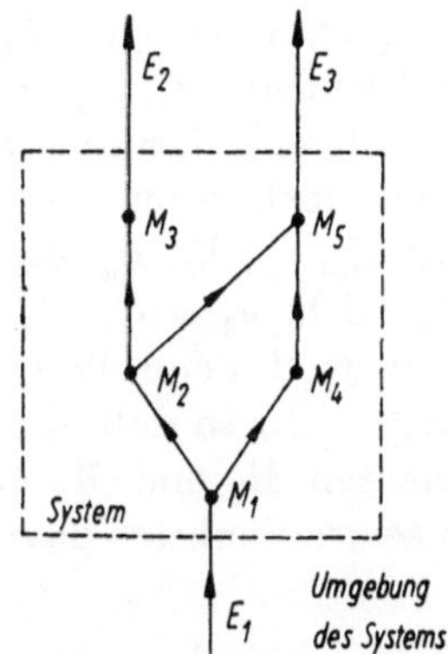

Abb. 53. System $\mathfrak{M}$ mit den Outputs E_2 und E_3, die an die Umgebung abgegeben werden.
$U = \{E_2, E_3\}$, $u_1 = \{E_2, E_3\}$, $u_2 = \{E_2, E_3\}$, $u_3 = \{E_2\}$, $u_4 = \{E_3\}$, $u_5 = \{E_3\}$ (siehe Text)

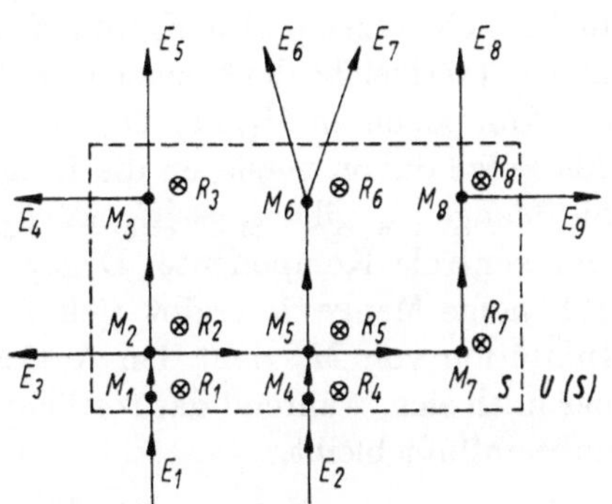

Abb. 54. $(\mathfrak{M}, \mathfrak{R})$-System.
Die Inputs ε_i der Elemente R_i seien
$\varepsilon_1 = \{E_6\}$, $\varepsilon_2 = \{E_6, E_7\}$, $\varepsilon_3 = \{E_4, E_8\}$, $\varepsilon_4 = \{E_3\}$, $\varepsilon_5 = \{E_6\}$, $\varepsilon_6 = \{E_3, E_6\}$, $\varepsilon_7 = \{E_4\}$, $\varepsilon_8 = \{E_5, E_7, E_8, E_9\}$

Nehmen wir weiterhin an, daß jede Komponente M_i des Systems $\mathfrak{M}$ eine endliche Lebenszeit t_i besitzt, dann ist für die Existenz des Systems über die kürzeste Zeit t_j $(t_j = \text{Min}\,\{t_i\})$ hinaus erforderlich, daß ein Mechanismus in Gang kommt, der die Komponenten vor Ablauf ihrer Lebenszeit regeneriert. Diese Aufgabe erfüllt nun eine Menge $\mathfrak{R}$ von Elementen R_i, die neben den Komponenten M_i in dem System vorhanden sind, wobei speziell R_i die Komponente M_i regeniert. Die Inputs der Elemente R_i bestehen aus Teilmengen ε_i der Umgebungs-Outputs, und die Eindeutigkeitsbeziehung gelte auch für die Elemente R_i. Eine Struktur, die diese genannten Bedingungen erfüllt, bezeichnen wir mit ROSEN (1958) als $(\mathfrak{M}, \mathfrak{R})$-System. In Abb. 54 ist ein solches System dargestellt.

Wird nun eine Komponente des $(\mathfrak{M}, \mathfrak{R})$-Systems inhibiert, dann ist die mögliche Folge davon, daß entweder das ganze System zerfällt oder nur ein Teilsystem, während das restliche Teilsystem davon unberührt bleibt. Eine Komponente, durch deren Inhibition das System vollständig zerfällt, wird als zentrale *Komponente* bezeichnet. Ist folglich eine Komponente M_i nicht zentral, dann existiert ein maximales Subsystem, das von der Inhibition dieser Komponente nicht betroffen wird. Wir bezeichnen dieses Subsystem als das der Komponente M_i zugehörige Subsystem $\mathfrak{M}_i$. Die Menge der Umgebungs-Outputs, die nicht von $\mathfrak{M}_i$, wohl aber von $\mathfrak{M}$ erzeugt wird, nennen wir die *erweiterte abhängige Menge* $\bar{u}_i$ von M_i. Mit Hilfe dieser Begriffsbildung gelingt es, auf sehr einfache Weise festzustellen, ob eine Komponente zentral ist. Ist nämlich für eine Komponente M_{i_0} die Menge $\bar{u}_{i_0}$ mit U selbst identisch, dann bedeutet das, daß alle Umgebungs-Outputs nicht erzeugt werden, wenn M_{i_0} inhibiert wird. Folglich ist in diesem Falle M_{i_0} eine zentrale Komponente. Betrachten wir als Beispiel dazu die Komponente M_6 in Abb. 54. Als unmittelbare Folge einer Inhibition von M_6 werden die Umgebungs-Outputs E_6 und E_7 nicht mehr erzeugt. Da E_6 und E_7 als Inputs der Elemente R_1, R_2, R_5 und R_8 dienen (vergleiche die Mengen ε_i in Abb. 54), fallen nach endlicher Zeit gleichfalls die Komponenten M_1, M_2, M_5 und M_8 aus, da sie nicht mehr regeneriert werden. Als Folge davon versiegen die Umgebungs-Outputs E_3, E_4, E_5, E_8, E_9, und für die Menge $\bar{u}_6$ gilt $\bar{u}_6 = \{E_3, E_4, E_5, E_6, E_7, E_8, E_9\}$, d.h. $\bar{u}_6 = U$. M_6 ist also eine zentrale Komponente. Dagegen ist M_7 nicht zentral, denn die erweiterte abhängige Menge $\bar{u}_7$ ergibt sich zu $\{E_4, E_5, E_8, E_9\} = \bar{u}_7$, so daß $\bar{u}_7 \subset U$. Die Inhibition von M_7 zieht den Ausfall der Komponenten M_8 und M_3 unmittelbar nach sich, während das restliche Subsystem in seiner Funktion davon völlig unbeeinflußt bleibt.

Man nennt eine Komponente M_i wiederherstellbar, wenn sie das regenerierende Element R_i weder direkt noch indirekt beeinflußt. Stellt man das $(\mathfrak{M}, \mathfrak{R})$-System vollständig in Form eines Graphen dar, dann läßt sich die obige Aussage in folgender Weise formulieren: M_i heißt wiederherstellbar, wenn das regenerierende Element R_i über keine Kette von M_i aus erreichbar ist. Wir betrachten dazu das in Abb. 55 dargestellte Beispiel. Aus ihm ist unmittelbar zu ersehen, daß R_1 von M_1 aus über keine Kette erreichbar ist. Folglich ist M_1 eine wiederherstellbare Komponente. Dagegen ist R_2 mit M_2 direkt durch eine Kante verbunden, so daß M_2 nicht wiederherstellbar ist, wenn diese Komponente einmal inhibiert ist. Bemerkenswert ist weiterhin, daß die Komponente M_2 gleichzeitig auch zentral ist, denn das System zerfällt vollständig, wenn M_2 nicht mehr funktionstüchtig ist.

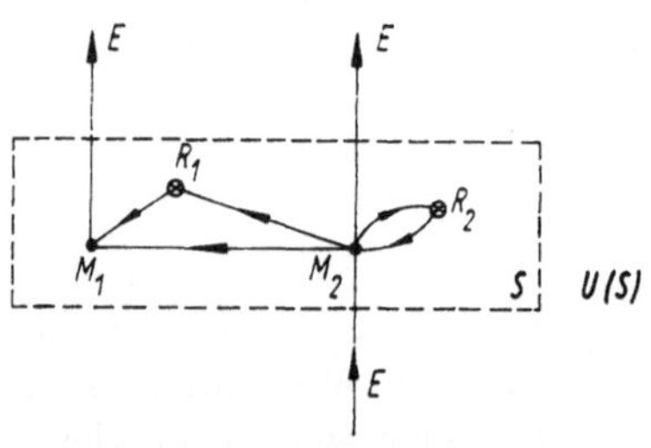

Abb. 55. $(\mathfrak{M}, \mathfrak{R})$-System mit der wiederherstellbaren Komponente M_1 und der nicht wiederherstellbaren Komponente M_2

Es gilt nun nach Rosen (1958) der Satz:

> Gegeben sei ein $(\mathfrak{M}, \mathfrak{R})$-System, dessen Graph zusammenhängend ist. Dann existiert in dem System wenigstens eine Komponente, die nicht wiederherstellbar ist.

Die Forderung nach einem zusammenhängenden Graphen kann, wie FOSTER (1966) zeigte, fallengelassen werden, so daß der Satz noch in etwas allgemeinerer Form gilt:

Jedes ($\mathfrak{M}$, $\mathfrak{R}$)-System besitzt wenigstens eine nicht wiederherstellbare Komponente.

Man überzeugt sich von der Richtigkeit dieses Satzes, wenn man zunächst eine wiederherstellbare Komponente M_1 und das zugehörige regenerierende Element R_1 betrachtet, das seine Inputs von Komponenten erhält, unter denen sich M_1 nicht befindet. Wäre R_1 von M_1 aus über eine Kante oder eine Kette erreichbar, dann wäre — im Gegensatz zu unserer Voraussetzung — M_1 nicht wiederherstellbar. Also benötigen wir wenigstens eine zweite Komponente M_2 mit wenigstens einem Output, der als Input für R_1 dienen kann. Dann wäre M_1 wiederherstellbar, und wir sind genötigt, uns mit der Komponente M_2 näher zu beschäftigen. Das regenerierende Element von M_2 sei R_2. Der Input von R_2 kann aber kein Output der Komponente M_1 sein, denn dann wäre R_1 über eine Kette von M_1 aus erreichbar und folglich M_1 nicht wiederherstellbar. Soll auch M_2 eine wiederherstellbare Komponente sein, dann kann ebenfalls kein Output von M_2 als Input für R_2 dienen. Wir benötigen also eine weitere Komponente M_3. Soll diese auch wiederherstellbar sein, dann gelten für R_3 die gleichen Argumente wie für R_2. In dieser Weise läßt sich die Betrachtung fortführen. Besteht aber das ($\mathfrak{M}$, $\mathfrak{R}$)-System aus einer endlichen Anzahl von Komponenten M_i und Elementen R_i, dann endet diese „Kettenreaktion" schließlich, und das System besitzt dann wenigstens eine Komponente, die nicht wiederherstellbar ist. In Abb. 56 ist der einfachste mögliche Fall, der die vorangehenden Ausführungen illustriert, dargestellt.

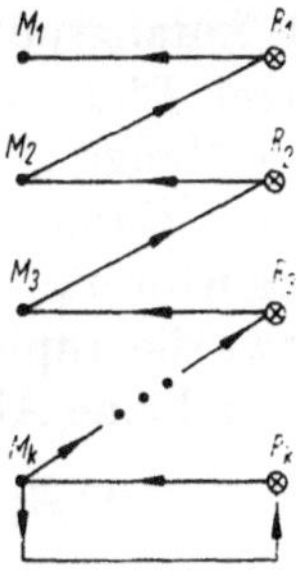

Abb. 56. ($\mathfrak{M}$, $\mathfrak{R}$)-System mit den wiederherstellbaren Komponenten $M_1, M_2, \ldots, M_{k-1}$ und der nicht wiederherstellbaren Komponente M_k (nach FOSTER, 1966; verändert)

Verwenden wir zur Beschreibung der Wiederherstellbarkeit einer Komponente die eingeführten Bezeichnungsweisen $\bar{u}_i$ für die erweiterte abhängige Menge der Komponente M_i, die als Elemente die Umgebungs-Outputs enthält, die über eine Kette von M_i aus erreichbar sind, und ε_i für die Menge der Inputs des Elementes R_i, dann gilt:

Eine Komponente M_i ist dann und nur dann wiederherstellbar, wenn $\varepsilon_i \cap \bar{u}_i = \emptyset$ gilt. Andererseits muß für jede Komponente M_j, die von M_i aus über eine Kette erreichbar ist, gelten $\varepsilon_i \cap \bar{u}_j = \emptyset$, falls M_i wiederherstellbar ist. Und schließlich ist M_i dann und nur dann wiederherstellbar, wenn sie selbst zu ihrem zugehörigen maximalen Subsystem $\mathfrak{M}_i$ gehört. ($\mathfrak{M}_i$ enthält die Komponenten als Elemente, die durch die Inhibition von M_i in ihrer Funktion nicht beeinträchtigt werden.) Dieser Fall kann aber nur dann eintreten, wie wir bereits feststellten, wenn M_i nicht zentral ist.

In Ergänzung dazu und in Übereinstimmung mit den Erfahrungen, die wir an dem in Abb. 55 dargestellten Graphen gemacht haben, läßt sich der folgende Satz beweisen (ROSEN, 1958; FOSTER, 1966):

> Wenn ein $(\mathfrak{M}, \mathfrak{R})$-System nur eine nicht wiederherstellbare Komponente enthält, dann ist diese Komponente zentral.

Die $(\mathfrak{M}, \mathfrak{R})$-Systeme, deren Konzeption im vorangehenden skizziert wurde, stellen Modelle metabolischer Systeme dar und schlagen darüber hinaus eine Brücke auf relationaler Ebene zur Theorie der geregelten biologischen Systeme. Im Vergleich zur Theorie der biologischen Regelung und der Biokybernetik besitzt die relationale Betrachtungsweise eine relativ große Allgemeingültigkeit bezüglich der untersuchten biologischen Systeme. Die Suche nach allgemeinen Gesetzen dieser Systeme bedarf aber genau einer solchen allgemeinen Methode. Ausgehend von der Konzeption der $(\mathfrak{M}, \mathfrak{R})$-Systeme gelingt es nun mit Hilfe der mathematischen Theorie der Kategorien, eine Theorie allgemeiner biologischer Systeme zu konstruieren (ROSEN, 1958b, 1959). Ohne auf die Theorie der Kategorien näher einzugehen (vergleiche dazu BRINKMANN und PUPPE, 1966; HASSE und MICHLER, 1966), wollen wir versuchen, mit Hilfe der in Kap. 3 dargestellten Grundlagen, den Weg zur Beschreibung der $(\mathfrak{M}, \mathfrak{R})$-Systeme zu verfolgen.

Es existiere in einem Graphen mit den Komponenten M_j $(j = 1, 2, \ldots, r)$ eine Komponente M, die m Inputs erhält, d.h., sie dient für die Kanten $\varrho_1, \varrho_2, \ldots, \varrho_m$ als Endpunkt, und die einen Output abgibt, die also für eine Kante ϱ als Anfangspunkt dient. Jede Kante ϱ_i gehöre zu einer Menge A_i $(i = 1, 2, \ldots, m)$, deren Elemente als Inputs für die Komponente M dienen können. Ebenso sei ϱ zur Menge B gehörig, deren Elemente zulässige Outputs der Komponente M seien. Dann ist es möglich, die Komponente M selbst als eine Abbildung oder Transformation zu betrachten, die die Inputs von M auf den Output abbildet bzw. die Inputs in den Output transformiert. Der Komponente M kann also formal eine Abbildung f zugeordnet werden, so daß gilt:

$$f: A_1 \times A_2 \times \cdots \times A_m \to B,$$

d.h., jedem m-Tupel $(a_1, a_2, \ldots, a_m)$ wird durch f ein Element b zugeordnet $(a_i \in A_i, b \in B)$. Im allgemeinen besitzt M jedoch n Outputs, so daß jedem Output genau eine Funktion f_k zugeordnet wird:

$$f_k: A_1 \times A_2 \times \cdots \times A_m \to B_k.$$

M wird in diesem Falle durch ein n-Tupel von Abbildungen f_k $(k = 1, 2, \ldots, n)$ repräsentiert, die sämtlich den gleichen Definitionsbereich, nämlich das kartesische Produkt $A_1 \times A_2 \times \cdots \times A_m$ der zulässigen Inputs von M, besitzen.

Eine Kategorie, bezeichnet mit $\mathfrak{A}$, ist gekennzeichnet durch folgenden Tatbestand:

1. Es existiert eine Kollektion von Objekten $A, A', A'', \ldots$
2. Es existiert eine Funktion oder Regel, die jedem Paar von Objekten (A, A') eine Menge von Abbildungen oder Transformationen zuordnet. Diese Menge

bezeichnen wir durch $H(A, A')$. Eine Abbildung $f\,[f \in H(A, A')]$ bewirkt $f\colon A \to A'$.

3. Es existiert eine Funktion n, genannt Komposition, die jedem Paar (f, g) von Abbildungen eine Abbildung $h = g \cdot f$ (zu lesen: g nach f) zuweist, so daß gilt:

   Ist $f \in H(A, A')$ und $g \in H(A', A'')$, dann ist $h = g \cdot f$ ein Element der Menge $H(A, A'')$ der Abbildungen.

Eine Kategorie besteht folglich aus einer Anzahl von Objekten und Abbildungen, die in der oben angeführten Weise miteinander verknüpft sind.

Erinnern wir uns an die Feststellung in Kap. 3, daß ein Graph durch eine voll ständige Algebra $\bar{C} = [C; \alpha, \beta]$ vom Typ $\langle 1, 1\rangle$ gegeben ist. Ist zusätzlich in dem Graphen noch eine partielle binäre Verknüpfung φ definiert, so bezeichnet man den Graphen als *multiplikativ*. Ein multiplikativer Graph ist folglich eine Algebra $\bar{C} = [C; \alpha, \beta, \varphi]$ vom Typ $\langle 1, 1, 2\rangle$, wenn für φ gilt:

$$(x, y) \in D(\varphi) \to \beta(x) = \alpha(y),$$
$$(x, y) \in D(\varphi) \to \alpha(xy) = \alpha(x) \wedge \beta(x, y) = \beta(y),$$
$$\big(\alpha(x), x\big) \in D(\varphi), \quad \big(x, \beta(x)\big) \in D(\varphi), \quad \alpha(x)\, x = x\beta(x) = x$$

für beliebige $x, y \in C$. (Bezüglich der Bezeichnungen vergleiche Kap. 3.) Sind für einen multiplikativen Graphen noch die beiden Bedingungen erfüllt

$$\beta(x) = \alpha(y) \to (x, y) \in D(\varphi)$$

und

$$(x, y), (y, z), (xy, z), (x, yz) \in D(\varphi),$$

so ist $(xy)\, z = x(yz)$ für beliebige $x, y, z \in C$; man bezeichnet dann diese speziellen multiplikativen Graphen als Kategorien. Die Definition einer Kategorie als multiplikativer Graph ist mit der vorangehenden Charakterisierung identisch, zeigt uns aber darüber hinaus, daß es sich bei Kategorien um eine spezielle Art von Graphen handelt. Die Begriffsbildung ist dabei jedoch noch so allgemein, daß die hinzugekommenen Bedingungen keine Einschränkungen bezüglich der Anwendbarkeit auf biologische Systeme mit sich bringen.

Für Kategorien gelten, wenn wir bei der ersteren Bezeichnungsweise bleiben, die Axiome (vergleiche die zusätzlichen Bedingungen für multiplikative Graphen):

1. Ist $A \neq A_1$ und $A' \neq A_1'$, dann gilt
   $$H(A, A') \cap H(A_1, A_1') = \emptyset.$$

2. Wenn $f \in H(A, A')$, $g \in H(A', A'')$, $h \in H(A'', A''')$ ist, dann gelte
   $$h \cdot (g \cdot f) = (h \cdot g) \cdot f.$$

3. Ist $i_A = H(A, A)$ die identische Abbildung des Objektes A, so gilt für $f \in H(A, A')$
   $$f \cdot i_A = f \quad \text{und} \quad i_A \cdot f = f.$$

Untereinander sind Kategorien durch einige allgemeine Typen von Abbildungen vergleichbar. Man bezeichnet eine solche Abbildung als *Funktor*. Ein kovarianter Funktor T besteht aus einem Paar von Abbildungen, die folgendes bewirken:

Es seien der Funktor T und die Kategorien $\mathfrak{A}$ und $\mathfrak{B}$ gegeben, so daß gilt $T\colon \mathfrak{A} \to \mathfrak{B}$. Die erste Abbildung des Paares ordnet jedem Objekt $A \in \mathfrak{A}$ ein Objekt $T(A) = B \in \mathfrak{B}$ zu. Die zweite Abbildung ordnet jeder Abbildung $f \in H(A, A')$ aus $\mathfrak{A}$ eine Abbildung $T(f) = g \in H[T(A), T(A')] = H(B, B')$ aus $\mathfrak{B}$ zu. Von dem Funktor T fordert man noch die Eigenschaften

$$T(g \cdot f) = T(g) \cdot T(f)$$

und

$$T(i_A) = i_{T(A)}.$$

Wenn $T\colon \mathfrak{A} \to \mathfrak{B}$ gilt und man das Abbild der Kategorie $\mathfrak{A}$ durch $T(\mathfrak{A})$ bezeichnet, dann ist $T(\mathfrak{A})$ eine Subkategorie von $\mathfrak{B}$, und man kann $\mathfrak{A}$ als „eingebettet" in eine Subkategorie von $\mathfrak{B}$ betrachten.

Kehren wir nach diesen notwendigen Erklärungen wieder zu dem Ausgangsproblem zurück, indem wir in einem gegebenen $(\mathfrak{M}, \mathfrak{R})$-System die Komponenten M mit einer Menge von Abbildungen f_k $(k = 1, 2, \ldots, m)$ und die Inputs ϱ_i $(i = 1, 2, \ldots, m)$ sowie die Outputs ϱ_k $(k = 1, 2, \ldots, m)$ mit einer Menge von Objekten A_j $(j = 1, 2, \ldots, m)$ identifizieren. Das bedeutet praktisch, daß wir den gegebenen Graphen des $(\mathfrak{M}, \mathfrak{R})$-Systems in einen sogenannten *abstrakten* Graphen umwandeln, in dem die Inputs und Outputs A_j durch Punkte und die Komponenten M durch gerichtete Strecken f_k zwischen den A_j dargestellt werden. Der abstrakte Graph entspricht dann der graphischen Darstellung der inneren Struktur der Kategorie $\mathfrak{A}$.

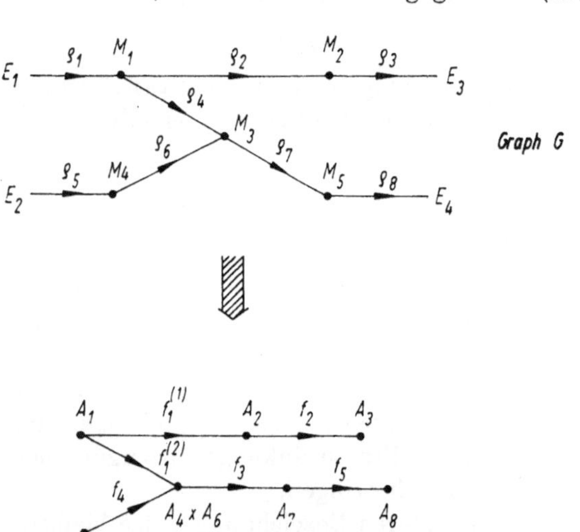

Abb. 57. Umwandlung eines Graphen G in einen abstrakten Graphen (nach Rosen, 1958b; formal verändert). Erklärungen siehe Text

Wir wollen mit Rosen (1958b) die Umwandlung eines Graphen G in einen abstrakten Graphen $\mathfrak{A}$ an Hand des in Abb. 57 dargestellten Beispiels verfolgen. Um das Problem nicht unnötig zu komplizieren, werden wir auf die Elemente R_i zunächst verzichten.

Außer M_1 besitzt jede Komponente in G nur einen Output, so daß diese Komponenten ohne Schwierigkeiten durch die entsprechenden Abbildungen f in $\mathfrak{A}$

dargestellt werden können. Die Komponente M_1 bildet dagegen den Input ϱ_1 auf die beiden Outputs ϱ_2 und ϱ_4 ab, d.h., M_1 wird durch zwei Abbildungen $f_1^{(1)}$ und $f_1^{(2)}$ repräsentiert. Damit gilt für die Umwandlung der Komponenten M aus G in die Abbildungen f in $\mathfrak{A}$ der Abb. 57

$$M_1 \to f_1^{(1)}, f_1^{(2)}; \quad M_2 \to f_2; \quad M_3 \to f_3,; \quad M_4 \to f_4; \quad M_5 \to f_5.$$

Im zweiten Schritt betrachten wir die Umwandlung der gerichteten Strecken ϱ aus G in die Objekte A aus $\mathfrak{A}$. Es sei ϱ_i eine Kette, die einen Output der Komponente M_j und einem Input der Komponente M_k symbolisiert. Wir unterscheiden zwei Fälle:

1. Die Komponente M_k besitzt nur den Input ϱ_i.
   Dann wird die Kante ϱ_i durch das Objekt A_i repräsentiert, für das gilt:

   $$A_i = \mathrm{Wb}(f_j) \cup [\bigcup_\alpha \mathrm{Db}(f_k^{(\alpha)})].$$

   $\mathrm{Wb}(f_j)$ bedeutet den Wertebereich der Abbildung f_j (die zur Komponente M_j gehört) und $\mathrm{Db}(f_k^{(\alpha)})$ den Definitionsbereich der Abbildung $f_k^{(\alpha)}$ (die zur Komponente M_k gehört). In Abb. 57 gelten dann folgende Umwandlungen:

   $$\varrho_1 \to A_1, \quad \varrho_2 \to A_2, \quad \varrho_3 \to A_3, \quad \varrho_5 \to A_5, \quad \varrho_7 \to A_7 \quad \text{und} \quad \varrho_8 \to A_8.$$

2. Die Komponente M_k besitzt neben ϱ_i noch weitere Inputs.
   In diesem Falle besteht der $\mathrm{Db}(f_k^{(\alpha)})$ aus einem kartesischen Produkt, und der $\mathrm{Wb}(f_j)$ geht in eine der Mengen ein, die das kartesische Produkt bilden In unserem Beispiel trifft das für die Kanten ϱ_4 und ϱ_6 zu, so daß gilt:

   $$A = A_4 \times A_6$$

   und allgemein

   $$A = [\mathrm{Wb}(f_j) \times \mathrm{Wb}(f_l)] \cup [\bigcup_\alpha \mathrm{Db}(f_k^{(\alpha)})].$$

Damit erhält man zu jedem gegebenen Graphen G einen abstrakten Graphen $\mathfrak{A}$, die beide äquivalente Beschreibungen des gleichen Sachverhalts sind. G ebenso wie $\mathfrak{A}$ können mit Hilfe des Begriffes der Kategorie formal dargestellt werden, wobei sowohl der Form von G als auch derjenigen von $\mathfrak{A}$ unter gewissen Gesichtspunkten bestimmte vorteilhafte Eigenschaften zukommen, die die Wahl einer dieser Darstellungsformen rechtfertigen. Bezüglich der Theorie der $(\mathfrak{M}, \mathfrak{R})$-Systeme erweisen sich die abstrakten Graphen $\mathfrak{A}$ als besonders geeignet.

Nun ist es im allgemeinen möglich, daß ein gegebenes System auf verschiedene Weise auf der gleichen Abstraktionsstufe in Komponenten zerlegt werden kann, so daß man mehrere äquivalente abstrakte Graphen erhält, die alle das gleiche System repräsentieren. Bezeichnet man eine solche Menge von abstrakten Graphen als zueinander äquivalent (ROSEN, 1958b), dann wäre zu überlegen, wie es gelingt, eine Repräsentante — eine kanonische Form eines abstrakten Graphen — für diese Äquivalenzklasse zu finden.

Ist I eine Indexmenge und $(A_i)_{i\in I}$ eine indizierte Mengenfamilie von Objekten A (vgl. Kap. 3), dann kann für das kartesische Produkt dieser Familie geschrieben werden:

$$\prod_{i \in I} A_i .$$

$\Pi(I)$ sei eine Permutation von I, und J enthalte die ersten m Elemente von $\Pi(I)$, $m < n$ (I enthalte n Elemente). Die Projektion P eines kartesischen Produkts in ein Teilprodukt läßt sich dann darstellen durch

$$\prod_{i \in I} A_i \xrightarrow{P} \prod_{j \in J} A_j .$$

Sind A, B, C Objekte einer Kategorie $\mathfrak{A}$ und ist f eine Abbildung in $\mathfrak{A}$, so daß gilt $f\colon A \to B$, dann ist f in Faktoren zerlegbar, wenn $\varphi\colon A \to C$ und $\psi\colon C \to B$ gilt und das zugehörige Diagramm kommutativ ist.

$$\begin{array}{ccc} A & \xrightarrow{\varphi} & C \\ & {\scriptstyle f}\searrow & \downarrow{\scriptstyle \psi} \\ & & B \end{array}$$

Das Aufsuchen eines kanonischen abstrakten Graphen läßt sich in folgender Weise formulieren. Gegeben sei in einem abstrakten Graphen ein Teilgraph, bestehend aus der Menge der Inputs $\prod_{i \in I} A_i$, der Menge der Outputs B und der Abbildung $f_k^{(\alpha)}$ zwischen $\prod_{i \in I} A_i$ und B, also

$$\prod_{i \in I} A_i \;\bullet\!\xrightarrow[f_k^{(\alpha)}]{}\!\bullet\; B$$

Erfordert nun der α-te Output der Komponente M_k (also B) nicht alle Inputs von M_k (also nicht das ganze kartesische Produkt $\prod_{i \in I} A_i$), dann kann $f_k^{(\alpha)}$ in Faktoren zerlegt werden, so daß sich als Ergebnis der in Abb. 58 dargestellte neue Teilgraph ergibt.

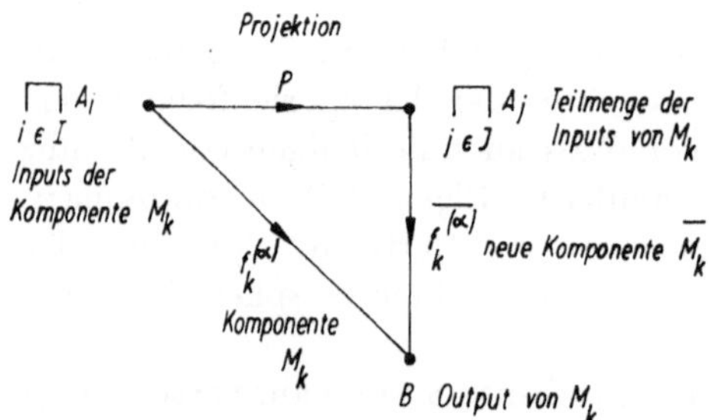

Abb. 58. Faktorenzerlegung der Abbildung $f_k^{(\alpha)}$

Das bedeutet praktisch, daß jede Komponente in neue Komponenten zerlegt wird, bis schließlich jede Komponente nur noch eine Art von Outputs hat, die das gleiche Teilprodukt $\prod_{j \in J} A_j$ als Db besitzen. Unterschiedliche Outputs gehören dann unterschiedlichen Komponenten an. Verfolgen wir diesen Prozeß anschaulich in einem von ROSEN (1959) gegebenen Beispiel, das in Abb. 59 dargestellt ist.

Die Dekomposition eines Systems $\mathfrak{M}$, die auf eine kanonische Form des Systems führt, kann über die spezielle Bedeutung innerhalb der Theorie der $(\mathfrak{M}, \mathfrak{R})$-Systeme hinaus als ein Schritt auf dem Wege angesehen werden, eine Reihe subjektiver Komponenten bei der Modellbildung auszuschalten.

Es verbleibt jetzt schließlich als letzte Aufgabe, die Elemente R_i in den Formalismus einzubeziehen. Betrachten wir das System $\mathfrak{R}$ mit den Elementen R_i,

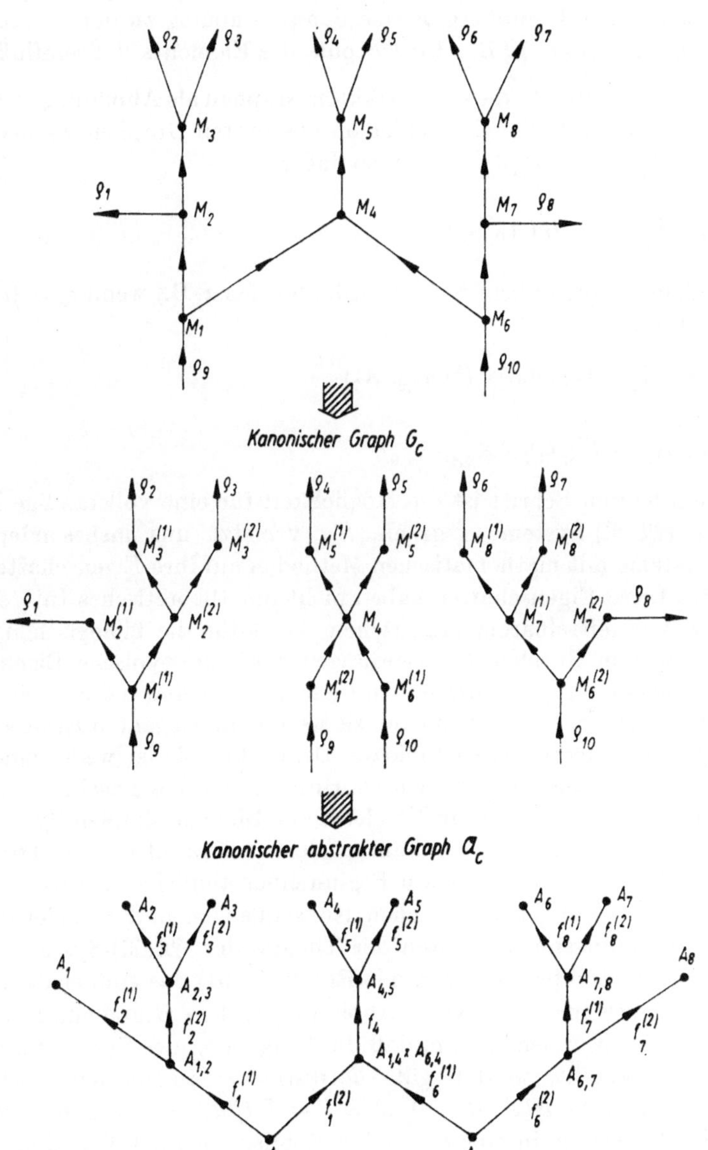

Abb. 59. Umwandlung eines Graphen G in einen kanonischen abstrakten Graphen $\mathfrak{A}_c$ (nach Rosen 1959; formal verändert).
Die Indizierung der Objekte $A_{m,n}$ bedeutet: Der Output der Komponente m dient als Input für die Komponente n

dann läßt sich dieses — ebenso wie das System $\mathfrak{M}$ — durch einen Graphen darstellen. Transformieren wir diesen in einen abstrakten Graphen, dann sind den Elementen R_i Abbildungen Φ_f zuzuordnen. Als Inputs von R_i diente eine Menge von Umgebungs-Outputs ϱ_i, die man wiederum als Objekte B_i darstellen kann. Die Menge der Inputs ergibt sich dann — analog zu dem System $\mathfrak{M}$ — als kartesisches Produkt $\prod_{j\in J} B_{i_j}$. Die Outputs des Elements R_i beeinflußten aber direkt die Komponente M_i, die im abstrakten Graphen als Abbildung $f: A_i \to A_k$, $f \in H(A_i, A_k)$, erscheint. Folglich bildet im abstrakten Graphen Φ_f das kartesische Produkt $\prod_{j\in J} B_{i_j}$ auf $H(A_i, A_k)$ ab, so daß gilt

$$\Phi_f\colon \prod_{j\in J} B_{i_j} \to H(A_i, A_k).$$

Für das in Abb. 59 angeführte System bedeutet das z. B., wenn $\varepsilon_8 = \{\varrho_2, \varrho_5, \varrho_8\}$ und $\varepsilon_4 = \{\varrho_5\}$ gilt:

$$\Phi_{f_8^{(2)}}\colon A_2 \times A_5 \times A_8 \to H(A_{7,8}, A_7)$$

und

$$\Phi_{f_4}\colon A_5 \to H(A_{1,4} \times A_{6,4}, A_{4,5}).$$

Mit diesem letzten Schritt ist die Möglichkeit für eine vollständige Formalisierung der $(\mathfrak{M}, \mathfrak{R})$-Systeme gegeben. Sie versetzt uns insbesondere in die Lage, die Systeme mit mathematischen Methoden auf ihre Eigenschaften hin zu untersuchen. Diese Eigenschaften haben nicht nur theoretisches Interesse, sondern sind von unmittelbarem praktischem Wert für die biologischen Wissenschaften, wenn von Graphen G ausgegangen wird, die typische Eigenschaften biologischer Systeme repräsentieren. In diesem Sinne sind die mathematischen Methoden weitaus mehr als Hilfsmittel, sie werden im Gegenteil zu wesentlichen Bestandteilen der theoretischen Biologie. Denn ohne sie ist weder eine exakte Beschreibung noch eine logische Durchdringung der biologischen Strukturen möglich. Die Physik mit ihren im Vergleich zur Biologie simplen Systemen hat diese Tatsache bereits seit einigen Jahrhunderten erkannt und erfolgreich ausgenutzt. Die Biologie steht heute am Beginn einer ähnlichen Entwicklung.

Wenden wir uns einigen praktischen Konsequenzen und Beispielen zu, die einige der Anwendungsmöglichkeiten der Theorie der $(\mathfrak{M}, \mathfrak{R})$-Systeme demonstrieren sollen. Betrachten wir dazu mit Rosen (1961) das einfachste denkbare $(\mathfrak{M}, \mathfrak{R})$-System, bestehend aus einer Abbildung $f: A \to B$ und einer Abbildung $\Phi_f: B \to H(A, B)$. Nehmen wir an, daß die Umgebung des Systems aus einem Element $a \in A$ besteht, so daß gilt: $\Phi_f(f(a)) = f$; ausführlich geschrieben: $f(a) = b$ $[b \in B$ und $f \in H(A, B)]$, $\Phi_f(b) = f \Rightarrow \Phi_f(f(a)) = f$. Das bedeutet, daß sich das $(\mathfrak{M}, \mathfrak{R})$-System in einem absolut stabilen Zustand befindet, in dem keinerlei Änderungen des Systems stattfinden. Es soll untersucht werden, welche Veränderungen in dem System erfolgen, wenn sich die Umwelt, charakterisiert durch $a \in A$, ändert. Das Problem der Zeitverzögerung (Demetrius, 1968) zwischen den Komponenten des Systems bzw. ihre Änderung soll dabei nicht berücksichtigt werden. Nehmen wir an, die Umgebung verändere sich in der Weise, daß a in a' übergeht, daß also gilt: $a' \in A$ und $a' \neq a$. Dann können folgende Wirkungen in dem System selbst auftreten:

1. Die Funktion $f(a')$ ist nicht definiert, d.h., es kann keine solche Abhängigkeit durch das System realisiert werden. Als Folge davon wird das System funktionsunfähig, es wird — in der üblichen Ausdrucksweise — zerstört.
2. Die Funktion $f(a')$ ist definiert, und es gilt $f(a') = f(a)$, woraus sofort folgt $\Phi_f(f(a')) = f$. Es ergibt sich keine Änderung in dem System, wenn a in a' übergeht, d.h., es ist keine Änderung in der Funktionsweise des Systems erkennbar. Selbst wenn $f(a') \neq f(a)$ ist und $\Phi_f(f(a')) = f$ gilt, ist keine Änderung der Funktionsweise zu beobachten, außer daß sich die Feinstruktur des Systems, d.h. die Realisierung der Abhängigkeiten, ändert, die jedoch für die Betrachtungen auf der vorgegebenen Abstraktionsstufe ohne Belang sind.
3. Die Funktion $f(a')$ ist definiert, und es gilt $\Phi_f(f(a')) = f'$, wobei $f' \neq f$ ist. Hier lassen sich zwei Fälle unterscheiden:
   a) $f'(a') = f(a)$ oder allgemeiner $\Phi_f(f'(a')) = f$.
   In der Folge davon entstehen periodische Änderungen in dem System. Die Beziehungen zwischen den Komponenten werden wechselweise durch die Funktionen f und f' beschrieben.
   b) $\Phi_f(f'(a')) = f'$.
   Die Änderung von a in a' bewirkt eine Änderung des gesamten Systems. Beschreibt das Modell z.B. die Stoffwechselvorgänge eines biologischen Systems, dann erfolgt in dieser Situation ein Übergang in einen anderen stabilen Zustand, gekennzeichnet durch $\Phi_f(f'(a')) = f'$, während das genetische System des Organismus davon völlig unberührt bleibt. Das System kehrt nicht in seinen Ausgangszustand zurück, solange die veränderte Umwelt wirksam ist. Eine bekannte biologische Tatsache, daß morphologische Veränderungen durch bestimmte Umwelteinflüsse hervorgerufen werden können.
4. Die Funktion $f'(a')$ ist definiert, und es gilt $\Phi_f(f'(a')) = f''$, wobei $f'' \neq f'$ und $f'' \neq f$ ist. Das System durchläuft nacheinander die Menge der Abbildungen $f', f'', f^{(3)}, \ldots, f^{(n)}, \ldots$, die schließlich bei einer Abbildung $f^{(n_0)}$ endet. Zwei unterschiedliche Fälle sind dabei denkbar:
   a) $\Phi_f(f^{(n_0)}(a')) = f^{(n_0)}$, d.h., das System erreicht schließlich einen stabilen Zustand, in dem es verbleibt.
   b) $\Phi_f(f^{(n_0)}(a')) = f^{(n_0-k)}$, wobei $1 \leqq k \leqq n$ gilt. Es existieren zyklische Änderungen des Systems mit einer Periode von $n_0 - k$.

Existiert keine Abbildung der Art $f^{(n_0)}$, dann ist das System azyklisch und kann darüber hinaus keinen stabilen Zustand annehmen.

Besitzt insbesondere ein ($\mathfrak{M}$, $\mathfrak{R}$)-System einen feedback-Mechanismus, dann bedeutet das für unser einfaches Beispiel, daß die Menge B der Umgebungs-Outputs eine Teilmenge der Menge A der Umgebungs-Inputs ist bzw. eine Teilmenge von A enthält. In Übereinstimmung mit der Theorie der biologischen Regelung besagt das aber nichts anderes, als daß sich das System einerseits seine eigene Umgebung schafft und andererseits seine eigenen strukturellen Änderungen regelt. Dieses Konzept ist unter anderem von besonderer Relevanz für die Probleme der Mitose, der Mutation, der Differentiation, der Karzinogenese u.a. Auf genetische Änderungen in einem Organismus, der durch ein ($\mathfrak{M}$, $\mathfrak{R}$)-System beschrieben wird, als Folge von Änderungen der Umwelt ist ROSEN (1959, 1961) selbst näher eingegangen, worauf wir jedoch an dieser Stelle verzichten wollen. Vielmehr soll als Abschluß der Betrachtungen ein Beispiel von COMOROSAN und PLATICA (1967) stehen, in dem der Versuch unternommen wurde, die Biosynthese der Zellproteine mit Hilfe der Theorie der ($\mathfrak{M}$, $\mathfrak{R}$)-Systeme zu beschreiben bzw. den Vorgang zu formalisieren.

Der weitgehend akzeptierte Prozeß, der hier beschrieben werden soll, beinhaltet die Aktivierung der Aminosäuren, die Synthese von Aminoacyltransfer RNS, die Verknüpfung des Transfer-RNS-Komplexes zu einem spezifischen Triplett zusammen mit der Messenger-RNS, die Herstellung einer Peptid-Bindung und schließlich die Bildung eines Proteins. Sei a_i eine Aminosäure und E_i das aktivierende Enzym, dann gilt

$$a_i + E_i \rightarrow E_i \sim a_i,$$

wobei das Zeichen $\sim$ andeuten soll, daß jene Partner, zwischen denen das Zeichen steht, einen chemischen Komplex bilden. Bezeichnet weiterhin ${}_t\mathrm{RNS}_i$ die für a_i spezifische Fraktion der Transfer-RNS und mRNS die Messenger-RNS, dann gilt im nächsten Schritt

$$E_i \sim a_i + {}_t\mathrm{RNS}_i \rightarrow {}_t\mathrm{RNS}_i \sim E_i \sim a_i \rightarrow {}_t\mathrm{RNS}_i \sim a_i + E_i$$

und

$${}_t\mathrm{RNS}_i \sim a_i + {}_t\mathrm{RNS}_k \sim a_k \xrightarrow[\text{mRNS}]{\text{Codon-Anticodon-Beziehung}} a_i \sim a_k.$$

A_1 $[a_1, a_2, \ldots, a_{20}]$
f_1 Aktivierendes Enzym
A_2 $E_i \sim a_i$ $(1 \leq i \leq 20)$
f_2 Aminoacylsynthetase - Fraktion
A_3 ${}_t RNS_i \sim a_i$
f_3 Transferase I
A_4 $mRNS \sim {}_t RNS_i \sim a_i$
f_4 Transferase II
A_5 $a_i \sim a_k$ (Protein p_j)

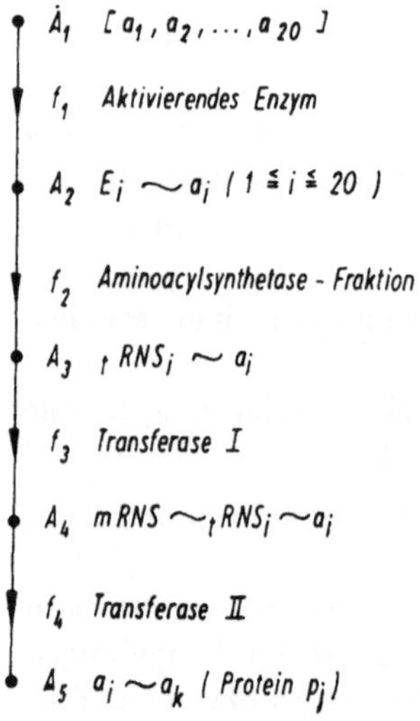

Abb. 60. Biosynthese von Proteinen (nach COMOROSAN und PLATICA, 1967; formal verändert)

Die Symbolisierung dieser Reaktionen mit Hilfe des eingeführten Formalismus der ($\mathfrak{M}$, $\mathfrak{R}$)-Systeme ergibt zunächst die in Abb. 60 angeführte graphische Darstellung.

Die mathematische Formulierung der Abbildungen f_i sowie ihrer Definitions- und Wertebereiche stellen wir in Tab. 13 zusammen.

Das auf diese Weise gebildete System $\mathfrak{M}_{p_j}$ erhält als Umgebungs-Input die 20 natürlichen Aminosäuren und emittiert als Umgebungs-Output das Protein p_j. Dabei wurden zunächst sowohl die energieliefernden Prozesse als auch die zeitlichen Beziehun-

Tabelle 13. Die Abbildungen f_i der Proteinsynthese (siehe Abb. 60)

Bezeichnung der Abbildung	Die Abbildung f ist Element der Menge $H(A, A')$	Definitionsbereich der Abbildung	Wertebereich der Abbildung
f_1 (aktivierendes Enzym)	$f_1 \in H\left(\prod_{1 \leq i \leq 20} a_i, \prod_{1 \leq i \leq 20} (E_i \sim a_i)\right)$	$\mathrm{Db}(f_1) \subseteq \prod_{1 \leq i \leq 20} a_i = [a_1 \times a_2 \times \cdots \times a_{20}]$	$\mathrm{Wb}(f_1) \subseteq \prod_{1 \leq i \leq 20} (E_i \sim a_i) = [(E_1 \sim a_1) \times (E_2 \sim a_2) \times \cdots \times (E_{20} \sim a_{20})]$
f_2 (Aminoacylsyn-thetase-Fraktion)	$f_2 \in H\left(\prod_{1 \leq i \leq 20} (E_i \sim a_i), \prod_{1 \leq i \leq 20} ({}_t\mathrm{RNS}_i \sim a_i)\right)$	$\mathrm{Db}(f_2) \subseteq \prod_{1 \leq i \leq 20} (E_i \sim a_i) = [(E_1 \sim a_1) \times (E_2 \sim a_2) \times \cdots \times (E_{20} \sim a_{20})]$	$\mathrm{Wb}(f_2) \subseteq \prod_{1 \leq i \leq 20} ({}_t\mathrm{RNS}_i \sim a_i) = [({}_t\mathrm{RNS}_1 \sim a_1) \times \cdots \times ({}_t\mathrm{RNS}_{20} \sim a_{20})]$
f_3 (Transferase I)	$f_3 \in H\left(\prod_{1 \leq i \leq 20} ({}_t\mathrm{RNS}_i \sim a_i), \prod_{1 \leq i \leq 20} (\mathrm{mRNS} \sim {}_t\mathrm{RNS}_i \sim a_i)\right)$	$\mathrm{Db}(f_3) \subseteq \prod_{1 \leq i \leq 20} ({}_t\mathrm{RNS}_i \sim a_i) = [({}_t\mathrm{RNS}_1 \sim a_1) \times \cdots \times ({}_t\mathrm{RNS}_{20} \sim a_{20})]$	$\mathrm{Wb}(f_3) \subseteq \prod_{1 \leq i \leq 20} (\mathrm{mRNS} \sim {}_t\mathrm{RNS}_i \sim a_i) = [(\mathrm{mRNS} \sim {}_t\mathrm{RNS}_1 \sim a_1) \times \cdots \times (\mathrm{mRNS} \sim {}_t\mathrm{RNS}_{20} \sim a_{20})]$
f_4 (Transferase II)	$f_4 \in H\left(\prod_{1 \leq i \leq 20} (\mathrm{mRNS} \sim {}_t\mathrm{RNS}_i \sim a_i), (a_i \sim a_k)\right)$	$\mathrm{Db}(f_4) \subseteq \prod_{1 \leq i \leq 20} (\mathrm{mRNS} \sim {}_t\mathrm{RNS}_i \sim a_i) = [(\mathrm{mRNS} \sim {}_t\mathrm{RNS}_1 \sim a_1) \times \cdots \times (\mathrm{mRNS} \sim {}_t\mathrm{RNS}_{20} \sim a_{20})]$	$\mathrm{Wb}(f_4) = a_i \sim a_k = p_j$

gen zwischen den Komponenten vernachlässigt. Das konstruierte System $\mathfrak{M}_{p_j}$ repräsentiert also nur ein besonders einfaches Subsystem jenes $(\mathfrak{M}, \mathfrak{R})$-Systems, das eine Zelle vollständig abbilden würde.

Nun zeigt es sich aber, daß für ein bestimmtes Protein p_j im allgemeinen nicht alle 20 Aminosäuren für dessen Aufbau erforderlich sind. Und darüber hinaus spielen die Aminosäurebausteine eines Proteins nicht alle die gleiche Rolle bezüglich der biologischen Funktion des Proteins, so daß unter bestimmten Umständen das Fehlen eines Bausteins keinen oder nur geringen Einfluß auf die Funktionsausübung des Proteins hat. Das bedeutet für das obige Modell, daß nicht die ganze Menge S_{p_j} der Aminosäuren als Input vorhanden sein muß, sondern im allgemeinen lediglich eine Teilmenge $\bar{S}_{p_j}$ davon, also $\bar{S}_{p_j} \subset S_{p_j}$. Folglich ist die Menge S_{p_j} in Faktoren zerlegbar in der Weise, daß die nicht weiter zerlegbare Menge $\bar{S}_{p_j}$ entsteht. Die Elemente der Menge $\bar{S}_{p_j}$ sind als Inputs zur Produktion des Proteins unbedingt erforderlich, d.h., bei Fehlen einer dieser Aminosäuren kann das Protein p_j nicht synthetisiert werden (Eindeutigkeitsbeziehung). Zum anderen bleibt zu bemerken, daß für die Synthese jedes Proteins eine jeweils spezifische Menge von Aminosäuren erforderlich sein wird.

Betrachten wir im folgenden die regenerierenden Elemente R_i, die die Wiederherstellung der Komponenten unseres Systems gewährleisten. Dazu ist zunächst die biochemische Realisierung der Elemente R_i zu analysieren. So ist R_1 z.B. das Element, das die Synthese des aktivierenden Enzyms (f_1) bewirkt. Bezüglich der regenerierenden Elemente R_i können wir zwei Möglichkeiten ins Auge fassen:

1. Das Protein p_j ist eines der aktivierenden Enzyme E_k, und E_k aktiviert eine der Aminosäuren, die als Element der Menge $\bar{S}_{p_j}$ angehört. Es gilt folglich

$$p_j = E_k \quad \text{und} \quad a_k \in \bar{S}_{p_j}.$$

Die Abbildung Φ_{f_k}, das Element R_k repräsentierend, ist dann Element der Menge der Abbildungen

$$\Phi_{f_k} \in H\Big(\prod_{a_k \in \bar{S}_{p_j}} E_i, E_k\Big).$$

p_j stimuliert folglich seine eigene Biosynthese durch eine Art positive feedback-Schleife, so daß die Komponente infolge einer Störung oder Inhibition nicht wiederherstellbar ist.

2. Das Protein p_j ist eines der aktivierenden Enzyme E_j, und es gilt im Gegensatz zu 1

$$p_j = E_j, \quad E_j \neq E_k \quad \text{und} \quad a_k \in \bar{S}_{p_j}.$$

Wir nehmen an, daß für die Synthese des Enzyms E_j n Aminosäuren erforderlich sind, die sämtlich als Elemente der Menge $\bar{S}_{p_j}$ angehören. Jede dieser Aminosäuren vermag eine der 19 verbleibenden zu sein, wenn a_j, aktiviert durch E_j, aus dem Pool entfernt wird (dieser Fall wurde unter 1 diskutiert). Es sei S_{E_j}

die Menge der Enzyme E_j, die die Aktivierung der Aminosäuren in der Menge $(S_{p_j} - a_j)$ bewirken. Dann gilt

$$\Phi_{f_j}\colon S_{E_j}^{(n)} \to E_j,$$

d.h.

$$\Phi_{f_j} \in H(S_{E_j}^{(n)}, E_j),$$

wobei

$$S_{E_j}^{(n)} = \underbrace{S_{E_j} \times S_{E_j} \times \cdots \times S_{E_j}}_{n \text{ Stück}}$$

ist. Da aber entsprechend unseren heutigen Kenntnissen jedes der Enzyme wenigstens zwei Bindungsstellen besitzt, eine zur Erkennung der Aminosäure und eine zur Auswahl der spezifischen $_t$RNS, wird das Enzym E_j wenigstens zwei unterschiedliche Aminosäuren als Bausteine besitzen, so daß folglich $2 \leqq n \leqq 19$ ist. Bezeichnet $\bar{u}_{E_j}$ die erweiterte abhängige Menge bezüglich E_j, dann muß für die Wiederherstellbarkeit der Komponente E_j entsprechend unseren früheren Feststellungen die Beziehung gelten:

$$S_{E_j}^{(n)} \cap \bar{u}_{E_j} = \emptyset.$$

Ist im Grenzfalle $n = 19$, dann gilt aber $S_{E_j}^{(19)} = \bar{u}_{E_j}$, und die Wiederherstellbarkeit ist unmöglich. Es ist leicht einzusehen, daß die Möglichkeit der Wiederherstellbarkeit immer geringer wird, je größer n wird. Auf der Suche nach Bedingungen für eine maximale Unabhängigkeit und Wiederherstellbarkeit des Systems wäre folglich als erstes zu fordern, daß die erweiterten abhängigen Mengen eine minimale Anzahl von Elementen bezüglich jedes der 20 aktivierenden Enzyme enthalten. Dieser Forderung genügt man auf einfachste Weise, wenn alle Enzyme in Subsysteme, bestehend aus $n + 1$ Elementen, eingeordnet werden, so daß jedes Enzym mit allen anderen des gleichen Subsystems gekoppelt ist.

Betrachten wir dazu ein einfaches Beispiel. In Abb. 61 ist ein System von vier aktivierenden Enzymen dargestellt. Nehmen wir an, daß jedes dieser Enzyme zwei Bindungsstellen besitzt ($n = 2$), dann sollte ein System, bestehend aus Subsystemen von je $n + 1 = 3$ miteinander gekoppelten Enzymen, ein besonders stabiles System ergeben. Nehmen wir weiterhin an, daß die Enzyme E_1, E_2, E_3 und E_4 die Aminosäuren a_1 und a_3 als Bausteine an ihren Bindungsstellen besitzen und R_1 bzw. R_3 die entsprechenden $_t$RNS-Moleküle bezeichnen, so daß die Enzyme die Bildung der Komplexe $R_1 \sim a_1$ und $R_3 \sim a_3$ sowie der Komplexe $R_3 \sim a_1$ und $R_1 \sim a_3$, die gewissen Degenerationsphänomenen entsprechen, bewirken. Die geometrischen Formen $\cup$ und $\sqcup$ bezeichnen die Bindungsstellen der Aminosäure bzw. des $_t$RNS-Moleküles.

Aus Abb. 61 ist unmittelbar ersichtlich, daß E_1 das Subsystem, bestehend aus E_2, E_3, R_2, R_3, E_4, R_4, nicht beeinflußt und von diesem nicht beeinflußt wird. Das gleiche gilt für weitere möglicherweise existierende Enzyme und ihre zugehörigen regenerierenden Elemente. Das Subsystem der Abb. 61 ist dabei nicht stabiler als alle übrigen ($\mathfrak{M}$, $\mathfrak{R}$)-Systeme auch. Die besondere Stabilität des

$(\mathfrak{M}, \mathfrak{R})$-Systems, dem das betrachtete Subsystem als Teil angehört, besteht darin, daß die Subsysteme untereinander unabhängig sind, d.h. von einer Inhibition einer Komponente nicht beeinflußt werden, wenn diese nicht dem Subsystem selbst angehört. Das Subsystem selbst in Abb. 61 ist recht anfällig gegen Störungen, denn keine seiner Komponenten ist wiederherstellbar. Allerdings ist

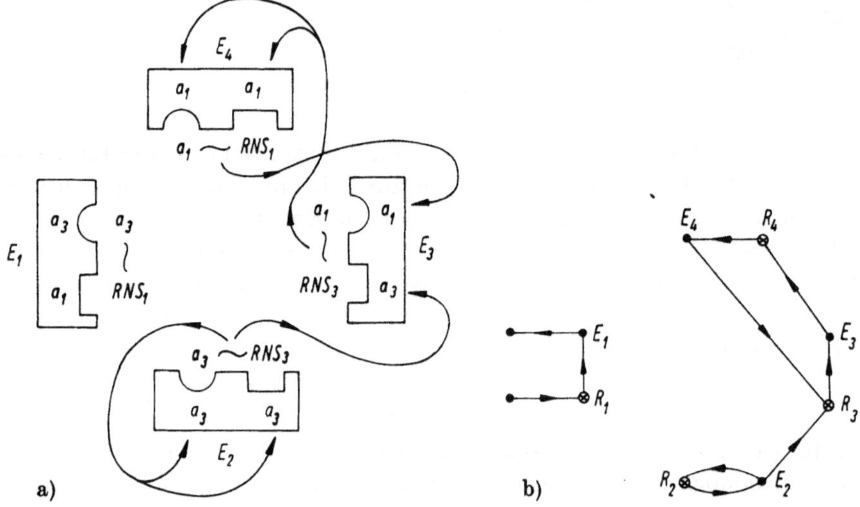

Abb. 61. Modell für vier aktivierende Enzyme mit zwei Aminosäuren an den Bindungsstellen (Erklärungen siehe Text).

a) Anschauliche Darstellung (nach COMOROSAN und PLATICA, 1967; verändert);
b) Diagramm der Abb. 61a in formaler Darstellung als $(\mathfrak{M}, \mathfrak{R})$-System

die hier gewählte Struktur dieses Subsystems nur eine unter vielen möglichen Strukturen, von denen einige unter Umständen wesentlich günstigere Eigenschaften bezüglich ihrer Wiederherstellbarkeit aufweisen können.

Die vorangehenden Betrachtungen betreffen zunächst nur den Mechanismus der regeniererenden Elemente R_1 in Abb. 60, die die Synthese der aktivierenden Enzyme bewirken. Die regenerierenden Elemente R_2 und R_3 der Abbildungen f_2 und f_3 in Abb. 60 zur Wiederherstellung von ${}_t$RNS bzw. mRNS werden durch die Purin- und Pyrimidinbasen A, C, G, U repräsentiert, aus denen bei Anwesenheit der DNS-abhängigen Polymerase die erforderlichen RNS-Moleküle synthetisiert werden. Für die Abbildungen Φ_{f_2} und Φ_{f_3} gilt folglich

$$\Phi_{f_2} \in H\left(\prod_{\substack{1 \leq i \leq 20 \\ 1 \leq q \leq 4}} B_q, {}_t\mathrm{RNS}_i\right)$$

bzw.

$$\Phi_{f_3} \in H\left(\prod_{1 \leq q \leq 4} B_q, \mathrm{mRNS}\right),$$

wenn

$$\prod_{1 \leq q \leq 4} B_q = (A \times C \times G \times U)$$

ist.

Die Purin- und Pyrimidinbasen gehören, dem System der Biosynthese der Proteine entsprechend, unserem Modell nicht als Elemente an, und wir nehmen an dieser Stelle an, daß sie in dem zugehörigen Subsystem wiederherstellbare Komponenten seien. Bekanntermaßen sind alle vier Basen als Inputs der Elemente R_2 und R_3 erforderlich, d.h., die Eindeutigkeitsbeziehung bezüglich der Inputs dieser Elemente muß als erfüllt gelten. Für die Wiederherstellung der Elemente R_2 und R_3 ist darüber hinaus die Wiederherstellbarkeit der RNS-Polymerase erforderlich, so daß in einem $(\mathfrak{M}, \mathfrak{R})_{p_j}$-System die Forderung erfüllt sein muß

$$\text{RNS-Polymerase} \neq p_j,$$

damit die Komponente, die die RNS-Polymerase darstellt, selbst wiederherstellbar wird. Weitere Analysen insbesondere über den Einfluß der DNS auf die beschriebenen Prozesse der Synthese der Zellproteine bleiben zukünftige Aufgabe auf diesem speziellen Gebiet.

4.4. Systeme *n*-stelliger Relationen und ihre Dekomposition

Graphen und die ihnen zugrunde liegenden zweistelligen Relationen stellen einen wichtigen Spezialfall n-stelliger Relationen dar, wobei n im allgemeinen größer als zwei sein wird. Das gilt insbesondere natürlich auch für die Modellierung biologischer Systeme, die unter diesem Aspekt auf relationaler Ebene im allgemeinen durch Systeme n-stelliger Relationen abzubilden wären. Es gibt keinen Grund zu der Annahme, daß die zweistelligen Relationen in besonderer Weise vor allen anderen — außer durch ihre Einfachheit — ausgezeichnet wären, um als adäquates Hilfsmittel für die Modellierung biologischer Systeme zu dienen. Von dieser Erkenntnis ausgehend, entfernte sich Rashevsky im letzten Jahrzehnt immer mehr von seinen früheren Arbeiten und Prinzipien der relationalen Biologie, die in Abschn. 4.2 dargestellt wurden, um sich der Beschreibung biologischer Systeme durch Mengen n-stelliger Relationen zuzuwenden. Es würde über den Rahmen dieser Konzeption hinausgehen, darauf im einzelnen eingehen zu wollen. Zur Information sei auf einige neuere Arbeiten Rashevskys (1967, 1968) verwiesen, mit denen sich der daran Interessierte beschäftigen möge.

Wir wollen uns an dieser Stelle dem Problem zuwenden zu prüfen, welche Bedeutung unter diesen allgemeineren Gesichtspunkten den Methoden der Graphentheorie als Werkzeug der theoretischen Biologie und Biophysik noch zugebilligt werden kann.

Unter einer n-stelligen Relation verstehen wir in Analogie zu den inzwischen bekannten zweistelligen Relationen den folgenden Sachverhalt:

Es existiere eine Menge M von Elementen m_i $(i = 1, 2, \ldots, r)$, formal $M =_{\text{Def}} \{m_i\}_{i=1}^r$. Ein geordnetes n-Tupel von Elementen m_i, also $[m_1, m_2, \ldots, m_n]$, $n \leq r$, ist dann Element der n-stelligen Relation $R^{(n)}$. Identifizieren wir die Elemente m_i wieder mit biologischen Funktionen, Objekten, Subobjekten, Komponenten oder wie immer wir die Entsprechungen in den biologischen Systemen bezeichnen wollen, dann gibt eine n-stellige Relation $[m_1, \ldots, m_l, m_{l+1}, \ldots, m_k, m_{k+1}, \ldots, m_n]$ wiederum Auskunft über die Beziehungen der Elemente m_i untereinander, indem sie z.B. aussagt: Die Elemente $m_1, \ldots, m_l$ gewährleisten dann und nur dann die Funktionsfähigkeit der Elemente $m_{k+1}, \ldots, m_n$, wenn die Elemente $m_{l+1}, \ldots, m_k$ existent sind. Oder verwenden wir die Input-Output-Beziehungen der Komponenten zur Beschreibung eines Systems, dann läßt eine n-stellige Relation z.B. Aussagen der Form zu: Die Inputs $m_1, \ldots, m_l$ werden dann und nur dann auf die Outputs $m_{k+1}, \ldots, m_n$ abgebildet, wenn eine Reihe weiterer Einwirkungen $m_{l+1}, \ldots, m_k$ existent ist. Diese Einwirkungen können z.B. gewisse äußere Parameter wie Druck, Temperatur, elektrische Felder usw. sein als auch bestimmte Katalysatoren, Membranen usw. Diese Beschreibungsweise läßt sich weiter verfeinern, wenn man der Tatsache Rechnung trägt, daß die Elemente m_i unterschiedliche Zustände annehmen können, so daß jedem Element m_i eine Menge von Zuständen $a_j^{(i)}$ $(j = 1, 2, \ldots)$ zugeordnet werden kann. Die Berücksichtigung zeitlicher Beziehungen zwischen den Zuständen der Elemente würde das Bild vervollständigen.

Bezeichnet R eine Menge von Relationen $R_p^{(n)}$ $(p = 1, 2, \ldots, q)$, also $R =_{\text{Def}} \{R_{p_n}^{(n)}\}_{p_n=1,\, n=2}^{q,\, s}$, dann ist zu erwarten, daß sich biologische Systeme bezüglich bestimmter Aspekte ziemlich vollständig durch Systeme der Art $S = [M, R]$ beschreiben lassen.

Unter diesem relativ allgemeinen Gesichtspunkt würde sich ein System nur dann durch einen Graphen abbilden lassen, wenn die Menge der Relationen aus genau einem Element besteht und darüber hinaus $n = 2$ gilt, d.h. $R = \{R^{(2)}\}$ ist. Mit Sicherheit schränkt das die Anwendbarkeit von Graphen als Modell biologischer Systeme außerordentlich ein. Es zeigt sich nun jedoch, daß sich jede n-stellige Relation, genauer jedes geordnete n-Tupel mit $n > 3$, in eine Menge von geordneten ternären Elementen zerlegen läßt. Unter besonderen Bedingungen ist eine Zerlegung in geordnete binäre Elemente möglich, so daß insbesondere dadurch die Klasse jener Systeme, die als Graph modelliert werden können, größer ist, als es zunächst den Anschein hatte.

Wenden wir uns dem Problem der Zerlegung (Dekomposition) einer n-stelligen Relation zu, indem wir dem von Mesarović (1964) aufgezeigten Weg folgen. Es sei dazu an die bereits in Kap. 3 eingeführten Begriffsbildungen und formalen Schreibweisen erinnert. Man bezeichnet R als ein relatives Produkt (Komposition) der Relationen R_1 und R_2, wenn gilt

$$R[x, y] \leftrightarrow \{R_1[x, z] \wedge R_2[z, y]\}; \quad \text{symbolisch} \quad R = R_1 \circ R_2.$$

Der allgemeine Dekompositionsprozeß für die systemeigene Relation R würde dann im Auffinden der Relationen R_1 und R_2 bestehen, so daß R ein relatives Produkt wird der Art

$$R = R_1 \circ R_2.$$

Die Relation R erscheint zerlegt in die neuen Relationen R_1 und R_2, durch die der gleiche Sachverhalt beschrieben wird wie im Ausgangssystem. Diese

Zerlegung kann schrittweise fortgeführt werden bis zu dreistelligen Relationen. Dazu gilt das Theorem von MESAROVIĆ (1964):

Eine n-stellige Relation kann

1. in $(n - 2)$ Stück dreistellige Relationen zerlegt werden,
2. in $2(n - 2)$ Stück zweistellige Relationen dann und nur dann zerlegt werden, wenn für jede dreistellige Relation (die man nach 1 erhält) dieBedingungen erfüllt sind:

   a) $R_j[x_i, x_{i+1}, x_{i+2}] \leftrightarrow \{R_{j_1}[x_i, z_j] \wedge R_{j_2}[z_j, x_{i+1}, x_{i+2}]\}$,

   b) $z_j = x_{i+1} \vee x_{i+2}$.

Der Beweis dieses Theorems läßt sich auf sehr einfache Weise mitverfolgen· Nehmen wir an, es sei eine n-stellige Relation $R_0\,[x_1, x_2, \ldots, x_n]$ gegeben. Stellen wir R_0 als relatives Produkt $R_0 = R_1 \circ R_2$ dar, dann gilt

$$R_0[x_1, x_2, \ldots, x_n] = \{R_1[z_1, x_2, x_3] \wedge R_2[x_1, z_1, x_4, x_5, \ldots, x_n]\}.$$

Dem gleichzeitig mit der Dekomposition neu eingeführten Element z_1 sind keine einschränkenden Bedingungen bezüglich seiner Auswahl auferlegt, außer daß für z_1 die gleiche Aussageform wie für die Elemente der Menge $M = \{x_1, x_2, \ldots, x_n\}$ gelten möge.

Im nächsten Schritt wird R_2 wieder als relatives Produkt dargestellt, so daß gilt

$$R_2 = R_3 \circ R_4$$

bzw. ausführlich

$$R_2[x_1, z_1, x_4, \ldots, x_n] = \{R_3[z_2, z_1, x_4] \wedge R_4\,[z_2, x_1, x_5, \ldots, x_n]\}.$$

R_0 läßt sich dann darstellen in der Form $R_0 = R_1 \circ R_3 \circ R_4$, wobei die Relationen R_1 und R_3 bereits dreistellige Relationen sind. Die Relation R_4 kann weiter in relative Produkte zerlegt werden, so daß am Ende eine Menge dreistelliger Relationen übrigbleibt, die ein relatives Produkt von R_0 bildet. Allgemein gilt für die Dekomposition einer Relation $R_{2(k-1)}$

$$R_{2(k-1)} = R_{2(k-1)+1} \circ R_{2(k-1)+2} \quad (k = 1, 2, \ldots, n - 3).$$

R_0 ergibt sich dann zu

$$R_0 = R_1 \circ R_3 \circ R_5 \circ \cdots \circ R_{2(n-4)+1} \circ R_{2(n-4)+2}$$

oder ausführlicher geschrieben:

$$R_0 = \{R_1[z_1, x_2, x_3] \wedge R_3[z_2, z_1, x_4] \wedge \cdots \wedge R_{2(n-4)+1}\,[z_{n-3}, z_{n-4}, x_{n-1}] \\ \wedge R_{2(n-4)+2}\,[z_{n-3}\, x_1, x_n]\}.$$

Wie man sich leicht überzeugt, sind das genau $(n - 2)$ dreistellige Relationen. Damit ist die Gültigkeit des ersten Teiles des Theorems bereits gezeigt. Wenden wir uns der Prüfung des zweiten Teiles des Theorems zu, indem wir von einer dreistelligen Relation $R[y_1, y_2, y_3]$ ausgehen. Da jede n-stellige Relation in eine

Menge von dreistelligen Relationen infolge der Gültigkeit von 1 zerlegt werden kann, genügt es im folgenden zu prüfen, unter welchen Bedingungen man eine gegebene dreistellige Relation weiter zerlegen kann. Stellen wir R wieder als relatives Produkt $R = R_a \circ R_b$ dar, dann gilt

$$R = \{R_a[z_1, y_2] \wedge R_b[z_1, y_1, y_3]\}.$$

Nehmen wir an, daß $z_1 = y_1$ ist, dann folgt

$$R = \{R_a[y_1, y_2] \wedge R_b[y_1, y_3]\},$$

d.h., die Relationen R_a und R_b sind zweistellig, sofern die Bedingungen 2a und 2b erfüllt sind. Damit ist gezeigt, daß die Bedingungen 2a und 2b hinreichend dafür sind, daß eine dreistellige in eine zweistellige Relation zerlegt werden kann.

Gilt wiederum $R = \{R_a[z_1, y_2] \wedge R_b[z_1, y_1, y_3]\}$ und ist $z_1 \neq y_1$ und $z_1 \neq y_3$, dann bleibt R_b eine dreistellige Relation, und die Zerlegung von R in ein relatives Produkt vermindert nicht die Stellenzahl der Relation. Das gelingt nur, wenn $z_1 = y_1$ oder $z_1 = y_3$ ist. Damit ist aber auch die Notwendigkeit der Bedingungen 2a und 2b gezeigt, und das Theorem gilt als bewiesen. Das Theorm zeigt, daß jede n-stellige Relation $R^{(n)}$ in eine Menge von wenigstens dreistelligen Relationen $R_k^{(3)}$ $(k = 1, 2, \ldots, n - 2)$ zerlegt werden kann:

$$R^{(n)} = \{R_k^{(3)}\}_{k=1}^{n-2} \quad (n = 4, 5, \ldots, r).$$

Unter besonderen Bedingungen ist sogar eine Zerlegung in zweistellige Relationen möglich, so daß gilt

$$R^{(n)} = \{R_k^{(2)}\}_{k=1}^{2(n-2)} \quad (n = 3, 4, \ldots, s).$$

Kehren wir zur Ausgangssituation zurück, in der wir feststellten, daß sich ein System durch das geordnete Paar $S = [M, R]$ beschreiben läßt, wenn R für $\{R_{p_n}^{(n)}\}_{p_n=1,\, n=2}^{q,\ s}$ steht. Es lassen sich nunmehr zwei Fälle unterscheiden:

1. Die Zerlegung der Relationen $R_{p_n}^{(n)}$ führt uns auf dreistellige Relationen, so daß insgesamt

$$N_{(3)} = \sum_{n=4}^{s} p_n(n - 2) + p_3 + p_2$$

dreistellige und zweistellige Relationen existieren (die zweistelligen Relationen waren dabei bereits in der Menge R enthalten).
Eine graphische Veranschaulichung dieses Systems wird im allgemeinen nicht gelingen. Aber es ist möglich, daß eine Teilmenge (oder einige Teilmengen) der Menge der dreistelligen Relationen die gleiche Aussage bezüglich ihrer Elemente macht. Unter diesen Umständen kann diese Teilmenge in einer dreistelligen Relation zusammengefaßt werden, indem man den Definitions- und Wertebereich dieser Relationen entsprechend erweitert.
Damit würde die Zahl N verringert auf einen Wert

$$N'_{(3)} < N_{(3)}.$$

2. Die Zerlegung der Relationen $R_{p_n}^{(n)}$ führt uns auf zweistellige Relationen, von denen dann insgesamt

$$N_{(2)} = \sum_{n=3}^{s} p_n \cdot 2(n-2) + p_2$$

existieren. Da sich aber jede zweistellige Relation durch einen Graphen veranschaulichen läßt, erhält man $N_{(2)}$ Graphen, die gemeinsam das System abbilden. Lassen sich wieder einige Relationen auf Grund ihrer gemeinsamen Aussage zu einer Relation zusammenfassen, dann verringert sich die Zahl $N_{(2)}$ auf $N'_{(2)}$. Insbesondere ist es möglich, daß sich in gewissen Fällen alle $N_{(2)}$ Relationen zu einer einzigen zweistelligen Relation zusammenfassen lassen. In diesem Falle würde sich das System durch einen einzigen Graphen abbilden lassen. Die Zusammenfassung der Relationen wird dann möglich sein, wenn die Systembeschreibung auf relativ hoher Abstraktionsebene erfolgte und die Relationen selbst sehr allgemeine Aussagen machen.

Wie wir gesehen haben, ist die Darstellung eines allgemeinen Systems in Form eines Graphen nur unter besonderen Bedingungen möglich, d.h. in schon recht speziellen Fällen im Vergleich zu der eingangs gegebenen allgemeinen Systembeschreibung. Gleichzeitig zeigte sich, daß eine vollständige Systembeschreibung in Form eines Graphen nur auf hohen Abstraktionsstufen bei Zugrundelegung sehr allgemeiner Aussageformen für die Relationen gelingen wird. Vollständig soll in diesem Zusammenhang bedeuten, daß die gesamte bekannte Eigenschaftsmenge des betrachteten Systems in die Beschreibung einbezogen wird. Damit erhält man einen wichtigen Hinweis für die Anwendungsbereiche der Graphentheorie. Auf der Suche nach allgemeinen Gesetzmäßigkeiten z.B. in der Biologie wird man die Graphentheorie als adäquate Methode vermutlich erfolgreich anwenden können.

Zum anderen ist zu bedenken, daß man gewöhnlich eine Systembeschreibung nur hinsichtlich weniger, unmittelbar interessierender Eigenschaften bzw. Verhaltensweisen anstrebt und dazu im allgemeinen ein günstig ausgewähltes Subsystem an Stelle des gesamten Systems betrachtet. In diesem Falle besitzen aber die oben angeführten Gesichtspunkte nur bedingte Gültigkeit. Die praktische Erfahrung zeigt, daß zur Lösung der zuletzt genannten Aufgabenstellung die Graphentheorie in vielen Fällen nutzbringende Anwendung erfahren kann.

Es sollte in diesem Abschnitt klargestellt werden, welchen Platz die Graphentheorie als Werkzeug der Modellierung, der Systembeschreibung und der Systemanalyse im Rahmen einer allgemeinen Systemtheorie einnimmt. Gleichzeitig ging es darum, den Bereich von Problemen in etwa abzugrenzen, in dem die Anwendung der Graphentheorie zur Lösung der gestellten Aufgaben erfolgreiche Anwendung finden kann. Die Graphentheorie ist — wie jede andere Theorie und Methode auch — für die Lösung bestimmter Probleme in gewissen Systemen besonders gut geeignet, während für andere Aufgabenstellungen andere Methoden unter Umständen besser geeignet sein mögen. Auf jeden Fall soll durch die Darlegungen in dieser Abhandlung nicht der Eindruck hervorgerufen werden, daß die Graphentheorie die einzige adäquate Methode zur Lösung biologischer Fragestellungen darstellt. Sie ist im Gegenteil eine unter vielen Möglichkeiten zur mathematischen Beschreibung und Durchdringung biologischer Systeme. Das Anliegen ist unter diesem Gesichtspunkt, auf die Potenzen der Graphentheorie hinzuweisen und damit die Methoden der Biowissenschaften zu bereichern.

4.5. Strukturanalyse biotopologischer Modelle

Für die Strukturuntersuchungen an biotopologischen Modellen machen wir uns die in Kap. 3 dargestellten Elemente der Graphentheorie unmittelbar zunutze. Wir betrachten dazu ein gegebenes biotopologisches Modell, dessen Sachbezogenheit und Isomorphie bzw. Homöomorphie zum Original jetzt von untergeordneter Bedeutung ist. Diese Problematik muß in einem vorangegangenen Schritt bereits gelöst worden sein, so daß wir uns jetzt ausschließlich mit der Struktur des Modells beschäftigen können. Es wird folglich vorausgesetzt, daß das Modell das Original bezüglich einer bestimmten Zielstellung auf einer festgelegten Abstraktionsstufe entsprechend unseren Kenntnissen abbildet. Damit liegt ein spezieller Graph als Modell eines Originals vor, dessen Struktur im folgenden zu untersuchen ist. Dazu erscheint es nützlich, den Graphen zunächst durch eine Berührungsmatrix A abzubilden. Als erstes Beispiel betrachten wir dazu den Graphen für ein Teilsystem der höheren Pflanze, der in Abb. 45 bereits graphisch dargestellt wurde. Seine Berührungsmatrix A wird nachfolgend angeführt.

Berechnen wir aus der Kenntnis von A die zugehörige Erreichbarkeitsmatrix R, dann haben wir bereits eine vollständige Information darüber erlangt, von

A	WKD	ABC	SCC	WKE	ABH	SCH	AES	ABM	ABO	SCO	WSG	WSP	WPA	WSW	SCW	EW	WSZ
WKD	0	0	1	1	0	0	0	0	0	0	0	0	0	0	0	0	0
ABC	0	0	0	0	0	0	0	0	0	0	0	1	0	0	0	0	0
SCC	0	0	0	0	0	0	0	0	0	0	0	0	0	0	0	0	0
WKE	0	0	0	0	0	0	0	1	0	0	1	0	0	1	0	1	1
ABH	0	0	0	0	0	1	0	1	0	0	0	1	1	0	0	0	0
SCH	0	0	0	0	0	0	0	0	0	0	0	0	0	0	0	0	0
AES	0	0	0	0	0	0	0	0	0	0	0	1	0	0	0	0	0
ABM	0	0	0	0	0	0	0	0	0	0	0	0	0	0	0	0	1
ABO	1	0	0	0	0	0	0	0	0	0	0	0	0	0	0	0	0
SCO	0	0	0	0	0	0	0	0	0	0	0	0	0	0	0	0	0
WSG	0	0	0	0	0	0	0	0	0	0	0	0	0	0	0	1	0
WSP	0	0	0	0	0	0	0	0	0	1	0	0	0	0	0	0	1
WPA	1	0	0	0	0	0	0	0	0	0	0	0	0	1	0	1	0
WSW	1	0	0	0	0	1	0	0	0	0	0	0	0	0	1	0	0
SCW	0	0	0	0	0	0	0	0	0	0	0	0	0	0	0	0	1
EW	0	0	0	0	0	0	0	0	0	0	0	0	0	0	0	0	0
WSZ	1	0	0	0	1	0	0	0	0	0	1	0	1	1	0	1	0

R	WKD	ABC	SCC	WKE	ABH	SCH	AES	ABM	ABO	SCO	WSG	WSP	WPA	WSW	SCW	EW	WSZ
WKD	1	0	1	1	1	1	0	1	0	1	1	1	1	1	1	1	1
ABC	1	0	1	1	1	1	0	1	0	1	1	1	1	1	1	1	1
SCC	0	0	0	0	0	0	0	0	0	0	0	0	0	0	0	0	0
WKE	1	0	1	1	1	1	0	1	0	1	1	1	1	1	1	1	1
ABH	1	0	1	1	1	1	0	1	0	1	1	1	1	1	1	1	1
SCH	0	0	0	0	0	0	0	0	0	0	0	0	0	0	0	0	0
AES	1	0	1	1	1	1	0	1	0	1	1	1	1	1	1	1	1
ABM	1	0	1	1	1	1	0	1	0	1	1	1	1	1	1	1	1
ABO	1	0	1	1	1	1	0	1	0	1	1	1	1	1	1	1	1
SCO	0	0	0	0	0	0	0	0	0	0	0	0	0	0	0	0	0
WSG	0	0	0	0	0	0	0	0	0	0	0	0	0	0	0	0	0
WSP	1	0	1	1	1	1	0	1	0	1	1	1	1	1	1	1	1
WPA	1	0	1	1	1	1	0	1	0	1	1	1	1	1	1	1	1
WSW	1	0	1	1	1	1	0	1	0	1	1	1	1	1	1	1	1
SCW	1	0	1	1	1	1	0	1	0	1	1	1	1	1	1	1	1
EW	0	0	0	0	0	0	0	0	0	0	0	0	0	0	0	0	0
WSZ	1	0	1	1	1	1	0	1	0	1	1	1	1	1	1	1	1

welchen biologischen Funktionen aus jede andere biologische Funktion des Modells über wenigstens eine Kette erreichbar ist. Betrachten wir dazu die Erreichbarkeitsmatrix R unseres Modells.

Das Element r_{ij} für $i =$ WKD und $j =$ WSG ergibt sich, wie aus R zu ersehen ist, zu 1. Das bedeutet konkret, daß die biologische Funktion WSG von WKD aus über wenigstens eine Kette erreichbar ist, so daß WSG von WKD beeinflußt wird. Erfolgt beispielsweise eine Störung der Funktion WKD, so wird in einem bestimmten Maße auch die Funktion WSG davon in Mitleidenschaft gezogen.

Z	WKD	WKE	ABH	ABM	WSP	WPA	WSW	SCW	WSZ	ABC	SCC	SCH	AES	ABO	SCO	WSG	EW
WKD	1	1	1	1	1	1	1	1	1	0	0	0	0	0	0	0	0
WKE	1	1	1	1	1	1	1	1	1	0	0	0	0	0	0	0	0
ABH	1	1	1	1	1	1	1	1	1	0	0	0	0	0	0	0	0
ABM	1	1	1	1	1	1	1	1	1	0	0	0	0	0	0	0	0
WSP	1	1	1	1	1	1	1	1	1	0	0	0	0	0	0	0	0
WPA	1	1	1	1	1	1	1	1	1	0	0	0	0	0	0	0	0
WSW	1	1	1	1	1	1	1	1	1	0	0	0	0	0	0	0	0
SCW	1	1	1	1	1	1	1	1	1	0	0	0	0	0	0	0	0
WSZ	1	1	1	1	1	1	1	1	1	0	0	0	0	0	0	0	0
ABC	0	0	0	0	0	0	0	0	0	0	0	0	0	0	0	0	0
SCC	0	0	0	0	0	0	0	0	0	0	0	0	0	0	0	0	0
SCH	0	0	0	0	0	0	0	0	0	0	0	0	0	0	0	0	0
AES	0	0	0	0	0	0	0	0	0	0	0	0	0	0	0	0	0
ABO	0	0	0	0	0	0	0	0	0	0	0	0	0	0	0	0	0
SCO	0	0	0	0	0	0	0	0	0	0	0	0	0	0	0	0	0
WSG	0	0	0	0	0	0	0	0	0	0	0	0	0	0	0	0	0
EW	0	0	0	0	0	0	0	0	0	0	0	0	0	0	0	0	0

Der umgekehrte Fall ist dagegen nicht zutreffend. Wie aus R ersichtlich ist, folgt nämlich für das Element r_{ij}, wenn i = WSG und j = WKD ist, $r_{ij} = 0$. Das heißt, WKD ist von WSG aus über keine Kette erreichbar, und folglich bleibt eine Störung der Funktion WSG ohne Einfluß auf WKD.

Interessieren wir uns weiterhin für die Zyklen des Graphen, die unter verschiedensten Aspekten eine besonders wichtige Rolle spielen, wie wir bereits sahen, so gelangt man, von der Erreichbarkeitsmatrix R ausgehend, zu der Zyklenmatrix Z. Die Zyklenmatrix des in Abb. 45 dargestellten Graphen wird im folgenden angeführt. Dabei werden der Übersichtlichkeit halber die Zeilen und Spalten im Vergleich zu den Matrizen A und R nach erfolgter Rechnung umgeordnet.

Aus der Zyklenmatrix läßt sich nun unmittelbar ablesen, daß die biologischen Funktionen WKD, WKE, ABH, ABM, WSP, WPA, WSW, SCW und WSZ gemeinsam wenigstens einem Zyklus angehören, während die Funktionen ABC, SCC, SCH, AES, ABO, SCO, WSG und EW nicht einem einzigen Zyklus als Element angehören. Insbesondere erlaubt die Kenntnis der Struktur der Zyklenmatrix eine Zerlegung des Graphen in stark zusammenhängende Komponenten. Für das betrachtete Beispiel ergeben sich die stark zusammenhängenden Komponenten

$$S_1 = \{\text{WKD, WKE, ABH, WSP, WPA, WSW, WSZ, SCW, ABM}\},$$
$$S_2 = \{\text{ABC}\},\ S_3 = \{\text{SCC}\},\ S_4 = \{\text{SCH}\},\ S_5 = \{\text{AES}\},$$
$$S_6 = \{\text{ABO}\},\ S_7 = \{\text{SCO}\},\ S_8 = \{\text{WSG}\} \text{ und } S_9 = \{\text{EW}\}.$$

Der zugehörige kondensierte Graph mit den stark zusammenhängenden Komponenten S_i ($i = 1, 2, \ldots, 9$) als Punkten ist in Abb. 62 dargestellt.

Die Berührungsmatrix A^* des in Abb. 62 dargestellten kondensierten Graphen ergibt sich zu

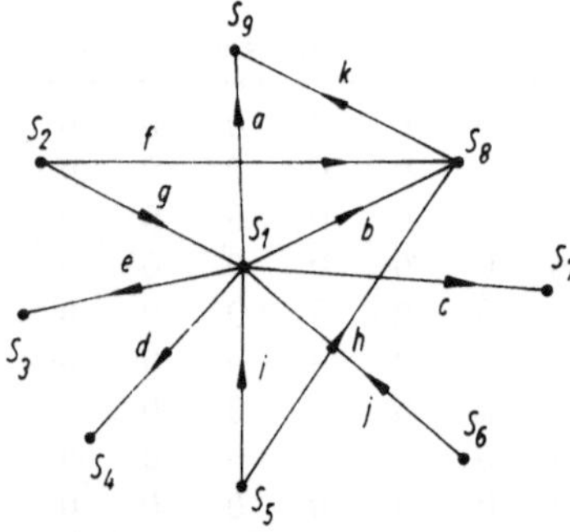

Abb. 62. Kondensierter Graph, der sich aus dem in Abb. 45 dargestellten Modell ergibt (Bezeichnungen siehe Text)

A^*	S_1	S_2	S_3	S_4	S_5	S_6	S_7	S_8	S_9
S_1	0	0	1	1	0	0	1	1	1
S_2	1	0	0	0	0	0	0	1	0
S_3	0	0	0	0	0	0	0	0	0
S_4	0	0	0	0	0	0	0	0	0
S_5	1	0	0	0	0	0	0	1	0
S_6	1	0	0	0	0	0	0	0	0
S_7	0	0	0	0	0	0	0	0	0
S_8	0	0	0	0	0	0	0	0	1
S_9	0	0	0	0	0	0	0	0	0

Aus A^* erkennt man als Elemente der Punktbasis B^* des kondensierten Graphen die Punkte S_2, S_5 und S_6, da die Spaltensummen dieser Punkte gleich Null sind. Folglich gilt $B^* = \{S_2, S_5, S_6\}$. Die Punktbasis B des Graphen erhält man daraus, indem die Punkte S_2, S_5 und S_6 durch ihre Elemente (entsprechend ihrer Definition oben) ersetzt werden. Für B findet man dann $B = \{$ABC, AES, ABO$\}$. Die Bedeutung der Punktbasis für die Strukturanalyse des Modells liegt darin begründet, daß von den Elementen der Punktbasis aus alle biologischen Funktionen des Modells über wenigstens eine Kette erreichbar sind. Erleiden folglich die Elemente der Punktbasis eine äußere Einwirkung, die den Zustand dieser biologischen Funktionen verändert, dann wird dadurch gleichzeitig der Zustand aller biologischen Funktionen des Modells in mehr oder weniger starkem Maße verändert. Umgekehrt findet man aus A^* die Punkte S_3, S_4, S_7 und S_9 mit dem Austrittsgrad Null, deren Ersetzung durch die sie definierenden Elemente die Menge $N = \{$SCC, SCH, SCO, EW$\}$ liefert. Die Elemente der Menge N beeinflussen aber keine einzige biologische Funktion des Modells, so daß eine auftretende Störung in einer dieser biologischen Funktionen ohne Wirkung auf die übrigen bleibt. Damit haben wir zwei Punktmengen in dem Graphen gefunden, die uns wertvolle Hinweise für die experimentelle Arbeit liefern. Wünscht man, einen experimentellen Eingriff in das System vorzunehmen ohne dabei den Zustand aller Elemente zu verändern, dann sind die Elemente der Menge N dazu besonders geeignet, die entweder überhaupt keine Einwirkung auf die übrigen biologischen Funktionen ausüben oder höchstens auf jene, die zusammen mit dem betrachteten Element einer gemeinsamen stark zusammenhängenden Komponente angehören. Dagegen sollten die Elemente der Menge B nicht für den vorgesehenen Eingriff ausgewählt werden, da durch jedes dieser Elemente unter Umständen ein großer Teil des Systems, wenigstens aber eine weitere biologische Funktion, beeinflußt wird.

Ist andererseits beabsichtigt, durch einen experimentellen Eingriff den Zustand möglichst vieler Systemelemente zu verändern, dann sind die Elemente der Menge B als Orte der primären Einwirkung von außen besonders geeignet. Die Auswahl von Elementen der Menge N für diesen Zweck würde dagegen nicht zu der beabsichtigten Wirkung oder doch nur zu einem minimalen Effekt der angestrebten Wirkung führen.

Die Fundamentalmengen des Graphen, die die Elemente der Punktbasis als Ausgangspunkt besitzen, geben detaillierte Auskunft darüber, welche biologischen Funktionen des Modells von den Elementen der Punktbasis aus über Ketten erreichbar sind. Aus der Kenntnis der Punktbasis B und der Erreichbarkeitsmatrix R lassen sich die Elemente der Fundamentalmenge mühelos bestimmen (siehe Abschn. 3.5). Für das vorliegende Modell sind die drei existenten reduzierten Fundamentalmengen F', d. h. die Fundamentalmengen ohne ihren Anfangspunkt, zufällig miteinander identisch, so daß folgt F'(ABC) $= F'$(AES) $= F'$(ABO) $= \{$WKD, SCC, WKE, ABH, SCH, ABH, SCO, WSG, WSP, WPA, WSW, SCW, EW, WSZ$\}$.

Schließlich fehlen uns zur Charakterisierung des Graphen noch Informationen über die Gliederzahl der Ketten zwischen zwei Punkten. Bei der Bildung der Erreichbarkeitsmatrix verzichteten wir aus bestimmten praktischen Erwägungen heraus absichtlich auf diese Informationen. Dort gab uns ein Element $r_{ij} = 1$

nur die Auskunft, daß der Punkt P_j von P_i aus über wenigstens eine Kette erreichbar ist. Interessieren wir uns für die Kette mit der geringsten Anzahl von Gliedern, in der P_i den Anfangs- und P_j den Endpunkt darstellt, dann lassen sich diese Angaben aus der Kenntnis der Matrizen A, A^2, A^3, ..., A^r und R auf die bereits gezeigte Art (siehe Abschn. 3.3) in einer Distanzmatrix D zusammenstellen. Für das betrachtete Modell in Abb. 45 ergab sich für D die nachfolgend angeführte Matrix.

D	WKD	ABC	SCC	WKE	ABH	SCH	AES	ABM	ABO	SCO	WSG	WSP	WPA	WSW	SCW	EW	WSZ
WKD	0	∞	1	1	3	3	∞	2	∞	5	2	4	3	2	3	2	2
ABC	3	0	4	4	3	4	∞	4	∞	2	3	1	3	3	4	3	2
SCC	∞	∞	0	∞	∞	∞	∞	∞	∞	∞	∞	∞	∞	∞	∞	∞	∞
WKP	2	∞	3	0	2	2	∞	1	∞	4	1	3	2	1	2	1	1
ABH	3	∞	4	4	0	1	∞	1	∞	2	3	1	1	3	4	3	2
SCH	∞	∞	∞	∞	∞	0	∞	∞	∞	∞	∞	∞	∞	∞	∞	∞	∞
AES	3	∞	4	4	3	4	0	4	∞	2	3	1	3	3	4	3	2
ABM	2	∞	3	3	2	3	∞	0	∞	4	2	2	2	2	3	2	1
ABO	1	∞	2	2	4	4	∞	3	0	6	3	5	4	3	4	3	3
SCO	∞	∞	∞	∞	∞	∞	∞	∞	∞	0	∞	∞	∞	∞	∞	∞	∞
WSG	∞	∞	∞	∞	∞	∞	∞	∞	∞	∞	0	∞	∞	∞	∞	1	∞
WSP	2	∞	3	3	2	3	∞	3	∞	1	2	0	2	2	3	2	1
WPA	1	∞	2	2	4	2	∞	3	∞	6	3	5	0	1	2	1	3
WSW	1	∞	2	2	3	1	∞	3	∞	5	3	4	3	0	0	3	2
SCW	2	∞	3	3	2	3	∞	3	∞	4	2	3	2	2	1	2	1
EW	∞	∞	∞	∞	∞	∞	∞	∞	∞	∞	∞	∞	∞	∞	∞	0	∞
WSZ	1	∞	2	2	1	2	∞	2	∞	3	1	2	1	1	2	1	0

Betrachten wir aus dieser Distanzmatrix beispielsweise die zehnte Spalte, d.h. die Spalte des Elements SCO. Wie ersichtlich, ist das Element $d_{ij} = 1$ für $i =$ WSP ($j =$ SCO), während $d_{ij} = 6$ ist für $i =$ ABO sowie WPA und $d_{ij} = \infty$ für $i =$ SCC, SCH, WSG und EW. Das bedeutet praktisch, daß WSP ein unmittelbarer Vorgänger, ein Vorgänger 1. Ordnung, von SCO ist, d.h., SCO ist durch eine eingliedrige Kette von WSP aus erreichbar. (In Abb. 63 sind als Beispiel Vorgänger verschiedener Ordnung dargestellt.) Der Einfluß, den die biologische Funktion WSP auf SCO ausübt, wird folglich besonders intensiv sein, wenn wir voraussetzen, daß alle Kanten mit dem gleichen Gewicht belegt sind.

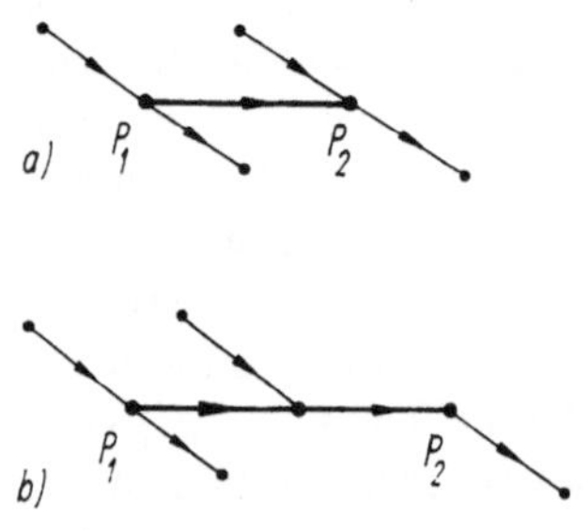

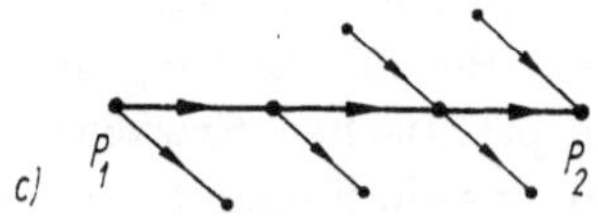

Abb. 63. Zur Demonstration der Ordnung eines Vorgängers.
a) P_1 ist Vorgänger 1. Ordnung von P_2;
b) P_1 ist Vorgänger 2. Ordnung von P_2;
c) P_1 ist Vorgänger 3. Ordnung von P_2

Dagegen wird der Einfluß der Vorgänger 6. Ordnung auf SCO bereits sehr gering sein, d.h., die Funktionen ABO und WPA sind von recht untergeordneter Bedeutung für SCO. Und schließlich wird SCO von den biologischen Funktionen SCC, SCH, WSG und EW überhaupt nicht beeinflußt.

Soll also etwa die biologische Funktion SCO experimentell untersucht werden, dann ist den Vorgängern niedriger Ordnung von SCO besondere Aufmerksamkeit zu widmen, während die Vorgänger höherer Ordnung ohne großen Einfluß auf die Untersuchung bleiben und zunächst vernachlässigt werden können. Die Komplexität biologischer Systeme erfordert ja in den meisten Fällen eine Auswahl unter den beobachtbaren biologischen Funktionen des betrachteten Systems, wobei die Struktur der Distanzmatrix einen Anhaltspunkt für diese Auswahl zu geben vermag. Auf weitere Kriterien und Gesichtspunkte zu diesem Problem werden wir an anderer Stelle noch hinweisen.

Zunächst aber erinnern wir uns noch an den Begriff der Verbundenheit von Punktepaaren und die Verbundmatrix *C* (siehe Abschn. 3.4), die als weiteres Charakteristikum zur vollständigen Beschreibung des Graphen erforderlich ist. Für den Graphen der Abb. 45 ist die Matrix *C* nachfolgend angeführt. Zur besseren Übersicht sind die Zeilen und Spalten der Matrix *C* wieder umgeordnet worden.

C	WKD	WKE	ABH	ABM	WSP	WPA	WSW	SCW	WSZ	SCC	SCH	SCO	WSG	EW	ABC	AES	ABO
WKD	3	3	3	3	3	3	3	3	3	2	2	2	2	2	2	2	2
WKE	3	3	3	3	3	3	3	3	3	2	2	2	2	2	2	2	2
ABH	3	3	3	3	3	3	3	3	3	2	2	2	2	2	2	2	2
ABM	3	3	3	3	3	3	3	3	3	2	2	2	2	2	2	2	2
WSP	3	3	3	3	3	3	3	3	3	2	2	2	2	2	2	2	2
WPA	3	3	3	3	3	3	3	3	3	2	2	2	2	2	2	2	2
WSW	3	3	3	3	3	3	3	3	3	2	2	2	2	2	2	2	2
SCW	3	3	3	3	3	3	3	3	3	2	2	2	2	2	2	2	2
WSZ	3	3	3	3	3	3	3	3	3	2	2	2	2	2	2	2	2
SCC	2	2	2	2	2	2	2	2	2	1	1	1	1	1	2	2	2
SCH	2	2	2	2	2	2	2	2	2	1	1	1	1	1	2	2	2
SCO	2	2	2	2	2	2	2	2	2	1	1	1	1	1	2	2	2
WSG	2	2	2	2	2	2	2	2	2	1	1	1	1	1	2	2	2
EW	2	2	2	2	2	2	2	2	2	1	1	1	1	1	2	2	2
ABC	2	2	2	2	2	2	2	2	2	2	2	2	2	2	1	1	1
AES	2	2	2	2	2	2	2	2	2	2	2	2	2	2	1	1	1
ABO	2	2	2	2	2	2	2	2	2	2	2	2	2	2	1	1	1

Die Struktur der Matrix *C* liefert weitere wichtige Kenntnisse über die Struktur des Graphen. Insbesondere zeigt sich, daß die Elemente SCC, SCH, SCO, WSG und EW gegenseitig nicht durch eine einzige Kette erreichbar sind und sich folglich auch nicht gegenseitig zu beeinflussen vermögen.

Das gleiche gilt für die Elemente ABC, AES und ABO. Grundsätzlich sind diese Tatsachen natürlich auch aus der Erreichbarkeitsmatrix *R* ablesbar, aus der sich bekanntlich sowohl Z als auch C berechnen. Aber die Matrizen Z und C kristallisieren in besonders übersichtlicher Form bestimmte Aspekte der Struktur des Graphen heraus, so daß man im allgemeinen gut beraten ist, die geringe Mühe zur Ermittlung dieser Matrizen aufzuwenden.

In Anbetracht der besonderen Bedeutung, die den Vorgängern einer biologischen Funktion in einem biotopologischen Modell zukommt, erweist es sich als vorteilhaft, eine Klassifizierung der Vorgänger durchzuführen. Die Nützlichkeit dieser Klassifikation wird sich insbesondere bei bewerteten Modellen zeigen, auf die im nächsten Kapitel ausführlich eingegangen wird. Die Vorgängerklassen lassen sich in übersichtlicher Weise mit Hilfe von Elementen der Berührungs- und der Erreichbarkeitsmatrix des Graphen beschreiben. In dieser Hinsicht ebenso wie bei der Begriffsbildung folgen wir der Arbeit von Rescigno und Segre (1964). In Tab. 14 sind die Klassen für Vorgänger 1. Ordnung und die zugehörigen Begriffsbildungen zusammengestellt. Sind die Vorgänger von höherer Ordnung, so muß die Klassifikation um einige weitere Klassen vermehrt werden, da noch eine Reihe anderer Fälle vorliegen kann, auf die wir hier nicht näher eingehen wollen, da ihnen keine unmittelbare Bedeutung für die später anzustellenden Rechnungen zukommt.

Statt dessen wenden wir uns den Problemen der Zerlegung eines gegebenen Systems in Subsysteme zu. Dabei sind jene Zerlegungen von besonderem Interesse, die es gestatten, unabhängige Subsysteme aufzufinden. Unabhängig heißt, das betrachtete Subsystem soll keine Einwirkungen von biologischen Funktionen des Gesamtsystems erfahren, sofern diese biologischen Funktionen nicht dem Subsystem als Elemente angehören. Um den biologischen Gegebenheiten Rechnung zu tragen, wäre zu fordern, daß die Subsysteme zusammenhängend sein sollen. Ein zusammenhängendes unabhängiges Subsystem könnte dann isoliert vom Gesamtsystem auf seine Eigenschaften hin untersucht werden, ohne daß Vernachlässigungen bestimmter Relationen zwischen den Elementen des Systems erforderlich wären. Ein solches Vorgehen würde der Forderung nach der Erhaltung des Ganzheitscharakters bei der Analyse biologischer Systeme hinsichtlich der Eigenschaften der betrachteten Subsysteme weitgehend Rechnung tragen. Andererseits zeigt die Erfahrung, daß die Isolierung eines bestimmten Subsystems bei den meisten Untersuchungen an biologischen Systemen vorgenommen wird, um entweder einen überschaubaren Bereich zu erhalten, der sich experimentell bearbeiten läßt, oder um die erforderlichen Rechnungen mit einem Computer gerade noch ausführen zu können. In beiden Fällen diktieren die uns zur Verfügung stehenden experimentellen und technischen Hilfsmittel eine Zerlegung komplexer biologischer Systeme in Subsysteme. Die Zerlegung selbst, durch die man unabhängige und zusammenhängende Subsysteme, ausgehend von einem biotopologischen Modell, erhält, gestaltet sich sehr einfach, wenn dazu das Konzept der Kondensation des Graphen und die Inzidenzmatrix des kondensierten Graphen herangezogen werden. Es soll das Verfahren an dem Graphen der Abb. 45 erläutert werden, dessen Struktur oben bereits untersucht wurde, so daß alle Vorarbeiten an dieser Stelle entfallen.

Tabelle 14. Klassifikation der Vorgänger 1. Ordnung mit Hilfe von Elementen der Berührungs- und der Erreichbarkeitsmatrix (nach Rescigno und Segre, 1964)

in allen Fällen $a_{ij} = 1$		$a_{kj} = 0$ für alle $k \neq i$	$a_{kj} = 1$ für einige $k \neq i$	
			$r_{jk}a_{kj} = 0$ für alle $k \neq i$	$r_{jk}a_{kj} = 1$ für einige $k \neq i$
$a_{il} = 0$ für alle $l \neq j$		 absoluter Vorgänger	 kompletter Vorgänger	 kompletter Vorgänger (mit Zyklus beim Nachfolger)
$a_{il} = 1$ für einige $l \neq j$	$a_{il}r_{li} = 0$ für alle l	 einziger Vorgänger	 totaler Vorgänger	 totaler Vorgänger (mit Zyklus beim Nachfolger)
	$a_{il}r_{li} = 1$ für einige l	 einziger Vorgänger (mit Zyklus)	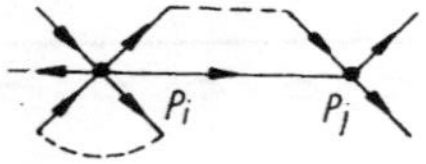 partieller Vorgänger	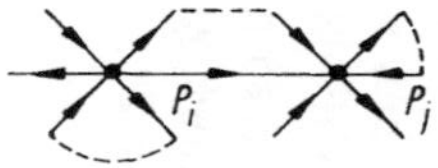 partieller Vorgänger (mit Zyklus beim Nachfolger)

Die Aufgabe bestehe z. B. darin, die biologische Funktion WSG experimentell zu untersuchen. Welches ist dann das unabhängige zusammenhängende Subsystem, dem WSG als Element angehört?

Als erstes gehen wir von dem Graphen G zu dem kondensierten Graphen G^* über, der in Abb. 62 bereits dargestellt wurde. In ihm ist die Funktion WSG Element von S_8, so daß die Frage in G^* nach dem Subsystem steht, dem S_8 als Element angehört. Zur Lösung dieses Problems betrachten wir die G^* zugehörige Inzidenzmatrix I^*:

I^*	a	b	c	d	e	f	g	h	i	j	k
S_1	+1	(+1)	+1	+1	+1	0	(−1)	0	(−1)	(−1)	0
S_2	0	0	0	0	0	(+1)	(+1)	0	0	0	0
S_3	0	0	0	0	−1	0	0	0	0	0	0
S_4	0	0	0	−1	0	0	0	0	0	0	0
S_5	0	0	0	0	0	0	0	(+1)	(+1)	0	0
S_6	0	0	0	0	0	0	0	0	0	(+1)	0
S_7	0	0	−1	0	0	0	0	0	0	0	0
S_8	0	(−1)	0	0	0	(−1)	0	(−1)	0	0	+1
S_9	−1	0	0	0	0	0	0	0	0	0	−1

Den Ausgangspunkt bildet das interessierende Element S_8, aus dessen zugehöriger Zeile der Inzidenzmatrix ersichtlich ist, daß S_8 für die Kanten b, f und k als Endpunkt dient. Die entsprechenden Anfangspunkte bilden die Elemente S_1, S_2 und S_5, wie aus den Spalten für die Kanten b, f und k zu ersehen ist. S_2 und S_5 dienen aber für keine weitere Kante als Endpunkt (in den zugehörigen Zeilen existieren keine Matrixelemente mit dem Wert −1), d.h., S_2 und S_5 erfahren keine Einwirkungen von anderen Elementen des kondensierten Systems. Wohl aber dient S_1 noch als Endpunkt für die Kanten g, i und j, deren Anfangspunkte S_2, S_4 und S_6 sind. S_2, S_5 und S_6 erfahren aber keine weitere Einwirkungen, so daß damit das Verfahren beendet ist. Als Elemente des gesuchten Subsystems sind damit ermittelt: S_8 als Ausgangspunkt und die Punkte S_1, S_2, S_5, S_6. Die Kanten zwischen diesen Elementen werden unverändert aus G^* übernommen. Wir bezeichnen die Punktmenge des Subsystems mit S_8 als Ausgangspunkt durch $M_8^* = \{S_1, S_2, S_5, S_6, S_8\}$. Als letztes verbleibt die Ersetzung der Punkte S_i entsprechend ihrer Definition, so daß für die erzeugende Punktmenge des gesuchten Subsystems in G gilt:

$$M_{\mathrm{WSG}} = \{\mathrm{WKD, WKE, ABH, WSP, WPA, WSW, WSZ, SCW, ABM, ABC, AES, ABO, WSG}\}.$$

Auf die gleiche Weise findet man für die biologischen Funktionen WKD bzw. ABO die Mengen

$$M_1^* = \{S_1, S_2, S_5, S_5\} \to M_{\text{WKD}} = \{\text{WKD, WKE, ABH, WSP, WPA, WSW, WSZ, SCW, ABM, ABC, AES, ABO}\},$$

$$M_6^* = \{S_6\} \to M_{\text{ABO}} = \{\text{ABO}\}.$$

Die dargelegten Methoden der Strukturanalyse biotopologischer Modelle erhalten dort ihre volle Bedeutung, wo die Modelle so groß und unübersichtlich werden, daß die Analyse der Struktur ohne Hilfsmittel außerordentlich zeitraubend und schwierig wird. Das trifft insbesondere für zwei spezielle Klassen von Graphen zu, die mit von Foerster (1967) als Hybridgraphen und Wechselwirkungsgraphen bezeichnet werden sollen. Unter diesen Begriffen ist das Folgende zu verstehen: Ist ein Element P_i Anfangspunkt eingliedriger Ketten mit den Endpunkten $P_j, P_k, P_l, \ldots$, dann bezeichnet man die Elemente $P_j, P_k, P_l, \ldots$ als das Aktionsfeld des Elements P_i. Umgekehrt: Sind $P_j, P_k, P_l, \ldots$ die Anfangspunkte eingliedriger Ketten, deren Endpunkte durch P_i repräsentiert werden, dann bilden die Elemente $P_j, P_k, P_l, \ldots$ das Rezeptorfeld des Punktes P_i. Teilt man die Punkte eines Graphen in drei Klassen ein, so daß der Klasse A alle Punkte angehören, deren Rezeptorfeld leer ist, der Klasse B alle Punkte, deren Aktionsfeld leer ist, und der Klasse C alle Punkte, deren Rezeptor- und Aktionsfeld nicht leer ist, dann spricht man von einem Hybridgraphen, wenn weder A, noch B, noch C leer sind, von einem Wechselwirkungsgraphen, wenn die Klassen A und B leer sind, aber C nicht leer ist, und von einem Aktionsgraphen, wenn C leer ist, aber A und B nicht leer sind.

Mit Hilfe dieser Begriffsbildungen können wir jetzt präziser formulieren, daß die dargestellten Methoden der Strukturanalyse von besonderer Bedeutung für zusammenhängende Hybrid- und Wechselwirkungsgraphen mit relativ großen Anzahlen von Punkten und Kanten sind. Ein abschließendes Beispiel (Laue u.a., 1968) wird das deutlich demonstrieren, besser, als Worte das zu beschreiben vermögen.

Das Modell beschreibt die Beziehungen zwischen Pflanze, Klima, Boden und agrotechnischen Maßnahmen unter dem Aspekt der Ertragsbildung landwirtschaftlicher Kulturpflanzen. Der Aufbau des Modells erfolgte schrittweise, von höheren zu niederen Abstraktionsstufen fortschreitend, wie in Abschn. 4.1 beschrieben. Dabei wurden die zwei Forderungen von Rashevsky (siehe Abschn. 4.2 unter 2 und 3) zugrunde gelegt, die über die Rashevskysche Theorie der biotopologischen Abbildung hinaus allgemeine Gültigkeit für die schrittweise Modellierung biologischer Systeme nach der hier angewandten Methode besitzen (Laue, 1968).

Den Ausgangspunkt bildete das in Abb. 64 dargestellte Modell der Beziehung zwischen Pflanze, Klima, Boden und agrotechnischen Maßnahmen auf höchster Abstraktionsstufe. Die Bezeichnungen der Abb. 64 ebenso wie der Abbildungen 65 und 66 sind in Tab. 15 zusammengestellt. Die Zerlegung der Komponenten des in Abb. 64 dargestellten Modells ergibt die in Abb. 65 gezeigten Teilgraphen. Verknüpft man diese Teilgraphen so miteinander, wie es die Kanten in Abb. 64 angeben, dann erhält man einen zusammenhängenden Graphen auf einer um 1

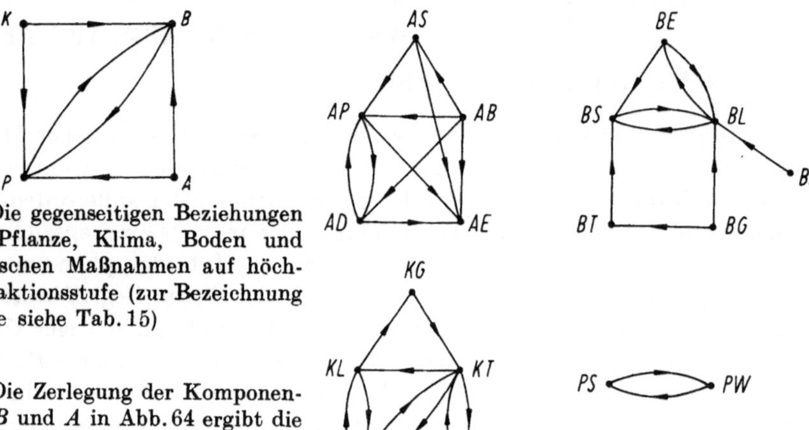

Abb. 64. Die gegenseitigen Beziehungen zwischen Pflanze, Klima, Boden und agrotechnischen Maßnahmen auf höchster Abstraktionsstufe (zur Bezeichnung der Punkte siehe Tab. 15)

Abb. 65. Die Zerlegung der Komponenten *P*, *K*, *B* und *A* in Abb. 64 ergibt die gezeigten Teilgraphen (zur Bezeichnung der Punkte siehe Tab. 15)

Tabelle 15. Symbolerklärung zu den Abbildungen 64, 65 und 66

Symbol	Erklärung	
K	Klima	
KG	Globalstrahlung	
KL	Luftfeuchtigkeit	Bei allen Größen handelt es sich um Landesklima, Mittelwerte über die Vegetationsperiode
KN	Niederschlag	
KT	Temperatur	
KW	Wind	
B	Boden	
BL	lebende organische Substanzen (lebende Wurzeln außer denen der angebauten Pflanzen, Viren, Bakterien, Kleintiere)	
BE	tote organische Substanzen (Wurzeln, Sprosse und deren Zersetzungsprodukte, abgestorbene Tiere, Tierexkremente und deren Zersetzungsprodukte)	
BR	Bodengestaltung (Relief)	
BT	Textur	
BS	Struktur	
BG	Geologie (Bodenherkunft, Bodenschichtung)	
P	Pflanze	
PS	Sproß	
PW	Wurzel	
A	agrotechnische Maßnahmen	
AB	Bodenbearbeitung (mechanisch und chemisch, Termin)	
AD	Düngung (mineralische Düngung, Termin)	
AS	Saat (Saatgut, Termin, Tiefe, Aussaatverfahren)	
AP	Pflege (mechanisch, chemisch, biologisch, Termin)	
AE	Ernte (Termin, Verfahren)	

niedrigeren Abstraktionsstufe. Der Graph ist in Abb. 66 dargestellt. Der Übersichtlichkeit halber mußte dabei eine im Vergleich zu Abb. 65 veränderte räumliche Anordnung der Punkte vorgenommen werden. Trotzdem bleibt die Strukturanalyse dieses Modells ohne mathematische Hilfsmittel eine sehr aufwendige Angelegenheit, obwohl relativ wenig Punkte und Kanten in dem Modell exi-

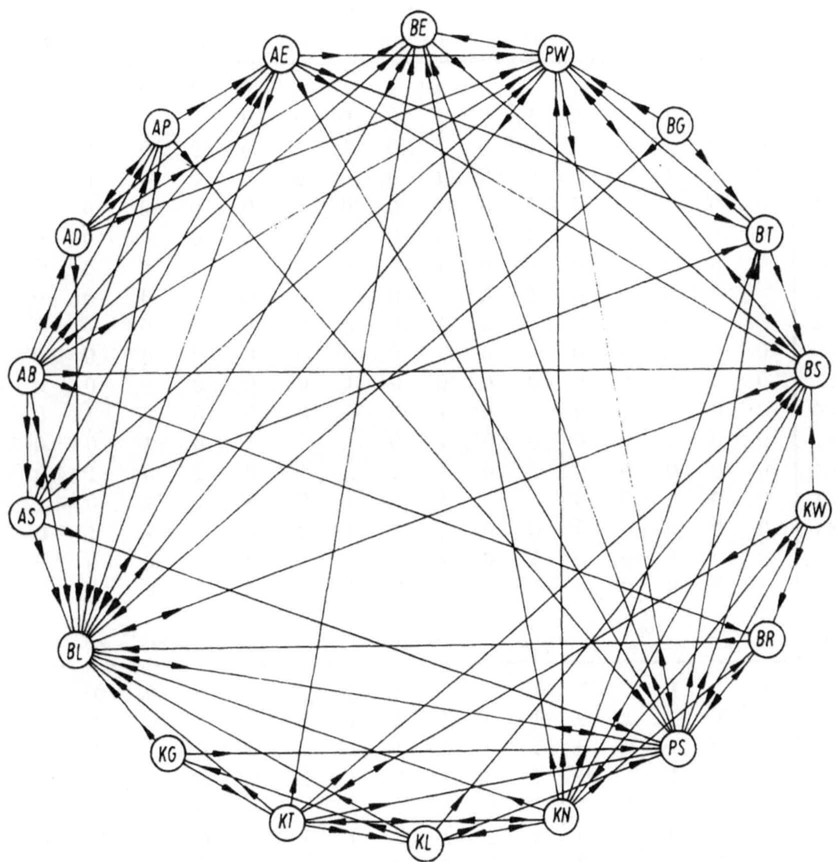

Abb. 66. Die Berücksichtigung der Relationen zwischen den Teilgraphen in Abb. 65 ergibt einen zusammenhängenden Graphen auf einer um 1 niedrigeren Abstraktionsstufe im Vergleich mit dem Graphen in Abb. 64 (zur Bezeichnung der Punkte siehe Tab. 15)

stieren. Es dürfte insbesondere durch dieses einfache Beispiel klar werden, welche große Bedeutung den Methoden der Strukturanalyse bei hochkomplexen biologischen Systemen zukommt.

Nachfolgend sind die Berührungs-, Erreichbarkeits-, Zyklen-, Verbund- und *Distanzmatrix* des Graphen der Abb. 66 angeführt. Als stark zusammenhängende Komponenten ergeben sich:

$S_1 = \{AD, AP\}$, $S_2 = \{BL, BE, BR, BT, BS, PS, PW\}$,
$S_3 = \{KG, KL, KN, KT, KW\}$, $S_4 = \{AB\}$, $S_5 = \{AE\}$, $S_6 = \{AS\}$
und $S_7 = \{BG\}$.

Den zugehörigen kondensierten Graphen zeigt Abb. 67.

A	AB	AD	AE	AP	AS	BE	BG	BL	BR	BS	BT	KG	KL	KN	KT	KW	PS	PW
AB	0	1	1	1	1	1	0	1	1	1	0	0	0	0	0	0	0	1
AD	0	0	1	1	0	1	0	1	0	0	0	0	0	0	0	0	0	1
AE	0	0	0	0	0	0	0	1	0	1	1	0	0	0	0	0	1	1
AP	0	1	1	0	0	0	0	1	0	0	0	0	0	0	0	0	1	0
AS	0	0	1	1	0	0	0	1	0	0	1	0	0	0	0	0	1	1
BE	0	0	0	0	0	0	0	1	0	1	0	0	0	0	0	0	0	1
BG	0	0	0	0	0	0	0	1	0	0	1	0	0	0	0	0	0	1
BL	0	0	0	0	0	1	0	0	0	1	0	0	0	0	0	0	1	1
BR	0	0	0	0	0	0	0	1	0	0	0	0	0	0	0	0	1	0
BS	0	0	0	0	0	0	0	1	0	0	0	0	0	0	0	0	0	1
BT	0	0	0	0	0	0	0	0	0	1	0	0	0	0	0	0	0	1
KG	0	0	0	0	0	0	0	1	0	0	0	0	0	0	1	0	1	0
KL	0	0	0	0	0	0	0	1	0	1	0	1	0	1	0	0	1	0
KN	0	0	0	0	0	1	0	1	1	1	1	0	1	0	1	0	0	1
KT	0	0	0	0	0	1	0	1	0	1	0	0	1	1	0	1	1	0
KW	0	0	0	0	0	0	0	0	1	1	0	0	0	1	1	0	1	0
PS	0	0	0	0	0	1	0	1	1	1	1	0	0	0	0	0	0	1
PW	0	0	0	0	0	1	0	1	0	1	0	0	0	0	0	0	1	0

R	AB	AD	AE	AP	AS	BE	BG	BL	BR	BS	BT	KG	KL	KN	KT	KW	PS	PW
AB	1	1	1	1	1	1	0	1	1	1	1	0	0	0	0	0	1	1
AD	0	1	1	1	0	1	0	1	1	1	1	0	0	0	0	0	1	1
AE	0	0	1	0	0	1	0	1	1	1	1	0	0	0	0	0	1	1
AP	0	1	1	1	0	1	0	1	1	1	1	0	0	0	0	0	1	1
AS	0	1	1	1	1	1	0	1	1	1	1	0	0	0	0	0	1	1
BE	0	0	0	0	0	1	0	1	1	1	1	0	0	0	0	0	1	1
BG	0	0	0	0	0	1	1	1	1	1	1	0	0	0	0	0	1	1
BL	0	0	0	0	0	1	0	1	1	1	1	0	0	0	0	0	1	1
BR	0	0	0	0	0	1	0	1	1	1	1	0	0	0	0	0	1	1
BS	0	0	0	0	0	1	0	1	1	1	1	0	0	0	0	0	1	1
BT	0	0	0	0	0	1	0	1	1	1	1	1	1	1	1	1	1	1
KG	0	0	0	0	0	1	0	1	1	1	1	1	1	1	1	1	1	1
KL	0	0	0	0	0	1	0	1	1	1	1	1	1	1	1	1	1	1
KN	0	0	0	0	0	1	0	1	1	1	1	1	1	1	1	1	1	1
KT	0	0	0	0	0	1	0	1	1	1	1	1	1	1	1	1	1	1
KW	0	0	0	0	0	1	0	1	1	1	1	1	1	1	1	1	1	1
PS	0	0	0	0	0	1	0	1	1	1	1	0	0	0	0	0	1	1
PW	0	0	0	0	0	1	0	1	1	1	1	0	0	0	0	0	1	1

Für die Punktbasis B und die Fundamentalmengen F findet man:

B = {KG, AB, BG},

F(KG) = {KG, KL, KN, KT, KW, BE, BL, BR, BS, BT, PS, PW},

F(AB) = {AB, AE, AS, AD, AP, BE, BL, BR, BS, BT, P, S PW},

F(BG) = {BE, BG, BL, BR, BS, BT, PS, PW}.

Z	AB	AD	AE	AP	AS	BE	BG	BL	BR	BS	BT	KG	KL	KN	KT	KW	PS	PW
AB	1	0	0	0	0	0	0	0	0	0	0	0	0	0	0	0	0	0
AD	0	1	0	1	0	0	0	0	0	0	0	0	0	0	0	0	0	0
AE	0	0	1	0	0	0	0	0	0	0	0	0	0	0	0	0	0	0
AP	0	1	0	1	0	0	0	0	0	0	0	0	0	0	0	0	0	0
AS	0	0	0	0	1	0	0	0	0	0	0	0	0	0	0	0	0	0
BE	0	0	0	0	0	1	0	1	1	1	1	0	0	0	0	0	1	1
BG	0	0	0	0	0	0	1	0	0	0	0	0	0	0	0	0	0	0
BL	0	0	0	0	0	1	0	1	1	1	1	0	0	0	0	0	1	1
BR	0	0	0	0	0	1	0	1	1	1	1	0	0	0	0	0	1	1
BS	0	0	0	0	0	1	0	1	1	1	1	0	0	0	0	0	1	1
BT	0	0	0	0	0	1	0	1	1	1	1	0	0	0	0	0	1	1
KG	0	0	0	0	0	0	0	0	0	0	0	1	1	1	1	1	0	0
KL	0	0	0	0	0	0	0	0	0	0	0	1	1	1	1	1	0	0
KN	0	0	0	0	0	0	0	0	0	0	0	1	1	1	1	1	0	0
KT	0	0	0	0	0	0	0	0	0	0	0	1	1	1	1	1	0	0
KW	0	0	0	0	0	0	0	0	0	0	0	1	1	1	1	1	0	0
PS	0	0	0	0	0	1	0	1	1	1	1	0	0	0	0	0	1	1
PW	0	0	0	0	0	1	0	1	1	1	1	0	0	0	0	0	1	1

C	AB	AD	AE	AP	AS	BE	BG	BL	BR	BS	BT	KG	KL	KN	KT	KW	PS	PW
AB	3	2	2	2	2	2	1	2	2	2	2	1	1	1	1	1	2	2
AD	2	3	2	3	2	2	1	2	2	2	2	1	1	1	1	1	2	2
AE	2	2	3	2	2	2	1	2	2	2	2	1	1	1	1	1	2	2
AP	2	3	2	3	2	2	1	2	2	2	2	1	1	1	1	1	2	2
AS	2	2	2	2	3	2	1	2	2	2	2	1	1	1	1	1	2	2
BE	2	2	2	2	2	3	2	3	3	3	3	2	2	2	2	2	3	3
BG	1	1	1	1	1	2	3	2	2	2	2	1	1	1	1	1	2	2
BL	2	2	2	2	2	3	2	3	3	3	3	2	2	2	2	2	3	3
BR	2	2	2	2	2	3	2	3	3	3	3	2	2	2	2	2	3	3
BS	2	2	2	2	2	3	2	3	3	3	3	2	2	2	2	2	3	3
BT	2	2	2	2	2	3	2	3	3	3	3	2	2	2	2	2	3	3
KG	1	1	1	1	1	2	1	2	2	2	2	3	3	3	3	3	2	2
KL	1	1	1	1	1	2	1	2	2	2	2	3	3	3	3	3	2	2
KN	1	1	1	1	1	2	1	2	2	2	2	3	3	3	3	3	2	2
KT	1	1	1	1	1	2	1	2	2	2	2	3	3	3	3	3	2	2
KW	1	1	1	1	1	2	1	2	2	2	2	3	3	3	3	3	2	2
PS	2	2	2	2	2	3	2	3	3	3	3	2	2	2	2	2	3	3
PW	2	2	2	2	2	3	2	3	3	3	3	2	2	2	2	2	3	3

D	AB	AD	AE	AP	AS	BE	BG	BL	BR	BS	BT	KG	KL	KN	KT	KW	PS	PW
AB	0	1	1	1	1	1	∞	1	1	1	2	∞	∞	∞	∞	∞	2	1
AD	∞	0	1	1	∞	1	∞	1	3	2	2	∞	∞	∞	∞	∞	2	1
AE	∞	∞	0	∞	∞	2	∞	1	2	1	1	∞	∞	∞	∞	∞	1	1
AP	∞	1	1	0	∞	2	∞	1	2	2	2	∞	∞	∞	∞	∞	1	2
AS	∞	2	1	1	0	2	∞	1	2	2	1	∞	∞	∞	∞	∞	1	1
BE	∞	∞	∞	∞	∞	0	∞	1	3	1	3	∞	∞	∞	∞	∞	2	1
BG	∞	∞	∞	∞	∞	2	0	1	3	2	1	∞	∞	∞	∞	∞	2	1
BL	∞	∞	∞	∞	∞	1	∞	0	2	1	2	∞	∞	∞	∞	∞	1	1
BR	∞	∞	∞	∞	∞	2	∞	1	0	2	2	∞	∞	∞	∞	∞	1	2
BS	∞	∞	∞	∞	∞	2	∞	1	3	0	3	∞	∞	∞	∞	∞	2	1
BT	∞	∞	∞	∞	∞	2	∞	3	3	1	0	∞	∞	∞	∞	∞	2	1
KG	∞	∞	∞	∞	∞	2	∞	1	2	2	2	0	2	2	1	2	1	3
KL	∞	∞	∞	∞	∞	2	∞	1	2	1	2	3	0	1	2	3	1	2
KN	∞	∞	∞	∞	∞	1	∞	1	1	1	1	2	1	0	1	2	2	1
KT	∞	∞	∞	∞	∞	1	∞	1	2	1	2	2	1	1	0	1	1	2
KW	∞	∞	∞	∞	∞	2	∞	3	1	1	2	3	2	1	1	0	1	2
PS	∞	∞	∞	∞	∞	1	∞	1	1	1	1	∞	∞	∞	∞	∞	0	1
PW	∞	∞	∞	∞	∞	1	∞	1	2	1	2	∞	∞	∞	∞	∞	1	0

Von besonderem Interesse in diesem Modell sind die Einwirkungen, die die Pflanze erfährt, da durch sie der Ertrag unmittelbar realisiert wird. Eine Beeinflussung des Zustandes aller Elemente des Systems und damit eine totale Einwirkung auf das betrachtete System als Ganzes ist von den Elementen der Punktbasis B aus möglich. Da sich aber die Elemente „Globalstrahlung" und „Bodenart" für einen gegebenen Standort der Veränderung durch den Menschen entziehen, bleibt nur die Möglichkeit, über die „Bodenbearbeitung" das System in seiner Gesamtheit aktiv zu beeinflussen. Wie die Elemente der Fundamentalmenge F(AB) zeigen, werden dadurch sowohl die nachfolgenden agrotechnischen Maßnahmen, die Bodeneigenschaften als auch die Pflanze selbst beeinflußt. Da AB für alle Elemente der Fundamentalmenge einen Vorgänger 1. oder 2. Ordnung darstellt (siehe Matrix D), wird zudem die Einwirkung von AB auf seine Nachfolger mit relativ hoher Intensität erfolgen. Akzeptiert man das Modell der Abb. 66, so erhält man als eines der Ergebnisse den dringlichen Hinweis, der Bodenbearbeitung als Faktor der Ertragsbeeinflussung große Aufmerksamkeit zu schenken. Ebenso beachtenswert ist die Tatsache, daß keine Zerlegung des Systems in unabhängige Subsysteme mit PS oder PW als Ausgangspunkt möglich ist, d.h., das unab-

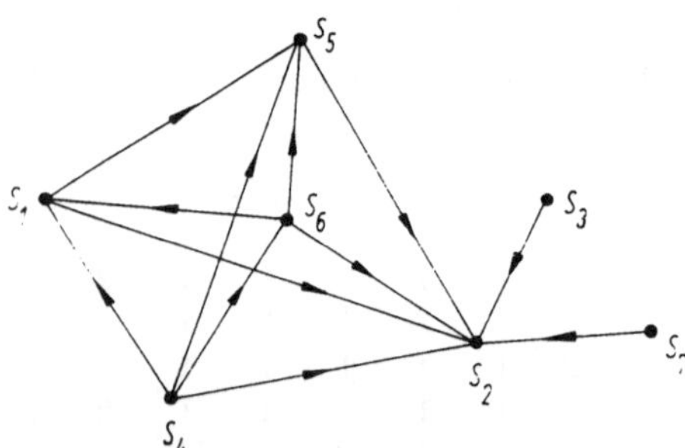

Abb. 67. Kondensierter Graph zum Modell in Abb. 66
(Definition der Elemente S_i siehe Text)

hängige Subsystem mit PS oder PW als Ausgangspunkt ist mit dem Gesamtsystem identisch. Das besagt aber — wieder unter der Voraussetzung, daß das Modell die wirklichen Verhältnisse richtig abbildet —, daß Untersuchungen zum Problem der Ertragsbildung nur dann sinnvolle Ergebnisse erwarten lassen, wenn alle Elemente des Modells in die Untersuchungen einbezogen werden.

Auf weitere Eigenschaften des Modells ebenso wie des Modells aus Abb. 45 wird an anderer Stelle noch eingegangen werden.

4.6. Neuronennetze

Die in den vorangehenden Abschnitten betrachteten Methoden sind selbstverständlich nicht nur auf stoffwechselnde Systeme anwendbar, sondern auf alle Systeme, die sich in Form eines Graphen darstellen lassen. Unter diesen Systemen finden die Nervennetze gegenwärtig besondere Beachtung in den Biowissenschaften. Dabei bietet sich eine Modellierung dieser Systeme in Form eines Graphen auf Grund der Bauweise der Neuronen und ihrer Verknüpfungen unmittelbar an. Identifiziert man das Axon eines Neurons mit einer Kante eines Graphen und den Zellkörper bzw. die Synapsen mit den Punkten eines Graphen, so wird deutlich, daß sich ein Neuronennetz bezüglich seiner Struktur isomorph auf einen Graphen abbilden läßt. Bedenkt man darüber hinaus die außerordentlich große Komplexität der Neuronennetze selbst in relativ niedrigen Organismen (die Ameise besitzt rund 250 Neuronen, die Biene rund 900), dann sind Hilfsmittel zur Analyse dieser Strukturen besonders dringend erforderlich. Die Kondensation dieser Systeme und die Zerlegung in unabhängige Subsysteme können hier dazu verhelfen, die Neuronennetze in Systeme zu überführen, die überschaubar und einer eigentlichen Bearbeitung zugänglich werden. Es bleibt zu hoffen, daß sich dabei einige allgemeine Gesetzmäßigkeiten finden lassen, die es dann vielleicht gestatten, z.B. die Struktur des Zentralnervensystems (ZNS) des Menschen näher zu analysieren. Denn in diesem Falle ist es auf Grund der überaus großen Anzahl von Neuronen bereits unmöglich, den Gesamtschaltplan graphisch darzustellen. Steinbuch (1963) hat dazu eine überaus beeindruckende Abschätzung angegeben.

Die Zahl der Neuronen des menschlichen Nervennetzes wird auf etwa 15 Milliarden geschätzt. Nimmt man an, daß ein Biologe in der Lage sei, die Schaltung des Nervennetzes aufzunehmen wie ein Elektroniker die Schaltung eines elektrischen Gerätes, so ist das Problem der Herstellung des Schaltplanes des Nervennetzes noch immer unmöglich. Beträgt nämlich die Zeit zur Analyse einer Schaltung von 200 Schaltelementen etwa 5 Stunden (typischer Fall beim Rundfunkgerät) und wächst der Zeitaufwand zur Analyse nur proportional zur Anzahl der Schaltelemente, so würde der gedachte Biologe 40000 Jahre zur Aufnahme der Schaltung des menschlichen Nervennetzes benötigen. Abgesehen von dieser Schwierigkeit, nehmen wir an, ein funktionsfähiges Nervennetz mit 15 Milliarden Schaltelementen (Neuronen) läge auf einigen Quadratkilometern engbezeichneten Papiers vor. Auch dieser Schaltplan wäre für uns völlig wertlos, da niemand imstande wäre, die sich daraus abzuleitenden Funktions- und Verhaltensweisen zu erkennen. Das menschliche Vorstellungsvermögen versagt bei Aggregaten dieser Größenordnung.

Schließlich aber bedürfen die heute vielfach angewandten einfachen Modelle von Nervennetzen, die gewisse Eigenschaften des Nervensystems wie Mustererkennung, Lernen usw. auf einem Computer zu simulieren vermögen, ebenfalls der Strukturanalyse. Die Bezeichnung „einfach" gilt in bezug auf die konkreten Nervensysteme und darf nicht darüber hinwegtäuschen, daß diese einfachen Modelle doch im allgemeinen schon so komplex sind, daß mathematische Hilfsmittel für die Strukturanalyse erforderlich sind. Auch hier können die Methoden der Graphentheorie mit Erfolg angewandt werden.

Ohne auf spezielle Modelle von Neuronennetzen näher einzugehen [siehe dazu: Steinbuch (1963), Barthel (1965), Stachowiak (1965), Wooldridge (1967) und die dort zitierte Literatur], die uns zu weit vom Thema wegführen würden, wollen wir uns noch dem Modell des einzelnen Neurons zuwenden. Wir beschränken uns dabei auf das sogenannte *McCulloch-Pitts-Neuron*, dessen Konzept von McCulloch und seiner Schule entwickelt wurde (McCulloch und Pitts, 1943; McCulloch, 1962). Die Definition dieses formalen Neurons erfolgt durch vier Verknüpfungsregeln und vier Operationsregeln (von Foerster, 1967).

Verknüpfungsregeln:

1. Das formale Neuron erhält N Inputs, d.h., es enden N Axons X_i ($i = 1, 2, \ldots, N$) auf dem Zellkörper des Neurons, und das Neuron besitzt genau einen Output.
2. Jedes Input-Axon X_i kann sich aufspalten in n_i erregende (+) oder hemmende (−) Endungen, die die synaptische Verbindung mit dem Zellkörper realisieren.
3. Signale vermögen das Neuron nur in einer Richtung zu durchlaufen.
4. Mit dem Neuron ist eine ganze Zahl Θ ($-\infty < \Theta < +\infty$) gegeben, die die Reizschwelle des Neurons charakterisiert.

Operationsregeln:

1. Jedes Input-Axon X_i besitzt nur einen von zwei Zuständen x_i; entweder das Axon leitet einen Impuls ($x_i = 1$), oder es leitet keinen Impuls ($x_i = 0$).
2. Der innere Zustand Z des Neurons ist gegeben durch
$$Z = \sum_{i=1}^{N} n_i x_i - \Theta.$$
3. Der Output Y des Neurons kann zwei Werte annehmen; entweder das Neuron feuert ($y = 1$), oder es gibt keinen Impuls ab ($y = 0$). Ist ε eine Zahl im Bereich $-1 < \varepsilon < 0$, dann gilt
$$y = f(Z) = \begin{cases} 0 & \text{für } Z < \varepsilon, \\ 1 & \text{für } Z > \varepsilon. \end{cases}$$
4. Das Neuron benötigt eine gewisse Zeit Δt, um seinen Output zu erzeugen.

Auf Grund dieser Regeln läßt sich jetzt ein formales Neuron nach McCulloch und Pitts, wie in Abb. 68 gezeigt, darstellen. Bei weiterer Formalisierung der Darstellung kann der Zelllkörper des Neurons durch einen Punkt symbolisiert werden, an den wir den Schwellenwert Θ anschreiben, und jedes Axon kann als Kante aufgefaßt werden, die entweder in dem betrachteten Neuron endet oder beginnt. Ordnen wir jeder Kante noch die entsprechende Zahl n_i zu, dann kann man ohne Verlust an Information auf die graphische Darstellung der Aufspaltung eines Axons verzichten, so daß sich das in Abb. 68 gezeigte Neuron in das der Abb. 69 transformieren läßt. Nun kann man zeigen, daß sich alle logischen Funktionen mit zwei Argumenten durch McCulloch-Pitts-Neuronen abbilden lassen (von Foerster, 1967). Das bedeutet aber weiter, daß sich diese logischen Funktionen durch Graphen darstellen lassen, die ihrerseits formale Neuronen symbolisieren. Eine Zusammenstellung dazu ist in Tab. 16 angeführt.

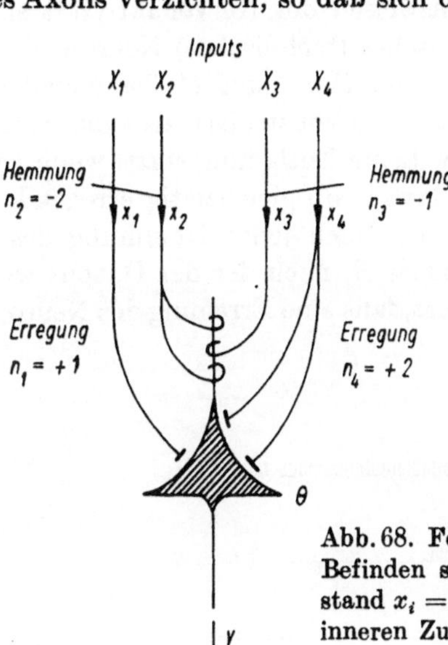

Abb. 68. Formales McCulloch-Pitts-Neuron.
Befinden sich die Input-Axons x_1 bis x_4 alle im Zustand $x_i = 1$ und ist $\theta = 0$, dann ergibt sich für den inneren Zustand Z des Neurons

$$Z = \sum n_i x_i - \theta = 0.$$

Der Output befindet sich folglich im Zustand $y = 1$, da $Z = 0 > \varepsilon$ ist, d.h., das Neuron feuert

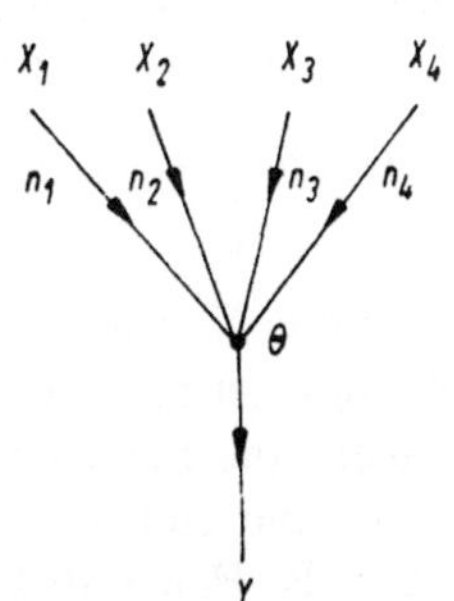

Abb. 69. Formales Neuron als Graph. Der Sachverhalt ist mit dem in Abb. 68 dargestellten identisch

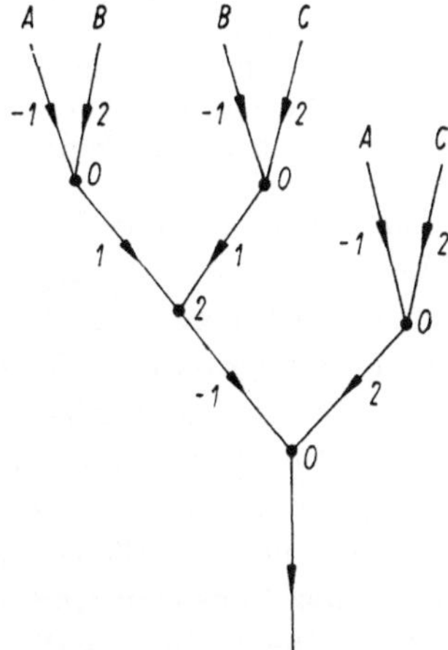

Abb. 70. Graph zur Veranschaulichung des hypothetischen Syllogismus

Der Kettenschluß (hypothetischer Syllogismus)

$$(A \to B) \wedge (B \to C) \to (A \to C)$$

läßt sich dann, wie in Abb. 70 gezeigt, veranschaulichen. Grundsätzlich können auf diese Weise alle logischen Operationen veranschaulicht werden. Graphen bilden also auch Modelle des formalisierten logischen Denkens, worauf EICHHORN (1961) in seiner Arbeit hingewiesen hat.

KLING und SZÉKELY (1968) entwickelten elektronische neuronale Netzwerke, die bestimmte rhythmische Verhaltensweisen der Nervenaktivität simulieren. Als Grundelement diente ein elektronisches (technisches) Neuron N, dem eine Erregung E (erregender Impuls) sowie eine Hemmung H (hemmender Impuls) zugeführt werden können. Das Neuron ist so konstruiert, daß die Aktivität des Outputs O zu Null wird, d.h., es findet keine Entladung statt, wenn Impulse H auf das Neuron treffen, unabhängig davon, ob gleichzeitig erregende Impulse am Neuron vorhanden sind oder nicht. Nach jeder Hemmung des Neurons durchläuft dieses eine Regenerationsphase R, nach der der Output wieder eine von Null verschiedene Aktivität aufweist, falls eine Erregung des Neurons erfolgt (Abb. 71).

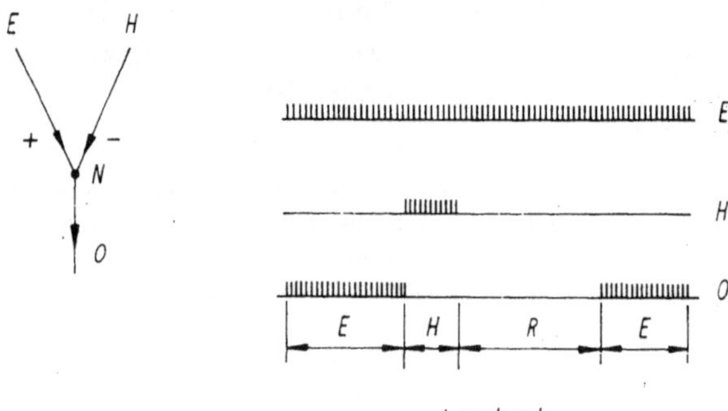

Abb. 71. Elektronisches Neuron N, auf das eine überschwellige Dauererregung E einwirkt, unterbrochen durch eine zeitlich begrenzte Hemmwirkung H (nach KLING und SZÉKEKLY, 1968).
Nach erfolgter Hemmung der Entladung O erfolgt eine Regenerationsphase R, nach der das Neuron wieder feuert

Eine überschwellige Dauererregung E, die auf das Neuron N einwirkt, würde, ohne daß eine zeitlich begrenzte Hemmung erfolgt, zu einer Daueraktivität des Outputs O führen. Um das zu vermeiden, wurde eine zyklische Hemmung der Elemente angewandt, die eine zeitlich definierte und sich periodisch wiederholende Erregungsunterdrückung gewährleistet. Als Folge davon entsteht ein burst-artiges Entladungsmuster an den Outputs der Neuronen. Wenigstens drei gekoppelte Grundelemente sind zur Erreichung dieses Effektes erforderlich. Die Verknüpfung der Elemente über Hemmungsleitungen und die Entladungsmuster der Neuronen sind aus Abb. 72 ersichtlich.

Unterschiedliche Anzahlen von Elementen und differenzierte Verknüpfungen der Elemente untereinander führen zu einer Vielfalt von Ausgangs-Zeit-Mu-

Tabelle 16. Logische Funktionen mit zwei Argumenten, dargestellt durch formale Neuronen

Bezeichnung in der symbolischen Logik	Darstellung nach McCulloch und Pitts	Darstellung als Graph
Kontradiktion (immer falsch) $(A \wedge \bar{A}) \vee (B \wedge \bar{B})$	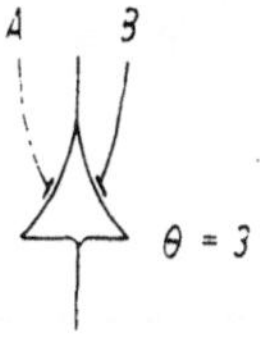 A B $\theta = 3$	 A B 1 1 3
weder A noch B $\bar{A} \wedge \bar{B}$	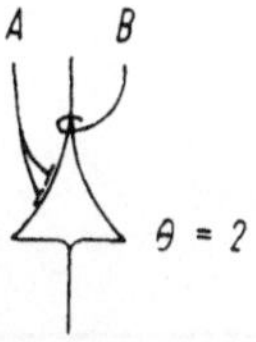 A B $\theta = 2$	 A B -1 -1 0
nur A $A \wedge \bar{B}$	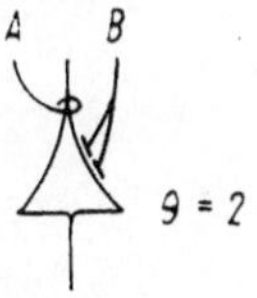 A B $\theta = 2$	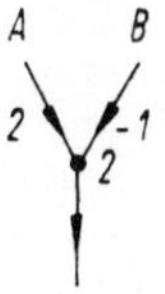 A B 2 -1 2
nicht B $\bar{B}$	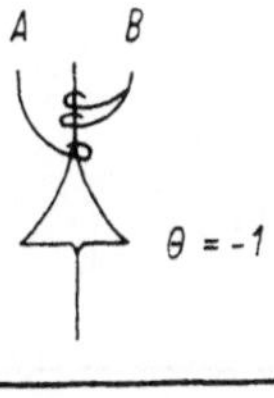 A B $\theta = -1$	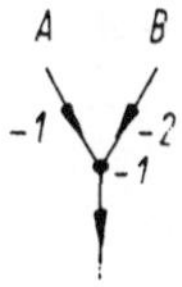 A B -1 -2 -1
nur B $\bar{A} \wedge B$	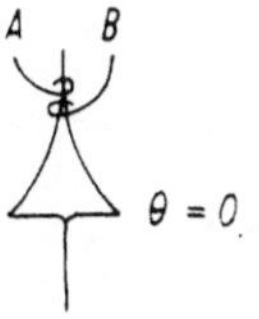 A B $\theta = 0$	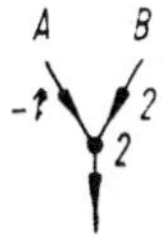 A B -1 2 2
nicht A $\bar{A}$	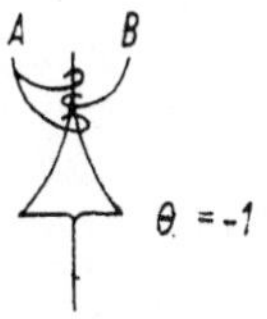 A B $\theta = -1$	 A B -2 -1 -1

Tabelle 16 (Fortsetzung)

Bezeichnung in der symbolischen Logik	Darstellung nach McCulloch und Pitts	Darstellung als Graph
nicht gleichzeitig *A* und *B* $\bar{A} \vee \bar{B}$		
A und *B* $A \wedge B$		
A		
B impliziert *A* $B \rightarrow A$		
B		
A impliziert *B* $A \rightarrow B$		

Tabelle 16 (Fortsetzung)

Bezeichnung in der symbolischen Logik	Darstellung nach McCulloch und Pitts	Darstellung als Graph
A oder B (inklusives Oder) $A \vee B$	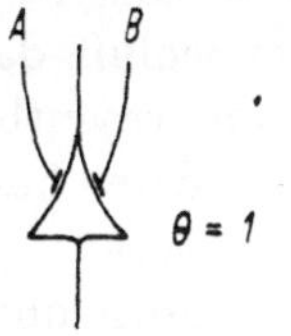 A B $\theta = 1$	 A B 1 1 1
Tautologie (immer richtig) $(A \vee \bar{A}) \wedge (B \vee \bar{B})$	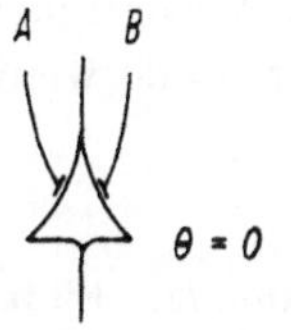 A B $\theta = 0$	 A B 1 1 0
entweder A oder B (exklusives Oder) $(A \wedge \bar{B}) \vee (B \wedge \bar{A})$	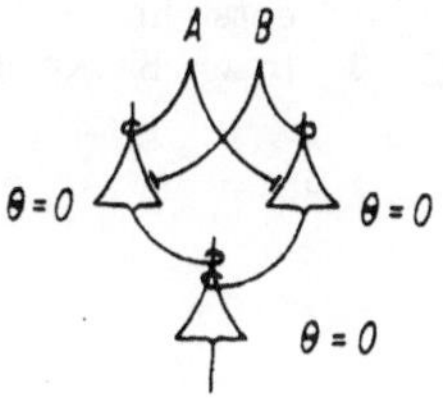 A B $\theta = 0$ $\theta = 0$ $\theta = 0$	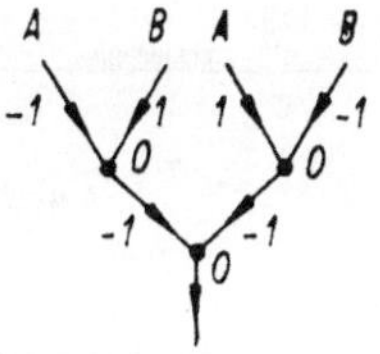 A B A B -1 1 1 -1 0 0 -1 -1 0
A ist äquivalent zu B $(A \wedge B) \vee (\bar{A} \wedge \bar{B})$	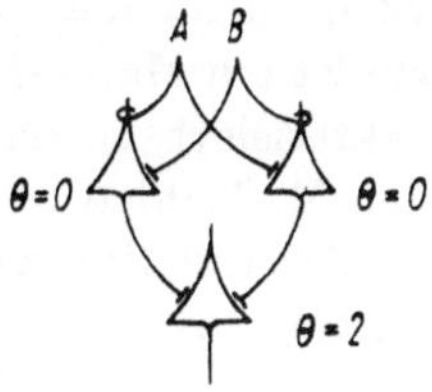 A B $\theta = 0$ $\theta = 0$ $\theta = 2$	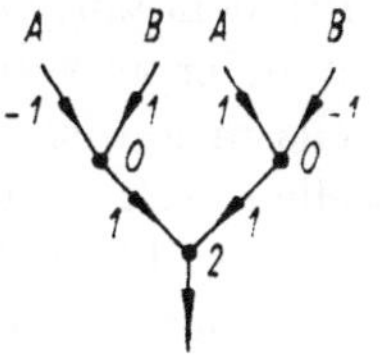 A B A B -1 1 1 -1 0 0 1 1 2

stern, die noch wesentlich gesteigert werden kann, wenn jedem Neuron, das einen Output erzeugt, ein zusätzliches Element zugeordnet wird, das die Hemmwirkung in benachbarten Elementen induziert.

Kling und Székely (1968) studierten in ihrer Arbeit einige der möglichen Netze und ihre Zeitmuster. Davon ausgehend gab Ádám (1968) mathematische Modelle an, die eine exakte allgemeine Beschreibung der Verhaltensweise der Netze (Graphen) ermöglichen. Ádám verwendet dazu Elemente der Graphentheorie, die der Problemstellung in besonderer Weise angepaßt erscheinen. Die Zustände, die der Graph und seine Elemente in Abhängigkeit von der Zeit annehmen, konnten auf diese Weise von ÁDÁM für ein diskretes Modell beschrieben werden.

Interessante Hinweise auf die Bedeutung zyklischer Systeme bzw. Subsysteme bezüglich der rhythmischen Aktivität in neuronalen Netzen gab BOYARSKI (1967). Die Untersuchung analoger Systeme führte ihn zu dem Schluß, daß den zyklischen vor den linearen Systemen eine wesentlich größere Bedeutung zuzuerkennen ist, die aus deren besonders günstigen stabilen Verhaltensweisen resultiert.

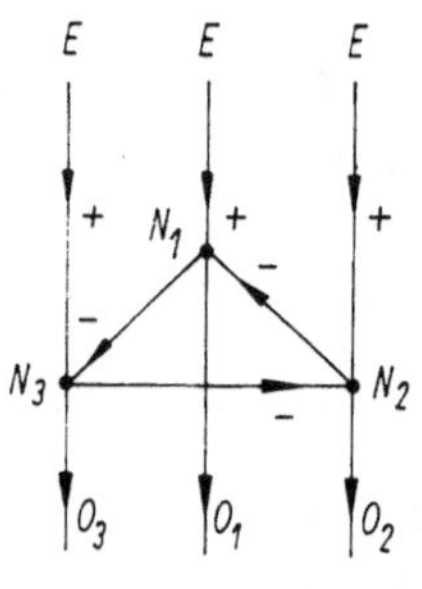

In allgemeinerer Form ohne Beschränkung auf neuronale Netze mit zyklischer Hemmung untersuchte URBANO (1968) ausführlich die Verhaltensweise polyfunktionaler Netze, worauf an dieser Stelle wenigstens hingewiesen sei.

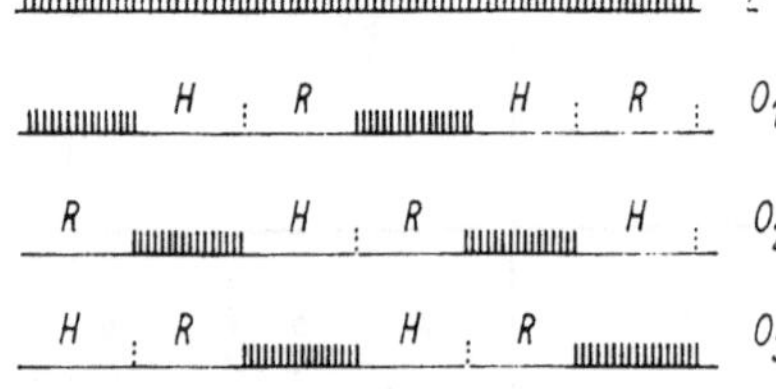

Abb. 72. Einfaches Neuronennetz aus drei Elementen mit zyklischer Hemmung, so daß ein burst-artiges Entladungsmuster an den Outputs entsteht
(nach KLING und SZÉKELY, 1968)

4.7. Strukturmaße

Bei der Untersuchung bestimmter Fragestellungen an Strukturmodellen tritt das Problem auf, verschiedene Strukturmodelle bezüglich ihrer Gesamtstruktur miteinander zu vergleichen. Dazu ist ein Maß erforderlich, das die Struktur des Modells in gewisser Weise charakterisiert, so daß der Vergleich der Strukturmodelle durch die entsprechenden Maßzahlen erfolgen kann. Dabei ist es möglich, unterschiedliche Strukturmaße zu definieren, die alle bestimmte Aspekte der Struktur des Modells charakterisieren.

Eine Entscheidung über die Eignung eines bestimmten Strukturmaßes für die Lösung einer praktischen Problemstellung kann deshalb auch nur durch sachlogische Überlegungen getroffen werden.

Wenden wir uns im folgenden zunächst der Soziometrie zu, in der Strukturmaßen eine zentrale Bedeutung für die Beurteilung und den Vergleich sozialer Gruppen zukommt. Unter Soziometrie versteht man mit MORENO (1954) ein Teilgebiet der Soziologie, das durch die mathematische Untersuchung der zwischenmenschlichen Beziehungen in einer Gruppe von Menschen unter dem Aspekt der Bevorzugung, der Gleichgültigkeit oder der Ablehnung in einer Wahlsituation charakterisiert wird. Die Grundlage der Soziometrie bildet ein Testverfahren, um Aufschluß über die innere Organisation der Gruppe zu erhalten. Der soziometrische Test besteht aus der Wahl von Mitgliedern der Gruppe (oder außerhalb der Gruppe) unter den Aspekten der Bevorzugung, Gleichgültigkeit und Abneigung bei Festlegung bestimmter Kriterien wie „Sympathie empfinden", „gemeinsames Wohnen", „gemeinsames Arbeiten" usw. Demonstrieren wir den Tatbestand an einem konkreten Beispiel. Es sei eine Gruppe, bestehend aus acht Mitgliedern, gegeben, und es werde jedes Mitglied aufgefordert, das Gruppenmitglied zu benennen, das ihm am sympathischsten ist. Das Wahlergebnis entspreche den in Tab. 17 zusammengestellten Verhältnissen.

Tabelle 17. Ergebnis eines soziometrischen Testes (Wahlmatrix). 1: Wahl; 0: keine Wahl

	Gewählte							
	P_1	P_2	P_3	P_4	P_5	P_6	P_7	P_8
Wählende								
P_1	0	1	0	0	0	0	0	0
P_2	0	0	0	0	0	0	1	0
P_3	0	0	0	1	0	0	0	0
P_4	0	1	0	0	0	0	0	0
P_5	0	1	0	0	0	0	0	0
P_6	0	0	0	0	1	0	0	0
P_7	0	1	0	0	0	0	0	0
P_8	0	0	0	0	0	0	1	0

Tab. 17 besitzt die Form einer Berührungsmatrix eines Graphen, in der den Elementen $a_{ij} = 1$ die Bedeutung zukommt, daß das Gruppenmitglied P_j von P_i in der speziellen Wahlsituation gewählt wurde. Da ein eindeutiger Zusammenhang zwischen einer Berührungsmatrix und einem Graphen besteht, kann das Wahlergebnis auch in Form eines Graphen dargestellt werden. Dazu wird jedes Mitglied der Gruppe durch einen Punkt und jede erfolgte Wahl durch eine Kante, vom Wählenden zum Gewählten gerichtet, symbolisiert. Für das in Tab. 17 zusammengestellte Wahlergebnis läßt sich dann der Graph der Abb. 73 zeichnen. Jede unter einem bestimmten Aspekt durchgeführte Wahl gibt dann Aufschluß über die innere Struktur der Gruppe. Diese läßt Rückschlüsse auf die Gruppe zu, die es z. B. ermöglichen, asoziale Tendenzen, die Isolierung von Gruppenmitgliedern, die Führungspersönlichkeiten usw. zu erkennen bzw. die Struktur der Gruppe durch äußere Eingriffe in einer gewünschten Weise zu verändern. Speziell unter diesem letzten Gesichtspunkt ist die Soziometrie zu einem unentbehrlichen Bestandteil der Gruppenpsychotherapie geworden. (Vergleiche dazu auch die zusammenfassende Darstellung von FLAMENT, 1958.)

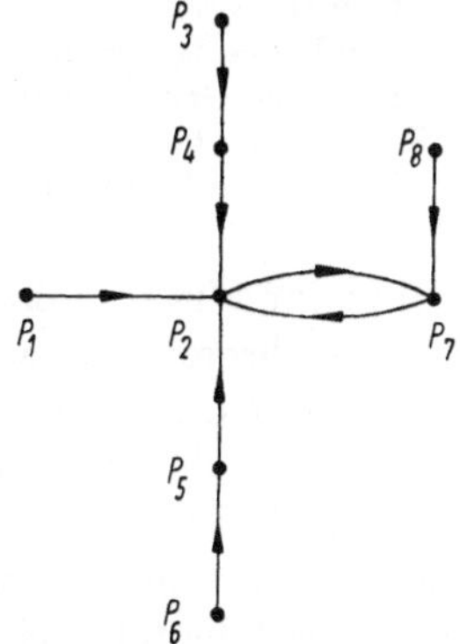

Abb. 73. Soziogramm (Graph) zur Veranschaulichung der Ergebnisse eines soziometrischen Testes

Mit MORENO (1954) bezeichnet man die Klasse von Graphen, die das Ergebnis soziometrischer Tests darstellen, als Soziogramme. Der Informationsgehalt der Soziogramme kann erhöht werden, wenn die Gruppenmitglieder noch durch Klasseneinteilungen unterschieden werden, z.B. in weiblich/männlich, Lehrer/Schüler, weiße Hautfarbe/schwarze Hautfarbe usw. Eine analoge Klasseneinteilung kann für die Kanten eines Soziogrammes vorgenommen werden, indem unterschieden wird Zuneigung/Gleichgültigkeit/Abneigung, erster Wahlaspekt/zweiter Wahlaspekt, usw. Durch eine unterschiedliche graphische Gestaltung dieser Klassen im Soziogramm können auch diese Gesichtspunkte in die Darstellung einbezogen werden. Abb. 74 zeigt in einem formalen Beispiel ein auf diese Weise erweitertes Soziogramm. Die Beurteilung und Auswertung wird aber durch die Erweiterung insbesondere bei Gruppen mit einer großen Anzahl von Mitgliedern außerordentlich erschwert, und es bleibt fraglich, ob diese Soziogramme außer in speziellen Fällen sinnvolle Ergebnisse zu liefern vermögen. Wir beschränken uns deshalb im folgenden ausschließlich auf Soziogramme der in Abb. 73 dargestellten Art. Die Klassifikation der Punkte betrachten wir als von untergeordneter Bedeutung, da die Gesamtstruktur der Gruppe im Mittelpunkt des Interesses steht. Für die Kanten sei zugelassen, daß sie mehreren Wahlen mit unterschiedlichen Wahlkriterien, aber einheitlichem Wahlaspekt (z.B. Zuneigung) entstammen mögen.

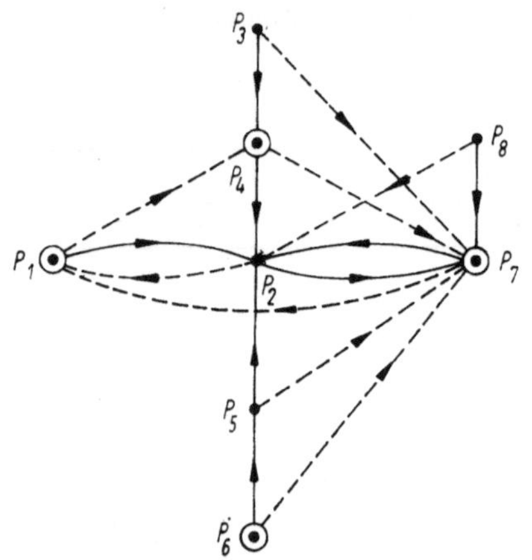

Abb. 74. Soziogramm mit Klassifizierung der Punkte und Kanten.
Es bedeutet:
• männliches Gruppenmitglied,
⊙ weibliches Gruppenmitglied,
→ Zuneigung (Bevorzugung),
⇢ Abneigung (Ablehnung)

Nach den Untersuchungen von MORENO (1954) zeigt sich nun, daß in jeder Gruppe, die unter bestimmter Aufgabenstellung gebildet wurde oder sich zusammenfand, ein Differenzierungsprozeß stattfindet, der im wesentlichen aus drei Phasen besteht. Nach einer Phase der *organischen Isolation* folgt ein Stadium der *horizontalen Differenzierung*, das durch das Anknüpfen gegenseitiger Beziehungen charakterisiert ist. Als dritte Phase folgt schließlich das Stadium der *vertikalen Differenzierung*, in dem sich in der Gruppe Führer für gewisse Aufgaben entwickeln. Der Idealzustand einer Gruppe wird darin erblickt, wenn sich eine Führerpersönlichkeit herausbildet, die die unmittelbare Zuneigung aller Gruppenmitglieder genießt. Wird vereinbart, daß sich bei einem soziometrischen Test kein Gruppenmitglied selbst wählen darf, dann besitzt die ideale Gruppenstruktur die Gestalt eines Sterns, wie in Abb. 75a gezeigt. Als ungünstig sind solche Gruppenstrukturen zu bewerten, die nach Abschluß des Differenzierungsprozesses auf einer niederen Stufe der Entwicklung zurückbleiben. Die

Gruppe hat dann im ungünstigsten Falle z.B. eine der unter Abb. 75b bis Abb. 75g dargestellten Strukturen aufzuweisen.

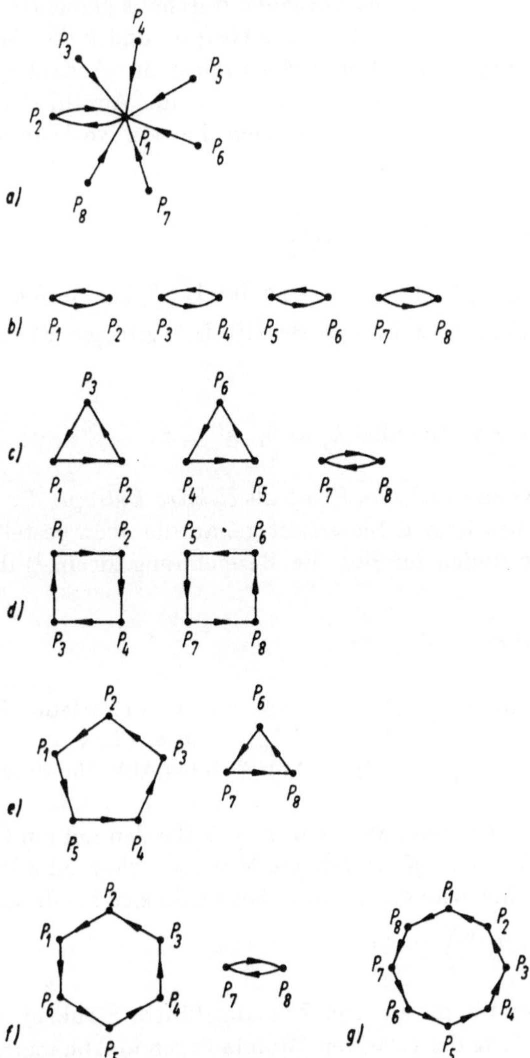

Abb. 75. Extreme Gruppenstrukturen für eine Gruppe, bestehend aus acht Mitgliedern.
a) günstigste Struktur, P_1 in Führerposition (α-Position);
b) bis g) ungünstigste Strukturen

Ein Maß zur Kennzeichnung der Gruppenstruktur muß folglich der Forderung genügen, für die beiden extremen Strukturen ein relatives Extrema anzunehmen und zwischen den relativen Extrema eine monotone Funktion zu sein. Nach GUNZENHÄUSER und VON CUBE (1963) läßt sich dafür erfolgreich eine

Funktion verwenden, die in Anlehnung an die Definitionen der Informationstheorie gebildet wurde. Da die Informationstheorie ihrem Wesen nach eine reine Strukturtheorie darstellt, scheint dieses Vorgehen durchaus gerechtfertigt.

Bezeichnet n die Anzahl der Mitglieder einer Gruppe und k die Zahl der zu treffenden Wahlen (k kennzeichnet damit gleichzeitig die Anzahl der unterschiedlichen Wahlkriterien) sowie v_i ($i = 1, 2, \ldots, n$) die Anzahl der Wahlen, die auf das Mitglied P_i entfallen, dann ergibt sich die relative Wahlhäufigkeit für das Gruppenmitglied P_i zu

$$h_i = \frac{v_i}{n \cdot k} \quad (i = 1, 2, \ldots, n) \text{ mit } \sum_{i=1}^{n} h_i = 1.$$

v_i liegt in dem Intervall $0 \leqq v_i \leqq m = n - 1$, so daß für h_i gilt: $0 \leqq h_i \leqq \frac{n-1}{n \cdot k}$.
In Analogie zum informationstheoretischen Begriff der Entropie läßt sich dann die Funktion bilden:

$$\mathrm{EE} = -\sum_{j=i_1}^{i_{n'}} h_j \cdot {}^2\log h_j \quad \text{für alle } h_j \neq 0, \quad n' \leqq n.$$

EE wurde von GUNZENHÄUSER und VON CUBE als *elektive Entropie der Elemente* oder als *Gruppenentropie* bezeichnet. Sie erfüllt genau die oben gestellten Forderungen. Führt man wie üblich für $^2\log$ die Bezeichnung ld ein,[1]) dann läßt sich für EE schreiben:

$$\mathrm{EE} = -\sum_j h_j \cdot \mathrm{ld}\, h_j = \sum_j h_j \cdot \mathrm{ld}\, \frac{1}{h_j}.$$

Die Gruppenentropie nimmt ihr relatives Maximum an, wenn jedes Gruppenmitglied genau k Wahlen erhält, so daß gilt: $\mathrm{EE}_{\max} = \mathrm{ld}\, n$. Für $k = 1$ und $n = 8$ gilt die maximale Gruppenentropie für die in Abb. 75b bis Abb. 75g dargestellten Gruppenstrukturen.

EE nimmt sein relatives Minimum an, wenn $n - k$ Wahlen auf ein Gruppenmitglied entfallen und k Wahlen auf ein zweites Mitglied, während alle übrigen Angehörigen der Gruppe keine Wahlen erhalten. EE ergibt sich für diesen Fall zu

$$\mathrm{EE}_{\min} = \frac{n-k}{n \cdot k}\, \mathrm{ld}\left(\frac{n \cdot k}{n-k}\right) + \frac{1}{n}\, \mathrm{ld}\, n.$$

Für $k = 1$ und $n = 8$ folgt für die in Abb. 75a angeführte Struktur ein Wert von $\mathrm{EE}_{\min} = 0{,}631$. Die Werte der relativen Minima liegen in Abhängigkeit von k und n tabelliert vor (VON CUBE und GUNZENHÄUSER, 1963) unter der Voraussetzung, daß jedes Gruppenmitglied bei beliebigem k nur $n - 1$ Wahlen auf sich vereinigen kann.

Auf Grund der eingangs formulierten Bewertung einer Gruppe durch ihre Struktur ist es im allgemeinen erwünscht, die Gruppenstruktur in der Weise zu verändern, daß sich der Wert der Gruppenentropie dem relativen Minimum von

[1]) $^2\log x = \frac{^{10}\log x}{^{10}\log 2}$.

EE möglichst weit nähert. EE-Werte, die dem relativen Maximum nahe liegen, lassen andererseits den Schluß auf eine unbefriedigende innere Organisation der Gruppe zu.

Um Gruppen mit unterschiedlicher Anzahl von Mitgliedern, die einer unterschiedlichen Zahl von Wahlkriterien unterworfen wurden, miteinander vergleichen zu können, ist eine Normierung der Gruppenentropie erforderlich. In Anlehnung an den Begriff der Redundanz schlugen GUNZENHÄUSER und VON CUBE für die normierte Gruppenentropie (EEN) den Ausdruck

$$\mathrm{EEN} = \frac{\mathrm{EE}_{\max} - \mathrm{EE}}{\mathrm{EE}_{\max} - \mathrm{EE}_{\min}}$$

vor. Damit liegt EEN in dem Intervall $0 \leqq \mathrm{EEN} \leqq 1$. Die normierte Gruppenentropie nimmt den Wert 1 an, wenn $\mathrm{EE} = \mathrm{EE}_{\min}$ ist, und EEN wird gleich Null, wenn $\mathrm{EE} = \mathrm{EE}_{\max}$ ist. Unter der fixierten Zielstellung für die Gruppenstrukturen sind also Werte der normierten Gruppenentropie nahe 1 wünschenswert.

In Tab. 18 sind für $n = 8$ und $k = 1$ einige mögliche Gruppenstrukturen mit den zugehörigen Werten der Gruppenentropie und der normierten Gruppenentropie zusammengestellt. Die Brauchbarkeit des eingeführten Maßes für Strukturuntersuchungen an Kollektiven wurde von VORWERG (1966) untersucht. Es zeigte sich, daß die Gruppenentropie sehr geringe Differenzierungen in der Struktur von Gruppen zu erfassen gestattet. Ebenso konnten BÖTTCHER und WILD (1968) sowie WILD (1968) zeigen, daß die Gruppenentropie auch für psychotherapeutische Gruppen ein leistungsfähiges Maß zur Beurteilung der inneren Struktur darstellt. In Abb. 76 ist beispielhaft die Veränderung der Struktur einer stationären offenen psychotherapeutischen Gesprächsgruppe über einen Zeitraum von acht Wochen aufgeführt.[1]) Als Wahlkriterium wurde die Frage zugrunde gelegt: Mit wem aus der Gruppe möchten Sie auf Station am liebsten in einem Zimmer wohnen? Trotz Zu- und Abgängen in der Gruppe zeigt sich über den Zeitraum von acht Wochen eine deutliche Strukturverbesserung, die als Ausdruck zunehmender Differenzierung der Rangordnung der Gruppenmitglieder anzusehen ist (BÖTTCHER und WILD, 1968).

Strukturmaße für Graphen besitzen eine Bedeutung, die über die Problemstellung in der Soziometrie weit hinausgeht. Insbesondere ist es möglich, nach den Vorstellungen von MOLES (1960) die Komplexität eines Systems anzugeben, wenn dieses als Modell in Form eines Graphen gegeben ist. Die Komplexität soll dabei eine Charakterisierung des Graphen sein, die von der Anzahl seiner Punkte und der Häufigkeit ihres Auftretens bestimmt wird. Das erfordert eine Klassifizierung der Punkte des Graphen. Als Klassifizierungsmerkmal bietet sich ein geordnetes Zahlenpaar an, das aus dem Eintritts- und Austrittsgrad eines Punk-

---

[1]) Das Untersuchungsmaterial, auf dem die Soziogramme der Abb. 76 beruhen, wurde mir in dankenswerter Weise von Frau Prof. Dr. KOHLER und Herrn Dr. BÖTTCHER, Abteilung für Psychotherapie und Neurosenforschung der Psychiatrischen Klinik der Karl-Marx-Universität Leipzig, zur Verfügung gestellt.

Tabelle 18. Gruppenentropien für unterschiedliche Strukturen ($n = 8$, $k = 1$)

Soziogramm	EE	EEN
	3,00	0,00
	2,75	0,11
	2,50	0,21
	2,16	0,35
	1,91	0,46
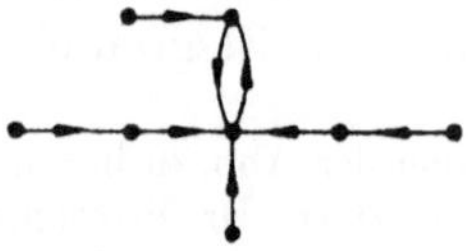	1,75	0,52

Tabelle 18 (Fortsetzung)

Soziogramm	EE	EEN
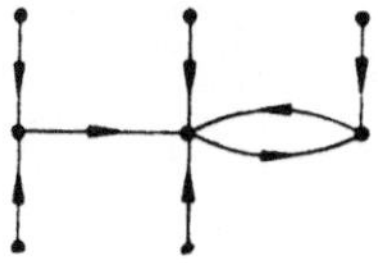	1,50	0,63
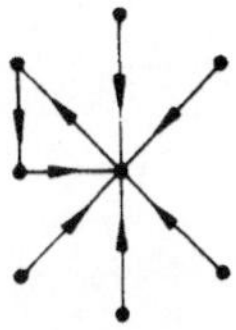	1,06	0,82
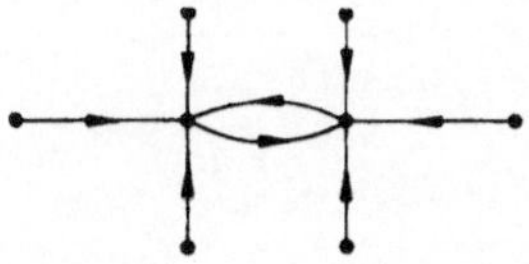	1,00	0,84
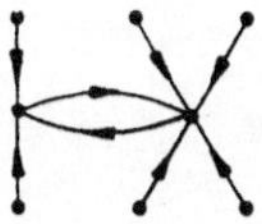	0,96	0,86
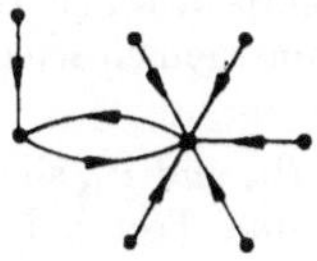	0,81	0,92
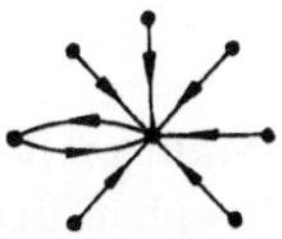	0,63	1,00

tes gebildet wird (Laue, 1967). Betrachten wir dazu das in Abb. 77 angeführte Beispiel.

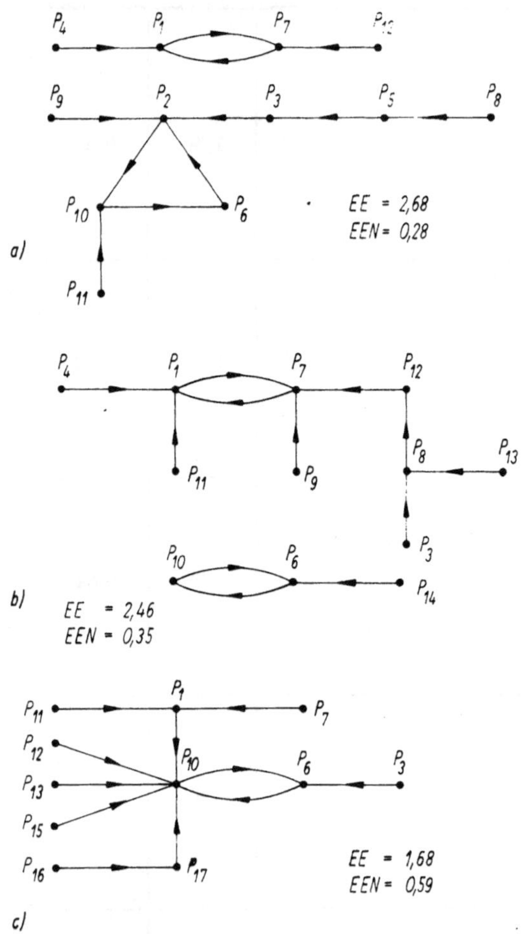

Abb. 76. Struktur einer offenen stationären psychotherapeutischen Gesprächsgruppe unter dem Wahlkriterium der erwünschten Zimmergemeinschaft.

a) Die Patienten P_1 bis P_{12} sind Mitglieder der Gruppe.

b) Die Patienten P_2 und P_5 haben die Gruppe verlassen, P_{13} und P_{14} sind neu hinzugekommen. Der zeitliche Abstand zwischen Test a und Test b betrug vier Wochen.

c) Die Patienten P_4, P_8, P_9 und P_{14} haben die Gruppe verlassen, P_{15}, P_{16} und P_{17} sind neu hinzugekommen. Der zeitliche Abstand zwischen Test b und Test c betrug vier Wochen

Die Punkte P_i werden so in Klassen eingeteilt, daß alle Punkte mit gleichem Zahlenpaar z einer Klasse angehören. Für die Punkte des Graphen der Abb. 77 ergibt sich die folgende Klasseneinteilung:

Zur Klasse K_1 mit $z = [1, 1]$ gehören die Punkte P_5 und P_6;
zur Klasse K_2 mit $z = [2, 1]$ gehören die Punkte P_1, P_2 und P_3;
zur Klasse K_3 mit $z = [4, 1]$ gehört der Punkt P_4;
alle übrigen Klassen sind leer.

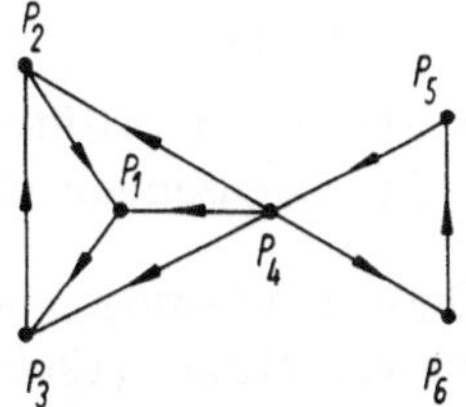

Abb. 77. Graph G. Jedem Punkt P_i wird ein Zahlenpaar $z_i = [g_e^{(i)}, g_a^{(i)}]$, bestehend aus dem Eintrittsgrad $g_e^{(i)}$ und dem Austrittsgrad $g_a^{(i)}$, zugeordnet, so daß gilt: $z_1 = [2, 1]$, $z_2 = [2, 1]$, $z_3 = [2, 1]$, $z_4 = [1, 4]$, $z_5 = [1, 1]$, $z_6 = [1, 1]$

Betrachten wir die Zahlenpaare der Vorgänger und Nachfolger der Elemente einer Klasse, dann zeigt sich, daß die Vorgänger und Nachfolger 1. Ordnung der Punkte P_5 und P_6 verschiedenen Klassen als Elemente angehören. Das bedeutet, daß sich die Punkte P_5 und P_6 zwar nicht durch ihre Zahlenpaare, wohl aber durch die Zahlenpaare ihrer Vorgänger und Nachfolger unterscheiden, so daß wir P_5 und P_6 unterschiedlichen Klassen zuordnen. P_5 ist dann Element der Klasse K_{11} und P_6 der Klasse K_{12}. Andererseits läßt sich an Hand der Abb. 77 sofort überprüfen, daß die Vorgänger und Nachfolger beliebiger Ordnung der Punkte P_1, P_2 und P_3 stets der gleichen Klasse angehören, so daß keine weitere Klassifizierung dieser Punkte möglich ist. Für die Punkte des Graphen der Abb. 77 ergeben sich also folgende Klassen:

$$K_{11} = \{P_5\}, \quad K_{12} = \{P_6\}, \quad K_2 = \{P_4\}, \quad K_3 = \{P_1, P_2, P_3\}.$$

Auf Grund dieser Klassifizierung kann jedem Punkt des Graphen eine relative Häufigkeit p_i zugeordnet werden. Die relativen Häufigkeiten errechnen sich für jeden Punkt aus der Anzahl der Elemente der Klasse, der er selbst als Element angehört, dividiert durch die Anzahl der Punkte des Graphen. Es gilt also

$$p_1 = \frac{3}{6}, \quad p_2 = \frac{3}{6}, \quad p_3 = \frac{3}{6}, \quad p_4 = \frac{1}{6}, \quad p_5 = \frac{1}{6}, \quad p_6 = \frac{1}{6}.$$

Trifft man unter den Punkten des Graphen eine zufällige Auswahl, dann wird man bei einer genügend großen Anzahl von Versuchen mit einer Wahrscheinlichkeit von $\frac{3}{6}$ auf einen der Punkte P_1, P_2 oder P_3 treffen, die, abgesehen von der Indizierung, als völlig identisch, d.h. als ununterscheidbar in der gegebenen Struktur, anzusehen sind.

Ebenso kann jeder Klasse eine relative Häufigkeit n_j zugeordnet werden, die mit den relativen Häufigkeiten der Elemente der Klasse identisch ist. Es folgt daraus für die Klassen

$$K_{11}\colon \quad n_1 = \frac{1}{6}, \quad K_{12}\colon \quad n_2 = \frac{1}{6}, \quad K_2\colon \quad n_3 = \frac{1}{6}, \quad K_3\colon \quad n_4 = \frac{3}{6}.$$

Für die Komplexität σ (unter den angeführten Gesichtspunkten) fordern wir die folgenden Eigenschaften:

1. Die Komplexität soll mit der Anzahl der Elemente (Punkte) monoton wachsen.
2. Die Komplexität soll mit abnehmender relativer Häufigkeit der Elemente wachsen.
3. Die Komplexität soll eine positive, eindeutige, monoton wachsende Funktion bei wachsendem Argument sein.

Diese Forderungen werden von einer variierten Shannonschen Formel erfüllt, die von MOLES (1960) vorgeschlagen wurde. Es gilt dann für die Komplexität

$$\sigma = -N \cdot \sum_{j=1}^{r} n_j \cdot \operatorname{ld} n_j = N \cdot \sum_{j=1}^{r} n_j \cdot \operatorname{ld} \frac{1}{n_j},$$

wobei N die Anzahl der Punkte des Graphen ist, r die Anzahl der Klassen angibt und n_j die den Klassen zugeordnete relative Häufigkeit bedeutet. Für das in Abb. 77 angeführte Beispiel ergibt sich dann eine Komplexität von $\sigma = 10{,}74$. In Abb. 78 sind als Beispiel einige einfache Graphen mit zugehöriger Komplexität einander gegenübergestellt worden.

Es ist selbstverständlich, daß das hier angeführte Komplexitätsmaß nicht das einzige mögliche Maß ist. Bei Veränderung der Klassifizierungsmerkmale der Punkte und der zu stellenden Forderungen werden sich andere Maßzahlen ergeben. Ebenso ist eine bestimmte Konzeption über die Komplexität Voraussetzung für die Ermittlung bestimmter Maßzahlen zur Charakterisierung der Komplexität. Legt man z.B. die Ansichten von SIMON (1962) über die Komplexität zugrunde, die im wesentlichen an die hierarchische Ordnung von Systemen anknüpfen und die Komplexität

σ = 2,00
σ = 2,00
σ = 2,75
σ = 4,76

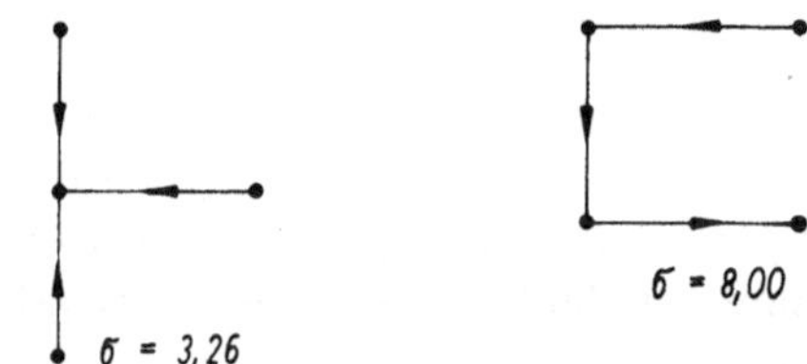

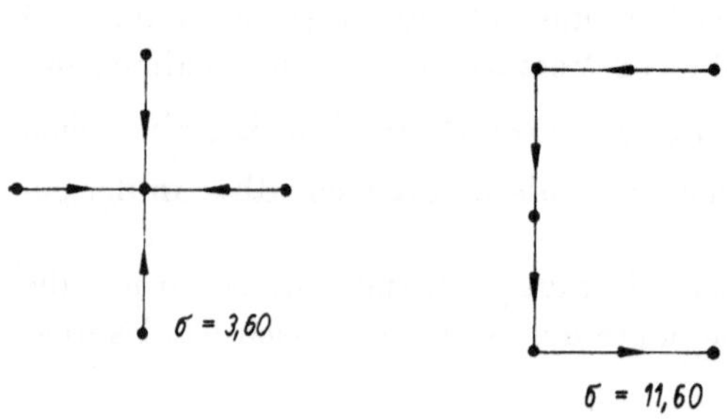

Abb. 78. Graphen von unterschiedlicher Komplexität σ

zur Kennzeichnung dieses Tatbestandes verwendet sehen möchten, so sind natürlich andere Überlegungen erforderlich, die zu wesentlich anderen Ergebnissen als den oben dargestellten führen. Bezüglich der Komplexität von Graphen sei der interessierte Leser auf die umfangreichen Untersuchungen von MOWSHOWITZ (1968) hingewiesen.

Mit der Behandlung von Strukturmaßen haben wir die rein relationale Betrachtungsweise von Strukturmodellen bereits verlassen. Dieser letzte Abschnitt bildet somit gleichzeitig den Übergang zu bewerteten Graphen, die der Gegenstand des nächsten Kapitels sein werden. Dort wird das Augenmerk darauf zu richten sein, durch eine zahlenmäßige Bewertung der Elemente eines Graphen zu halbquantitativen und quantitativen Aussagen zu gelangen.

Literatur zu Kapitel 4

ÁDÁM, A.: Simulation of Rhythmic Nervous Activities. II. Mathematical Models for the Function of Networks with Cyclic Inhibition. Kybernetik **5** (1968) S. 103.

BARTHEL, D.: Contributions to Stochastic Learning Theory. General Systems **10** (1965) S. 117.

BÖTTCHER, H. F., und H.-J. WILD: Zur Strukturanalyse psychotherapeutischer Gesprächsgruppen. Vortrag auf dem Symposium „Strukturanalysen des Kollektivs", 5. und 6. Dez. 1968 in Jena.

BOYARSKY, L. L.: Neural Net Analogs of Rhythmic Activity in the Nervous System. Currents in Modern Biology **1** (1967) S. 39.

BRAMSEN, J.: A Matrix Approach to the Theory of Biotopological Mapping. Bull. Math. Biophysics **28** (1966) S. 107.

BRINKMANN, H.-B., und D. PUPPE: Kategorien und Funktoren. Berlin/Heidelberg/New York 1966.

COMOROSAN, S., und O. PLATICA: On the Biotopology of Protein Biosynthesis. Bull. Math. Biophysics **29** (1967) S. 665.

CUBE, F. v., und R. GUNZENHÄUSER: Über die Entropie von Gruppen. Quickborn b. Hamburg 1963.

DEMETRIUS, L.: Cellular Systems as Graphs. Bull. Math. Biophysics **30** (1968) S. 105.

EICHHORN, G.: Zur Theorie der heuristischen Denkmethoden. Grundlagenstudien aus Kybernetik und Geisteswissenschaft **2** (1961).

FLAMENT, C.: Mathematische Untersuchungen psychosozialer Stukturen (franz.), in: L'année psychologique 1958, S. 119.

FOERSTER, H. v.: Computation in Neural Nets. Currents in Modern Biology **1** (1967) S. 47.

FONG, P.: Phenomenological Theory of Life. J. theoret. Biology **21** (1968) S. 133.

FOSTER, B. L.: Re-Establishability in Abstract Biology. Bull. Math. Biophysics **28** (1966) S. 371.

FRITTS, H. C.: Growth-Rings of Trees. Their Correlation with Climate. Science [Washington] **154** (1966) S. 973.

GUNZENHÄUSER, R., und F. v. CUBE: Über den Begriff der Gruppenentropie. Grundlagenstudien aus Kybernetik und Geisteswissenschaft **4** (1963) S. 45.

HASSE, M., und L. MICHLER: Theorie der Kategorien. Berlin 1966.

JACOB, F., und J. MONOD: Cold Spring Harbour Sympos. quantitat. Biol. **26** (1961) S. 389.

KLING, U., und G. SZÉKELY: Simulation of Rhythmic Nervous Activities. I. Function of Networks with Cyclic Inhibitions. Kybernetik **5** (1968) S. 89.

LAUE, R.: Untersuchungen an höheren Pflanzen bezüglich einer biotopologischen Modellvorstellung sowie hinsichtlich ihrer passiven elektrischen Eigenschaften im Zusammenhang mit ihrem Wasserhaushalt. Dissertation, Leipzig 1966.

—: Struktur und Strukturmodelle. studia biophysica **2** (1967) S. 291.

LAUE, R.: Graphen als Strukturmodelle lebender Systeme. Wiss. Z. Karl-Marx-Univ. Leipzig, math.-naturwiss. R. **17** (1968) S. 547.

—, FÖRKEL, H., und J. FORBERG: Die Relationen zwischen Pflanze, Klima, Boden und agrotechnischen Maßnahmen in einem Strukturmodell. studia biophysica **11** (1968) S. 207.

—: Strukturanalyse komplexer Systeme und Bewertung der Systemelemente im Hinblick auf Kompartmenttheorie, Theorie offener Systeme und Systeme vermaschter Regelkreise. studia biophysica **14** (1969) S. 123.

MCCULLOCH, W. S.: Symbolic Representation of the Neuron as an Unreliable Function, in: H. v. FOERSTER und G. W. ZOPF jr. (Hrsg.), Principles of Selforganisation. New York 1962, S. 91.

— und W. PITTS: A Logical Calculus of the Ideas Immanent in Nervous Activity. Bull. Math. Biophysics **5** (1953) S. 115.

MESAROVIĆ, M. D.: Foundations for a General Systems Theory, in: M. D. MESAROVIĆ (Hrsg.), Views on General Systems Theory. New York 1964, S. 1.

MILSUM, J. H.: Biological Control Systems Analysis. New York/St. Louis/San Francisco/ Toronto/London/Sidney 1966.

MOLES, A. A.: Über konstruktionelle und instrumentelle Komplexität. Grundlagenstudien aus Kybernetik und Geisteswissenschaften **1** (1960) S. 33.

MORENO, J. L.: Die Grundlagen der Soziometrie. Köln und Opladen 1954.

MOROWITZ, H. J.: Physical Background of Cycles in Biological Systems. J. theoret. Biology **13** (1966) S. 60.

MOWSHOWITZ, A.: Entropy and the Complexity of Graphs.

I. An Index of the Relative Complexity of a Graph. Bull. Math. Biophysics **30** (1968) S. 175.

II. The Information Content of Diagraphs and Infinite Graphs. Bull. Math. Biophysics **30** (1968) S. 225.

III. Graphs with Prescribed Information Content. Bull. Math. Biophysics **30** (1968) S. 387.

IV. Entropy Measures and Graphical Strukture. Bull. Math. Biophysics **30** (1968) S. 533.

NOACK, CH.: Zum Problem der Aussagekraft von biophysikalischen Modellen auf dem Gebiet der pflanzlichen Transpiration unter besonderer Berücksichtigung der meteorologischen Umweltbedingungen. Dissertation, Leipzig 1968.

NOACK, D.: Biophysikalische Analyse stationärer Zustände in geregelten biologischen Systemen. studia biophysica **10** (1968) S. 35.

RASHEVSKY, N.: Topology and Life. In Search of General Mathematical Principles in Biology and Sociology. Bull. Math. Biophysics **16** (1954) S. 317.

—: Some Theorems in Topology and a Possible Biological Implication. Bull. Math. Biophysics **17** (1955a) S. 111.

—: Some Remarks on Topological Biology. Bull. Math. Biophysics **17** (1955b) S. 207.

—: Contributions to Topological Biology: Some Considerations on the Primordial Graph and on Some Possible Transformations. Bull. Math. Biophysics **18** (1956a) S. 113.

—: What Type of Empirically Verifiable Predictions can Topological Biology Make ? Bull. Math. Biophysics **18** (1956b) S. 173.

—: Organismic Sets: I. Outline of a General Theory of Biological and Sociological Organisms. Bull. Math. Biophysics **29** (1967) S. 139.

—: Organismic Sets: II. Some General Considerations. Bull. Math. Biophysics **30** (1968) S. 163.

RESCIGNO, A., und G. SEGRE: On Some Topological Properties of the Systems of Compartments. Bull. Math. Biophysics **26** (1964) S. 31.

ROSEN, R.: The Representation of Biological Systems from the Standpoint of the Theory of Categories. Bull. Math. Biophysics **20** (1958a) S. 317.

—: A Relational Theory of Biological Systems I. Bull. Math. Biophysics **20** (1958b) S. 245.

ROSEN, R.: A Relational Theory of Biological Systems II. Bull. Math. Biophysics **21** (1959) S. 109.

—: A Relational Theory of the Structural Changes Induced in Biological Systems by Alterations in Environment. Bull. Math. Biophysics **23** (1961) S. 165.

SIMON, H. A.: The Architecture of Complexity. Proc. Amer. philos. Soc. **106** (1962) S. 467.

STACHOWIAK, H.: Denken und Erkennen im kybernetischen Modell. Wien 1965.

STAHL, W. R.: Similarity Analysis of Physiological Systems. Perspectives in Biology and Medicine **4** (1963) S. 291.

STEINBUCH, K.: Automat und Mensch. Berlin/Göttingen/Heidelberg 1963.

URBANO, R. H.: Structure and Function in Polyfunctional Nets. IEEE Transactions on Computers **C-17** (1968) S. 152.

VORWERG, M.: Sozialpsychologische Strukturanalysen des Kollektivs. Berlin 1966.

WAGNER, R.: Probleme und Beispiele biologischer Regelung. Stuttgart 1954.

WILD, H.-J.: Zur Strukturanalyse psychotherapeutischer Gesprächsgruppen. Dissertation, Leipzig 1968.

WOOLDRIDGE, D. E.: Mechanik der Gehirnvorgänge. Wien/München 1967.

5. Bewertete Graphen als Modelle biologischer Systeme

5.1. Rangordnungsprobleme

Beginnen wir mit einem einfachen Beispiel (HASSE, 1961), um die Problematik anschaulich darzustellen. Es werde ein Turnier ausgetragen, an dem fünf Spieler beteiligt sind. Es soll jeder gegen jeden ein Spiel bestreiten. Jedes Spiel endet für jeden Spieler mit genau einem der Ergebnisse: Spiel gewonnen, unentschieden, Spiel verloren. Nach Beendigung des Turniers lassen sich die Ergebnisse in Form eines Graphen darstellen, wenn jeder Spieler durch einen Punkt symbolisiert wird und folgende Kanten eingeführt werden: Gewinnt der Spieler P_i gegen P_j, dann zeichnen wir eine Kante zwischen diesen Punkten, die von P_i nach P_j gerichtet ist. Spielt P_j gegen P_k unentschieden, so zeichnen wir zwei Kanten zwischen diesen Punkten — die eine von P_j nach P_k gerichtet, die andere von P_k nach P_j. In Abb. 79 sind unter diesen Voraussetzungen die Ergebnisse des Turniers dargestellt. Wir sind jetzt allerdings genötigt, zwischen zwei Arten von Kanten zu unterscheiden, jenen, die ein gewonnenes bzw. verlorenes Spiel kennzeichnen, und jenen, die ein unentschiedenes Spiel symbolisieren. Wird vereinbart, daß jeder Spieler für ein gewonnenes Spiel zwei Punkte erhält, für ein unentschiedenes Spiel einen Punkt und für ein verlorenes Spiel keinen Punkt, dann kann man die Kanten des Graphen durch die Zahlen eins oder zwei bewerten, je nachdem, ob es sich um ein gewonnenes oder unentschiedenes Spiel handelt. In Abb. 79 sind die Bewertungsgrößen der Kanten bereits eingetragen. Wie bekannt, läßt sich für jeden Graphen eine Berührungsmatrix A aufschreiben, deren Elemente den Wert 0 und 1 annehmen können. Den Elementen $a_{ij} = 1$, d.h. den existierenden Kanten des Graphen, ordnen wir jetzt die entsprechenden Bewertungsgrößen der Kanten zu, indem die Zahl 1 durch die zugehörige Bewertungsgröße ersetzt wird. Damit gelangt man zu einer bewerteten Berührungsmatrix A_B, in der die Elemente den Wert Null oder eine der zugelassenen Bewertungsgrößen annehmen können. Für den Graphen der Abb. 79 ergibt sich nach unseren Voraussetzungen die bewertete Berührungsmatrix zu

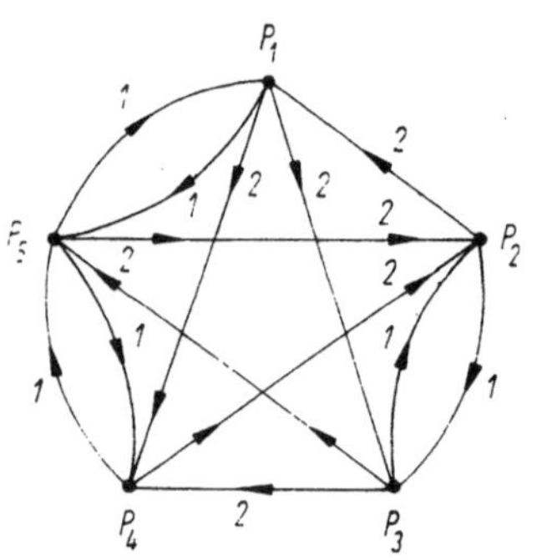

Abb. 79. Die Ergebnisse eines Turniers, in Form eines Graphen dargestellt

$$A_B = \begin{bmatrix} 0 & 0 & 2 & 2 & 1 \\ 2 & 0 & 1 & 0 & 0 \\ 0 & 1 & 0 & 2 & 2 \\ 0 & 2 & 0 & 0 & 1 \\ 1 & 2 & 0 & 1 & 0 \end{bmatrix} \quad \begin{matrix} \Sigma \\ 5 \\ 3 \\ 5 \\ 3 \\ 4 \end{matrix}$$

Die Zeilensummen der Matrix geben die erreichten Punktzahlen der Spieler auf Grund der eingeführten Spielbewertung (gleich Kantenbewertung) an. Es zeigt sich danach, daß die Spieler P_1 und P_3 gemeinsam an erster Stelle stehen, gefolgt von dem Spieler P_5 und auf dem dritten Platz wiederum gemeinsam die Spieler P_2 und P_4. Damit ist die Rangordnung der Spieler auf Grund der Spielergebnisse des Turniers und ihrer Bewertung festgelegt. Es bleibt zu fragen, ob damit wirklich schon der gesamte Informationsgehalt ausgeschöpft ist, den uns die Ergebnisse des Turniers liefern.

Durch die Ermittlung der Zeilensummen der bewerteten Berührungsmatrix als Grundlage für die aufzustellende Rangordnung der Spieler haben wir prinzipiell nichts weiter getan, als die Werte jener Kanten addiert, für die ein bestimmter Punkt P_i den Anfangspunkt bildet. Dadurch erhielten wir eine Bewertung der Punkte P_i, die gleich den entsprechenden Zeilensummen war. Das heißt, die Punktbewertung auf Grund der vorgegebenen Kantenbewertung erfolgte, indem nur eine geringe Anzahl der Kanten des Graphen dazu herangezogen wurde. Bezeichnet man den Wert einer Kante durch $w(P_i, P_j)$ und die Bewertung eines Punktes durch $w(P_k)$, so kann die Punktbewertung auf Grund der Zeilensummen der bewerteten Berührungsmatrix durch den Ausdruck angegeben werden:

$$w(P_i) = w(P_i, P_j) + w(P_i, P_k) + w(P_i, P_l) + \cdots$$

Für $w(P_1)$ gilt dann speziell

$$w(P_1) = w(P_1, P_3) + w(P_1, P_4) + w(P_1, P_5) = 2 + 2 + 1 = 5.$$

Es wird hier besonders deutlich, daß es einer zusätzlichen Vereinbarung darüber bedarf, in welcher Weise die Werte der Kanten miteinander zu verknüpfen sind und welche Kanten dazu heranzuziehen sind, um zu einer entsprechenden Punktbewertung, ausgehend von einer gegebenen Kantenbewertung, zu gelangen. Die in unserem Beispiel zugrunde gelegte Auswahl und additive Verknüpfung der Werte der Kanten ist durchaus nicht die einzige Möglichkeit, um zu einer Punktbewertung zu gelangen. Es ist lediglich die einfachste Methode, die jedoch dem Problem nicht gut angepaßt ist. Grundsätzlich muß über die Methode der Punktbewertung von sachlogischen Gesichtspunkten aus entschieden werden. In unserem Beispiel blieb durch die angewandte Methode der Punktbewertung die Spielstärke der Spieler unberücksichtigt. Sicher ist diese aber für die Aufstellung einer Rangordnung der Spieler nicht unwesentlich. Beispielsweise gewann P_1 das Spiel gegen den ranghohen Spieler P_3, was für eine große Spielstärke von P_1 spricht im Vergleich zu P_3, der nur gegen die rangniedrigen Spieler P_4 und P_5 gewinnen konnte. Unter Berücksichtigung der Spielstärke der Spieler erscheint es folglich unberechtigt, die Spieler P_1 und P_3 gleichberechtigt auf den ersten Rangplatz zu setzen. Das heißt aber, die vereinbarten Regeln, um zu einer Punktbewertung zu gelangen, waren ungenügend für die vorliegende Problemstellung. Um dem abzuhelfen, ist die gesamte Struktur des Graphen für die Ermittlung der Punktbewertung zu berücksichtigen, und es ist zu gewährleisten, daß die Spielstärke jedes Spielers in die Bewertung eingeht. Zu diesem Zwecke bilden wir alle möglichen Ketten zwischen je zwei Punkten P_i und P_j, die P_i als Anfangspunkt des ersten Kettengliedes und P_j als Endpunkt des letzten Kettengliedes besitzen. Folgende Kantenverknüpfungen werden eingeführt:

1. Der Wert einer Kette ergibt sich durch multiplikative Verknüpfung der Werte der Kanten, die als Element der Kette angehören. Existiert zwischen P_i und P_j eine Kette $K_s(P_i \to P_j)$ mit den Kanten

$$K_s(P_i \to P_j) = (P_i, P_1), (P_1, P_2), \ldots, (P_{n-1}, P_n), (P_n, P_j),$$

dann gilt für den Wert der Kette

$$w\big(K_s(P_i \to P_j)\big)$$
$$= w(P_i, P_1) \times w(P_1, P_2) \times \cdots \times w(P_{n-1}, P_n) \times w(P_n, P_j).$$

2. Die Werte von Ketten mit gleichen Anfangspunkten des ersten Gliedes und gleichen Endpunkten des letzten Gliedes werden additiv miteinander verknüpft. Existieren die Ketten

$$K_1(P_i \to P_j), K_2(P_i \to P_j), \ldots, K_t(P_i \to P_j),$$

dann gilt

$$w\big(K(P_i \to P_j)\big) = \sum_{s=1}^{t} w\big(K_s(P_i \to P_j)\big).$$

3. Der Wert eines Punktes P_i ergibt sich durch additive Verknüpfung der Werte $w(K(P_i \to P_j))$ $(j = 1, 2, \ldots, n)$. n ist die Anzahl der Punkte des Graphen. Es gilt dann

$$w(P_i) = \sum_{j=1}^{n} w\big(K(P_i \to P_j)\big).$$

4. Es sind alle Ketten bis zu r Gliedern $(r \leqq n)$ bei der Rechnung zu berücksichtigen, unabhängig davon, ob die Ketten zu Zyklen oder Teile der Ketten zyklisch werden. (r ist identisch mit dem Exponenten der Berührungsmatrix, für den $A^r = 0$ wird oder A^{r+n} $(n = 1, 2, \ldots)$ auf Matrizen führt, die unter den Matrizen $A^1, A^2, \ldots, A^r$ bereits auftraten; vergleiche dazu Abschn. 3.3).

Die Verknüpfungsvorschriften lassen sich ausgezeichnet formalisieren, wenn man von den bewerteten Berührungsmatrizen Gebrauch macht. Die Punktbewertung kann dann durch Anwendung übersichtlicher Matrizenoperationen ermittelt werden. Zu diesem Zweck addieren wir zunächst zu der bewerteten Berührungsmatrix A_B eine Einheitsmatrix E vom gleichen Typ wie A_B und erhalten damit eine Matrix B, für die gilt:

$$B = A_B + E.$$

Für den Graphen der Abb. 79 hat B die Gestalt

$$B = \begin{bmatrix} 1 & 0 & 2 & 2 & 1 \\ 2 & 1 & 1 & 0 & 0 \\ 0 & 1 & 1 & 2 & 2 \\ 0 & 2 & 0 & 1 & 1 \\ 1 & 2 & 0 & 1 & 1 \end{bmatrix}.$$

Durch die Matrix B wird gewährleistet, daß die zweite Verknüpfungsregel im Ergebnis Berücksichtigung findet, d.h., daß alle Ketten unterschiedlicher Gliederzahl zwischen zwei Punkten das Ergebnis mitbestimmen. Bildet man die Potenzen der Matrix B, dann erfüllt man damit die Forderungen der ersten Verknüpfungsregel. In der vierten Regel wurde festgelegt, daß die Ermittlung aller Ketten bis zu r Gliedern zwischen zwei Punkten ausreicht, um das gestellte Problem zu lösen. In dem betrachteten Beispiel ist $r = 3$, so daß es genügt, die dritte Potenz der Matrix B zu ermitteln. $B^r = B^3$ ergibt sich für den Graphen in Abb. 79 zu

$$B^3 = \begin{bmatrix} 26 & 46 & 16 & 29 & 27 \\ 12 & 28 & 16 & 30 & 26 \\ 30 & 36 & 20 & 24 & 20 \\ 19 & 16 & 18 & 18 & 13 \\ 21 & 24 & 22 & 27 & 21 \end{bmatrix}.$$

Schließlich sind, um der dritten Forderung zu genügen, die Zeilensummen der Matrix B^r zu ermitteln. Das läßt sich erreichen, indem B^r mit einer Matrix e multipliziert wird, die aus einer Spalte und n Zeilen besteht und deren sämtliche Elemente gleich 1 sind. Als Ergebnis dieser Multiplikation erhält man eine Matrix s vom gleichen Typ $1 \times n$ wie die Matrix e. Die Elemente s_{1i} der Matrix s entsprechen dann den gesuchten Punktbewertungen $w(P_i)$. Formal gilt $s = B^r \cdot e$ und $s_{1i} \equiv w(P_i)$ für $i = 1, 2, \ldots, n$. Für unser Beispiel ergibt sich

$$s = \begin{bmatrix} 26 & 46 & 16 & 29 & 17 \\ 12 & 28 & 16 & 30 & 26 \\ 30 & 36 & 20 & 24 & 20 \\ 19 & 16 & 18 & 18 & 13 \\ 21 & 24 & 22 & 27 & 21 \end{bmatrix} \cdot \begin{bmatrix} 1 \\ 1 \\ 1 \\ 1 \\ 1 \end{bmatrix} = \begin{bmatrix} 144 \\ 112 \\ 130 \\ 84 \\ 115 \end{bmatrix},$$

und für die Punktbewertungen folgt

$$w(P_1) = 144, \quad w(P_2) = 112, \quad w(P_3) = 130, \quad w(P_4) = 84, \quad w(P_5) = 115.$$

Damit ist die Rangordnung der Spieler unter Berücksichtigung ihrer Spielstärke ermittelt.

Wie ersichtlich ist, steht der Spieler P_1 an erster Stelle, gefolgt von P_3, P_5, P_2 und P_4. Um die Werte der Spieler in diesem Turnier mit den Ergebnissen aus anderen Turnieren vergleichen zu können, empfiehlt sich eine geeignete Normierung der Werte der Spieler z.B. auf den Wert 1. Das kann erreicht werden, indem der Wert jedes Spielers durch die Spaltensumme der Matrix s dividiert wird. Die Spaltensumme von s erhält man durch die Matrizenmultiplikation $e^T \cdot s$ bzw. $e^T \cdot B^r \cdot e$. Die Matrix $s^{(N)}$ mit normierten Elementen ergibt sich dann zu

$$s^{(N)} = \frac{B^r \cdot e}{e^T \cdot B^r \cdot e}.$$

Für das betrachtete Beispiel folgt die Matrix $s^{(N)}$ zu

$$s^{(N)} = \begin{bmatrix} 0,25 \\ 0,19 \\ 0,22 \\ 0,14 \\ 0,20 \end{bmatrix}.$$

Die Rangordnung der Punkte bleibt durch die Normierung selbstverständlich ungeändert, wie sich durch Vergleich der Matrizen s und $s^{(N)}$ sofort erkennen läßt.

Der Ausdruck für $s^{(N)}$ läßt sich leicht umformen in

$$s^{(N)} = \frac{e_r}{e^T \cdot e_r},$$

was insbesondere bei Matrizen mit großer Zeilen- und Spaltenzahl eine gewisse Rechenerleichterung mitsichbringt. Beachtet man, daß sich $B^r \cdot e$ auch in der Form schreiben läßt

$$\underbrace{B \times B \times B \times \cdots \times B}_{r \text{ Stück}} \times e,$$

und führt man die Bezeichnungen ein

$$B \cdot e = e_1, \; B \cdot e_1 = e_2, \; \ldots, \; B \cdot e_{r-1} = e_r,$$

dann gilt $B^r \cdot e = e_r$, und man gelangt zu der angegebenen Formel für $s^{(N)}$.

Berge (1958) gibt für die Bestimmung der Rangordnung den Ausdruck $s^{(N)} = \lim_{n \to \infty} \frac{B^n \cdot e}{e^T \cdot B^n \cdot e}$ an. Dabei wurde auf die vierte Verknüpfungsregel verzichtet, d.h., die Gliederzahl der zu berücksichtigenden Ketten unterliegt keinen Beschränkungen, sondern soll im Gegenteil gegen unendlich gehen. Solche Ketten existieren in endlichen Graphen dann, wenn die Graphen wenigstens einen Zyklus enthalten. Werden die Zyklen vielfach durchlaufen, dann erhält man Ketten mit beliebig großer Anzahl von Gliedern. In dem angeführten Beispiel ergibt sich jedoch keine andere Rangordnung der Punkte, wenn der Ausdruck von Berge dafür zugrunde gelegt wird. Nach Berge bezeichnet man die Punktbewertung $w(P)$, ermittelt nach der von ihm angegebenen Beziehung, auch als *Mächtigkeit* des Punktes P.

Schließlich bleibt, um allen Ansprüchen zu genügen, eine letzte Korrektur erforderlich. Bei der Bestimmung der Rangordnung der Spieler fand die Spielstärke der Spieler nur insofern Berücksichtigung, als die Spielstärke jener Spieler in die Rechnung einbezogen wurde, gegen die ein Spiel gewonnen oder unentschieden beendet wurde. Soll dagegen die Spielstärke aller Spieler, auch jener, gegen die ein Spiel verloren wurde, in die Rechnung eingehen, dann bedarf der Ausdruck für $s^{(\mathrm{N})}$ einer Ergänzung, die von HASSE (1961) angegeben wurde. Bildet man einen analogen Ausdruck zu $s^{(\mathrm{N})}$ mit Hilfe der transponierten Matrix von B, so daß gilt

$$(s^{\mathrm{T}})^{(\mathrm{N})} = \lim_{n\to\infty} \frac{(B^{\mathrm{T}})^n \cdot e}{e^{\mathrm{T}} \cdot B^n \cdot e},$$

dann wird die letztgenannte Forderung erfüllt, wenn an Stelle der Elemente von $s^{(\mathrm{N})}$ die Elemente der Matrix $s^{(\mathrm{N})} - (s^{\mathrm{T}})^{(\mathrm{N})}$ für die Punktbewertung herangezogen werden. Für die Punktbewertung unseres Beispiels ergeben sich nach HASSE (1961) mit $n = 4$ die Werte $w(P_1) \approx +0{,}060$, $w(P_2) \approx -0{,}064$, $w(P_3) \approx +0{,}064$, $w(P_4) \approx -0{,}074$ und $w(P_5) \approx +0{,}014$. Die Rangordnung der Spieler zeigt jetzt eine Veränderung gegenüber der zuvor ermittelten, indem die Spieler P_1 und P_3 ihre Plätze vertauschen. Die endgültige Rangordnung sieht also den Spieler P_3 auf dem ersten Platz, gefolgt von P_1, P_5, P_2 und P_4.

Das dargestellte Rangordnungsproblem besitzt nun in abgewandelter Form auch Bedeutung für biologische Systeme, die als Graphen modelliert wurden. Diesen Problemen wollen wir uns im folgenden zuwenden.

Nehmen wir an, es seien uns die beiden Modelle, die in den Abbildungen 45 und 66 vorgestellt wurden, gegeben. Um zu einer zahlenmäßigen Bewertung der Punkte der Graphen unter bestimmten Aspekten zu gelangen, ist auch bei diesen Modellen von einer Kantenbewertung auszugehen. Eine Reihe von Festlegungen über die Kantenverknüpfungen führt dann ebenso wie in dem Falle des obigen Rangordnungsproblems auf eine Punktbewertung.

Die Problematik besteht aber zunächst darin, eine sinnvolle Kantenbewertung für die Modelle einzuführen. Die Lösung dieser Aufgabe erfordert in vielen Fällen einen beträchtlichen Aufwand. Wir werden darauf noch ausführlich zu sprechen kommen. Zunächst ordnen wir formal jeder Kante a_{ij} eines Graphen eine reelle Zahl α_{ij} zu, die die Bewertung dieser Kante darstellt.

Ist ein Modell auf Grund der verfügbaren Kenntnisse über das Original gebildet worden, dann besteht die einfachste Möglichkeit einer Kantenbewertung darin, allen Kanten des Graphen die gleiche Bewertungsgröße zuzuordnen. Das bedeutet, daß die durch die Kanten symbolisierten Relationen zwischen den Subobjekten (den Punkten des Graphen) als gleichwertig anzusehen sind. Bereits bei der Modellbildung ist dieser Aspekt natürlich entsprechend zu berücksichtigen. Selbstverständlich kann eine solche Gleichbewertung der Kanten nur als eine erste Näherung angesehen werden. Häufig ist es jedoch überhaupt die einzige Möglichkeit, insbesondere bei Modellen auf hohen Abstraktionsstufen und wenn experimentelle Daten nicht unmittelbar miteinander vergleichbar sind, um zu quantitativen oder halbquantitativen Aussagen über die Elemente des Modells zu gelangen. Wenden wir uns diesem Falle vorerst zu.

Es wird die folgende Kantenbewertung vorgenommen: Wenn $a_{ij} = 1$ ist, dann gelte $\alpha_{ij} = 1$, und wenn $a_{ij} = 0$ ist, dann gelte $\alpha_{ij} = 0$.

Betrachten wir einen Punkt P des Graphen mit n Vorgängern 1. Ordnung. Die Beziehungen zwischen den Vorgängern und dem Punkt P sind nach erfolgter Gleichbewertung der Kanten als gleichartig bezüglich ihrer Wirkung auf P anzusehen, wenn die dem Graphen zugrunde liegende Relation beinhaltet: $[P_i, P_j]$ bedeutet, daß P_i den Zustand des Elements P_j beeinflußt. An der Aufrechterhaltung des Zustandes von P ist dann jeder der n Vorgänger 1. Ordnung mit einem partiellen Beitrag der Größe $\frac{1}{n}$ beteiligt, wenn die Gesamteinwirkung auf das Subobjekt P gleich 1 gesetzt wird. Legt man diesen Gedanken den weiteren Betrachtungen zugrunde, dann wird es unter diesem speziellen Gesichtspunkt möglich, den Einfluß eines Vorgängers beliebiger Ordnung auf ein Subobjekt zahlenmäßig zu erfassen. Als erstes erweist es sich dabei als notwendig, eine spezielle Bewertung der Kanten einzuführen, die dem Betrachtungsaspekt voll Rechnung trägt. Hat P_1 n_1 Vorgänger 1. Ordnung, so daß P_1 für n_1 Kanten den Endpunkt bildet, dann ordnen wir jeder dieser Kanten a_{i1} ($i = 1, 2, \ldots, n_1$) die Bewertungsgröße $\alpha_{i1} = \frac{1}{n_1}$ (für alle i) zu. Durch diese Vorschrift wird jeder Kante des Graphen eindeutig eine Bewertungsgröße zugeordnet, die den unmittelbaren Einfluß des Vorgängers auf den Nachfolger zahlenmäßig charakterisiert. Für einen auf diese Art bewerteten Graphen kann eine zugehörige bewertete Berührungsmatrix A_B aufgestellt werden. Der in Abb. 45 dargestellte Graph besitzt die nachfolgend angeführte bewertete Berührungsmatrix A_{B1}. Für das Modell der Abb. 66 gilt die Matrix A_{B2}. In Abb. 80 ist ein weiteres relationales Modell von Noack (1968) angeführt (die Bezeichnung der Punkte ist Tab. 19 zu entnehmen), das die Beziehungen zwischen pflanzlicher Transpiration und Umweltbedingungen abbildet. Die zugehörige bewertete Berührungsmatrix A_{B3} ist ebenfalls nachstehend angegeben.

Die Bewertungsgrößen der Matrizen A_B charakterisieren allerdings nur den unmittelbaren Einfluß der Vorgänger 1. Ordnung auf das betrachtete Subobjekt. Der totale Einfluß, den ein bestimmtes Subobjekt auf ein zweites ausübt, ergibt sich dagegen nur, wenn die gesamte Struktur des Graphen dabei Berücksichtigung findet. Das heißt, für die Bestimmung des totalen Einflusses sind nicht nur die eingliedrigen Ketten, sondern alle Ketten in die Betrachtung einzubeziehen, die das beeinflussende Subobjekt als Anfangspunkt und das beeinflußte Subobjekt als Endpunkt der Kette besitzen. Dazu sind wiederum eine Reihe von Regeln über die Kanten- und Kettenverknüpfungen erforderlich, die es gestatten, den totalen Einfluß eines Vorgängers auf ein Subobjekt unter Berücksichtigung der spezifischen biologischen Gegebenheiten zu ermitteln. Für die in den Abbildungen 45, 66 und 80 dargestellten Modelle wurden die folgenden Verknüpfungsregeln festgelegt:

1. Die Bewertungsgröße einer Kette ergibt sich durch multiplikative Verknüpfung der Bewertungsgrößen der Kanten, die Element der Kette sind. Existiert

A_{B1}	WKD	ABC	SCC	WKE	ABH	SCH	AES	ABM	ABO	SCO	WSG	WSP	WPA	WSW	SCW	EW	WSZ
WKD	0	0	1/3	1	0	0	0	0	0	0	0	0	0	0	0	0	0
ABC	0	0	0	0	0	0	0	0	0	0	0	1/5	0	0	0	0	0
SCC	0	0	0	0	0	0	0	0	0	0	0	0	0	0	0	0	0
WKE	0	0	0	0	0	0	0	1/4	0	0	1/2	0	0	1/3	0	1/4	1/4
ABH	0	0	0	0	0	1/3	0	1/4	0	0	0	1/5	1/2	0	0	0	0
SCH	0	0	0	0	0	0	0	0	0	0	0	0	0	0	0	0	0
AES	0	0	0	0	0	0	0	0	0	0	0	1/5	0	0	0	0	0
ABM	0	0	0	0	0	0	0	0	0	0	0	0	0	0	0	0	1/4
ABO	1/4	0	0	0	0	0	0	0	0	0	0	0	0	0	0	0	0
ACO	0	0	0	0	0	0	0	0	0	0	0	0	0	0	0	0	0
WSG	0	0	0	0	0	0	0	0	0	0	0	0	0	0	0	1/4	0
WSP	0	0	0	0	0	0	0	0	0	1	0	0	0	0	0	0	1/4
WPA	1/4	0	0	0	0	0	0	0	0	0	0	0	0	1/3	0	1/4	0
WSW	1/4	0	0	0	0	1/3	0	0	0	0	0	0	0	0	1	0	0
SCW	0	0	0	0	0	0	0	0	0	0	0	0	0	0	0	0	1/4
EW	0	0	0	0	0	0	0	0	0	0	0	0	0	0	0	0	0
WSZ	1/4	0	0	0	0	0	0	0	0	0	1/2	0	1/2	1/3	0	1/4	0

A_{B2}	AB	AC	AE	AP	AS	BE	BG	BL	BR	BS	BT	KG	KL	KN	KT	KW	PS	PW
AB	0	1/2	1/4	1/3	1	1/7	0	1/15	1/4	1/11	0	0	0	0	0	0	0	1/11
AD	0	0	1/4	1/3	0	1/7	0	1/15	0	0	0	0	0	0	0	0	0	1/11
AE	0	0	0	0	0	0	0	1/15	0	1/11	1/5	0	0	0	0	0	1/10	1/11
AP	0	1/2	1/4	0	0	0	0	1/15	0	0	0	0	0	0	0	0	1/10	0
AS	0	0	1/4	1/3	0	0	0	1/15	0	0	1/5	0	0	0	0	0	1/10	1/11
AB	0	0	0	0	0	0	0	1/15	0	1/11	0	0	0	0	0	0	0	1/11
BG	0	0	0	0	0	0	0	1/15	0	0	1/5	0	0	0	0	0	0	1/11
BL	0	0	0	0	0	1/7	0	0	0	1/11	0	0	0	0	0	0	1/10	1/11
BR	0	0	0	0	0	0	0	1/15	0	0	0	0	0	0	0	0	1/10	0
BS	0	0	0	0	0	0	0	1/15	0	0	0	0	0	0	0	0	0	1/11
BT	0	0	0	0	0	0	0	0	0	1/11	0	0	0	0	0	0	0	1/11
KG	0	0	0	0	0	0	0	1/15	0	0	0	0	0	0	1/3	0	1/10	0
KL	0	0	0	0	0	0	0	1/15	0	1/11	0	1	0	1/3	0	0	1/10	0
KN	0	0	0	0	0	1/7	0	1/15	1/4	1/11	1/5	0	1/2	0	1/3	0	0	1/11
KT	0	0	0	0	0	1/7	0	1/15	0	1/11	0	0	1/2	1/3	0	1	1/10	0
KW	0	0	0	0	0	0	0	0	1/4	1/11	0	0	0	1/3	1/3	0	1/10	0
PS	0	0	0	0	0	1/7	0	1/15	1/4	1/11	1/5	0	0	0	0	0	0	1/11
PW	0	0	0	0	0	1/7	0	1/15	0	1/11	0	0	0	0	0	0	1/10	0

zwischen den Punkten P_i und P_j eine Kette $K_s(P_i \to P_j)$ mit den Kanten

$$K_s(P_i \to P_j) = (P_i, P_1), (P_1, P_2), \ldots, (P_{n-1}, P_n), (P_n, P_j),$$

dann gelte für die Bewertungsgröße dieser Kette

$$w\bigl(K_s(P_i \to P_j)\bigr) = \alpha_{i1} \times \alpha_{12} \times \cdots \times \alpha_{(n-1)n} \times \alpha_{nj}.$$

2. Für die Rechnung werden nur Ketten berücksichtigt, in denen jede Kante höchstens einmal als Element auftritt Damit wird der Fall ausgeschlossen, daß Zyklen mehrfach durchlaufen werden.

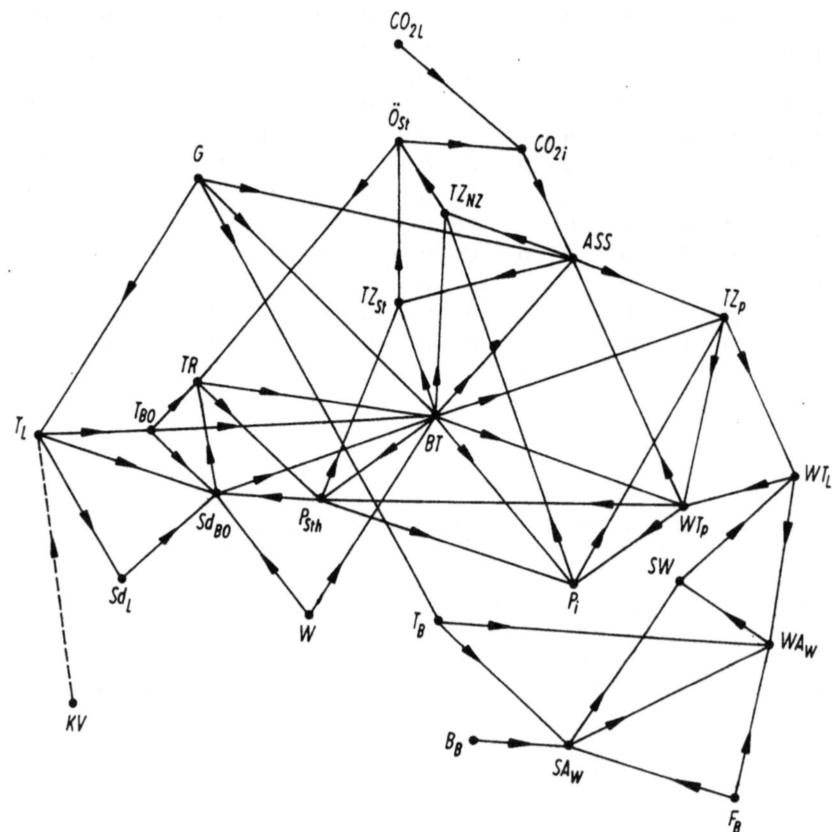

Abb. 80. Die Abhängigkeit der pflanzlichen Transpiration von den Umweltbedingungen und den biologischen Gegebenheiten in einem relationalen Modell (nach NOACK, 1968; formal verändert).
Die Bezeichnungen der Punkte des Graphen werden in Tab. 19 erklärt

3. Existieren mehrere Ketten mit gleichen Anfangs- und gleichen Endpunkten, dann ergibt sich durch additive Verknüpfung der Bewertungsgrößen dieser Ketten eine Bewertungsgröße, die alle Einflüsse eines bestimmten Vorgängers auf ein Subobjekt berückichtigt, sofern sie in das Modell aufgenommen wurden. Existieren die Ketten

$$K_1(P_i \to P_j),\ K_2(P_i \to P_j), \ldots,\ K_t(P_i \to P_j),$$

dann gilt

$$w\big(K(P_i \to P_j)\big) = \sum_{s=1}^{t} w\big(K_s\,(P_i \to P_j)\big) = r_{ij}.$$

Tabelle 19. Symbolerklärung zu Abb. 80 (nach NOACK, 1968)

Symbol	Erklärung
ASS	Assimilationsrate
B_B	chemische Bodenbeschaffenheit
BT	Blattemperatur
CO_{2i}	CO_2-Partialdruck in den Interzellularen
CO_{2L}	CO_2-Partialdruck der Luft
F_B	Bodenfeuchtigkeit
G	Einstrahlung (lang- und kurzwellig)
KV	Konvektion
$Ö_{St}$	Öffnungsgrad der Stomata
P_i	Wasserdampfspannung in den Interzellularen
P_{Sth}	Wasserdampfspannung in der Stomatahöhle
SA_W	Nährstoffaufnahmeintensität durch die Wurzeln
Sd_{BO}	Wasserdampf-Sättigungsdefizit der Luft an der Blattoberfläche
Sd_L	Wasserdampf-Sättigungsdefizit der Luft in der Umgebung der Pflanze
SW	Intensität der Sekretion von Wasser in die Gefäße
T_B	Bodentemperatur
T_{BO}	Temperatur der Luft an der Blattoberfläche
T_L	Temperatur der Luft in der Umgebung der Pflanze
TR	Transpirationsintensität
TZ_{NZ}	Turgeszenszustand der Nebenzellen
TZ_P	Turgeszenszustand der Mesophyll-Zellen des Blattparenchyms
TZ_{St}	Turgeszenszustand der Stomata (als Druckgröße)
W	Windgeschwindigkeit
WA_W	Wasseraufnahmeintensität durch die Wurzeln
WT_L	Wasserstromstärke in den Leitgefäßen
WT_P	Wasserstromstärke im Blattparenchym

Die Bewertungsgröße r_{ij} ist Element einer Matrix R_B, die eine Art *bewerteter Erreichbarkeitsmatrix* darstellt. Die Ermittlung der bewerteten Erreichbarkeitsmatrix R_B unterscheidet sich von der üblichen Methode zur Bestimmung einer Erreichbarkeitsmatrix R durch die unter 2 angeführte Forderung. Aus diesem Grunde ist es nicht ohne weiteres möglich, durch einfache Matrizenoperationen von A_B zu R_B zu gelangen, da durch diese eben der zweiten Forderung nicht genügt wird.

Die Berechnung der Elemente r_{ij} erfolgt nach dem angegebenen Formalismus, indem schrittweise alle existierenden Ketten des Graphen betrachtet werden. Das erfordert im allgemeinen einen erheblichen Zeitaufwand, insbesondere wenn es sich um relativ komplexe Systeme handelt, wie sie uns in den Abbildungen 45, 66 und 80 vorliegen, so daß der Einsatz von Rechenautomaten sinnvoll erscheint.

Um die Vergleichbarkeit der Matrixelemente r_{ij} zu gewährleisten, empfiehlt sich eine Normierung der Spaltensummen der Matrix R_B. In den nachfolgenden Beispielen wurde als Normierungsfaktor der Wert 100 gewählt. Die den Modellen in den Abbildungen 45, 66 und 80 entsprechenden bewerteten Berührungsmatrizen R_{B1}, R_{B2} und R_{B3} in normierter Darstellung

A_{B3}	ASS	B_B	BT	CO_{21}	CO_{2L}	F_B	G	KV	$Ö_{St}$	P_1	P_{Sth}	SA_W	Sd_{BO}	Sd_L	SW	T_B	T_{BO}	T_L	TR	TZ_{NZ}	TZ_P	TZ_{ST}	W	WA_W	WT_L	WT_P
ASS	0	0	0	0	0	0	0	0	0	0	0	0	0	0	0	0	0	0	0	1/3	1/3	1/3	0	0	0	0
B_B	0	0	0	0	0	0	0	0	0	0	0	1/3	0	0	0	0	0	0	0	0	0	0	0	0	0	0
B_T	1/4	0	0	0	0	0	0	0	0	1/3	1/3	0	0	0	0	0	0	0	0	1/3	1/3	1/3	0	0	0	1/3
CO_{21}	1/4	0	0	0	0	0	0	0	0	0	0	0	0	0	0	0	0	0	0	0	0	0	0	0	0	0
CO_{2L}	0	0	0	1/2	0	0	0	0	0	0	0	0	0	0	0	0	0	0	0	0	0	0	0	0	0	0
F_B	0	0	0	0	0	0	0	0	0	0	0	1/3	0	0	0	0	0	0	0	0	0	0	0	1/4	0	0
G	1/4	0	1/5	0	0	0	0	0	0	0	0	0	0	0	0	1	0	1/2	0	0	0	0	0	0	0	0
KV	0	0	0	0	0	0	0	0	0	0	0	0	0	0	0	0	0	1/2	0	0	0	0	0	0	0	0
$Ö_{St}$	0	0	0	1/2	0	0	0	0	0	0	0	0	0	0	0	0	0	0	1/3	0	0	0	0	0	0	0
P_1	0	0	0	0	0	0	0	0	0	0	0	0	0	0	0	0	0	0	0	1/3	1/3	0	0	0	0	0
P_{Sth}	0	0	0	0	0	0	0	0	0	1/3	0	0	1/5	0	0	0	0	0	0	0	0	1/3	0	0	0	0
SA_W	0	0	0	0	0	0	0	0	0	0	0	0	0	0	1/2	0	0	0	0	0	0	0	0	1/4	0	0
Sd_{BO}	0	0	1/5	0	0	0	0	0	0	0	0	0	0	0	0	0	0	0	1/3	0	0	0	0	0	0	0
Sd_L	0	0	0	0	0	0	0	0	0	0	0	0	1/5	0	0	0	0	0	0	0	0	0	0	0	0	0
SW	0	0	0	0	0	0	0	0	0	0	0	0	0	0	0	0	0	0	0	0	0	0	0	0	1/2	0
T_B	0	0	0	0	0	0	0	0	0	0	0	1/3	0	0	0	0	0	0	0	0	0	0	0	1/4	0	0
T_{BO}	0	0	1/5	0	0	0	0	0	0	0	0	0	1/5	0	0	0	0	0	1/3	0	0	0	0	0	0	0
T_L	0	0	0	0	0	0	0	0	0	0	0	0	1/5	1	0	0	1	0	0	0	0	0	0	0	0	0
T_R	0	0	1/5	0	0	0	0	0	0	0	1/3	0	0	0	0	0	0	0	0	0	0	0	0	0	0	0
TZ_{NZ}	0	0	0	0	0	0	0	0	1/2	0	0	0	0	0	0	0	0	0	0	0	0	0	0	0	0	0
TZ_P	0	0	0	0	0	0	0	0	0	0	0	0	0	0	0	0	0	0	0	0	0	0	0	0	1/2	1/3
TZ_{ST}	0	0	0	0	0	0	0	0	1/2	0	0	0	0	0	0	0	0	0	0	0	0	0	0	0	0	0
W	0	0	1/5	0	0	0	0	0	0	0	0	0	1/5	0	0	0	0	0	0	0	0	0	0	0	0	0
WA_W	0	0	0	0	0	0	0	0	0	0	0	0	0	0	1/2	0	0	0	0	0	0	0	0	0	0	0
WT_L	0	0	0	0	0	0	0	0	0	0	0	0	0	0	0	0	0	0	0	0	0	0	0	1/4	0	1/3
WT_P	1/4	0	0	0	0	0	0	0	0	1/3	1/3	0	0	0	0	0	0	0	0	0	0	0	0	0	0	0

R_{B1}	WKD	ABC	SCC	WKE	ABH	SCH	AES	ABM	ABO	SCO	WSG	WSP	WPA	WSW	SCW	EW	WSZ
	%	%	%	%	%	%	%	%	%	%	%	%	%	%	%	%	%
WKD	10,36	0	28,76	28,76	11,33	10,13	0	18,25	0	1,13	18,16	2,61	9,50	14,73	12,21	14,63	13,84
ABC	0,98	0	0,78	0,78	1,43	0,78	0	0,67	0	11,45	1,00	26,36	1,20	0,99	0,82	0,92	1,75
SCC	0	0	0	0	0	0	0	0	0	0	0	0	0	0	0	0	0
WKE	10,36	0	8,24	8,24	11,33	10,13	0	18,25	0	1,13	18,16	2,61	9,50	14,73	12,21	14,63	13,84
ABH	8,44	0	6,71	6,71	6,20	21,76	0	20 25	0	11,45	5,86	26,36	21,36	8,55	7,08	7,69	7,57
SCH	0	0	0	0	0	0	0	0	0	0	0	0	0	0	0	0	0
AES	0,98	0	0,78	0,78	1,43	0,78	0	0,67	0	11,45	1,00	26,36	1,20	0,99	0,82	0,92	1,75
ABM	4,90	0	3,89	3,89	7,16	3,90	0	3,33	0	0,72	5,02	1,65	6,00	4,96	4,11	4,59	8,74
ABO	9,04	0	7,19	7,19	2,83	2,53	0	4,56	0	0,28	4,54	0,65	2,37	3,68	3,05	3,66	3,46
SCO	0	0	0	0	0	0	0	0	0	0	0	0	0	0	0	0	0
WSG	0	0	0	0	0	0	0	0	0	0	0	0	0	0	0	6,25	0
WSP	4,90	0	3,89	3,89	7,16	3,91	0	3,33	0	57,26	5,02	1,65	6,00	4,96	4,11	4,59	8,74
WPA	12,81	0	10,18	10,18	5,96	8,33	0	6,76	0	0,60	7,32	1,37	5,00	12,97	10,75	11,52	7,28
WSW	12,72	0	10,11	10,11	9,39	18,24	0	7,24	0	0,94	8,84	2,16	7,87	8,64	24,28	7,65	11,47
SCW	4,90	0	3,89	3,89	7,16	3,91	0	3,33	0	0,72	5,02	1,65	6,00	4,96	4,11	4,59	8,74
EW	0	0	0	0	0	0	0	0	0	0	0	0	0	0	0	0	0
WSZ	19,60	0	15,58	15,68	28,62	15,62	0	13,34	0	2,86	20,06	6,59	24,00	19,84	16,44	18,36	12,82

R_{B2}	AB %	AD %	AE %	AP %	AS %	BE %	BG %	BL %	BR %	BS %	BT %	KG %	KL %	KN %	KT %	KW %	PS %	PW %
AB	0	50	46	50	100	15	0	15	12	12	17	0	0	0	0	0	13	18
AD	0	10	17	20	0	7	0	5	1	3	3	0	0	0	0	0	3	6
AE	0	0	0	0	0	2	0	3	1	5	8	0	8	8	8	8	4	5
AP	0	30	19	10	0	5	0	5	1	3	4	0	0	0	0	0	5	5
AS	0	10	19	20	0	4	0	6	2	4	12	0	0	0	0	0	7	8
BE	0	0	0	0	0	1	0	3	0	3	0	0	0	0	0	0	1	4
BG	0	0	0	0	0	1	0	3	0	1	8	0	0	0	0	0	1	4
BL	0	0	0	0	0	6	0	1	1	4	1	0	0	0	0	0	4	4
BR	0	0	0	0	0	1	0	3	1	1	1	0	0	0	0	0	3	1
BS	0	0	0	0	0	1	0	3	0	1	0	0	0	0	0	0	1	3
BT	0	0	0	0	0	1	0	1	0	3	0	0	0	0	0	0	0	4
KG	0	0	0	0	0	5	0	6	7	6	4	10	10	10	13	12	8	3
KL	0	0	0	0	0	9	0	10	12	10	7	31	18	30	17	16	11	6
KN	0	0	0	0	0	11	0	10	16	11	10	21	24	20	19	18	10	8
KT	0	0	0	0	0	14	0	13	20	15	10	26	31	31	33	36	15	9
KW	0	0	0	0	0	9	0	7	16	10	16	14	16	18	19	18	10	5
PS	0	0	0	0	0	6	0	4	9	5	8	0	0	0	0	0	2	5
PW	0	0	0	0	0	6	0	3	10	4	1	0	0	0	0	0	4	2

unter den genannten Bedingungen sind auf den nächsten Seiten angegeben. Damit sind die gesuchten totalen Einflußgrößen ermittelt. Der Übersichtlichkeit halber sind in den Abbildungen 81a bis 81e die Werte der Elemente der ersten, fünften, sechsten, achten und zwölften Spalte der Matrix R_{B1} als Beispiel graphisch dargestellt. Es ist daraus deutlich die Rangordnung der biologischen Funktionen (der Subobjekte bzw. der Punkte des Graphen) ersichtlich. Diese Rangordnung ist dabei in gewisser Weise partiell, denn sie ändert sich von Spalte zu Spalte der Matrix R_B. Dieser Effekt ist aber gerade beabsichtigt und liefert wertvolle Informationen.

Auf Grund unserer Voraussetzungen ergibt sich eine zwanglose Interpretation der Ergebnisse, die an einigen Beispielen erläutert wird.

1. Aus Abb. 81a läßt sich ablesen, daß beim Studium des Photosyntheseprozesses (WSP) die Kenntnis des Ausmaßes der CO_2-Absorption (ABC), der Wasseraufnahme (ABH) sowie der Absorption von Strahlungsenergie (AES) wünschenswert ist, da jede dieser Funktionen einen bedeutenden Einfluß auf die Photosynthese ausübt. Die Synthese primärer zelleigener Substanzen (WSZ) wird dagegen nur noch mit einem Einflußgrad von 7% bezüglich der Photosynthese wirksam und kann mit wesentlich größerer Berechtigung bei Untersuchungen zur Photosynthese zunächst vernachlässigt werden, als eine der drei erstgenannten biologischen Funktionen.

2. Aus den Abbildungen 81a und 81b ist ersichtlich, daß z. B. die biologische Funktion der Synthese primärer zelleigener Substanzen (WSZ) einen Einfluß-

grad von 7% bezüglich der Photosynthese (WSP) besitzt, jedoch mit einem Einflußgrad von 20% bezüglich der Dissimilation (WKD) wirksam wird. Folglich kommt der biologischen Funktion WSZ wesentlich größere Bedeutung für die Dissimilation als für die Photosynthese zu.

Aus der Matrix R_{B2} wurden beispielhaft die Ergebnisse der letzten und vorletzten Spalte der Matrix in Tab. 20 zusammengestellt. Es zeigt sich dabei deutlich die überragende Bedeutung, die den klimatischen Faktoren und der Bodenbearbeitung bei der Entwicklung der Kulturpflanzen zukommt. Obwohl

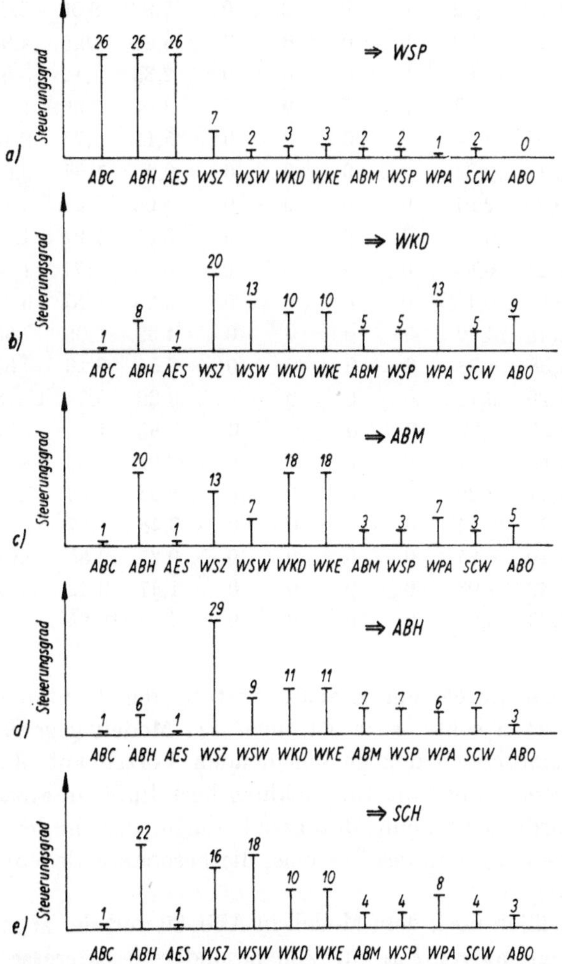

Abb. 81. Rangordnung der biologischen Funktionen für das Modell der Abb. 45 bezüglich

a) der Photosynthese WSP,
b) der Dissimilation WKD,
c) der Nährsalzaufnahme ABM,
d) der Wasseraufnahme ABH,
e) der Wasserabgabe SCH

R_{B3}	ASS %	B_B %	BT %	CO_{21} %	CO_{2L} %	F_B %	G %	KV %	$Ö_{St}$ %	P_1 %	P_{Sth} %	SA_W %
ASS	2,92	0	1,08	5,20	0	0	0	0	5,11	2,31	2,44	0
B_B	0,29	0	0,04	0,11	0	0	0	0	0,15	0,36	0,28	25,00
BT	13,84	0	2,90	9,75	0	0	0	0	13,33	15,82	13,78	0
CO_{21}	7,52	0	0,27	1,30	0	0	0	0	1,78	0,58	0,61	0
CO_{2L}	3,76	0	0,14	14,61	0	0	0	0	0,89	0,29	0,30	0
F_B	0,46	0	0,07	0,18	0	0	0	0	0,25	0,57	0,45	25,00
G	13,84	0	16,32	5,82	0	0	0	0	7,96	8,36	8,74	25,00
KV	3,09	0	8,29	2,39	0	0	0	0	3,27	40,5	4,92	0
$Ö_{St}$	4,65	0	2,75	14,61	0	0	0	0	2,33	2,12	3,55	0
P_1	2,08	0	0,63	2,79	0	0	0	0	3,81	2,06	1,91	0
P_{Sth}	2,13	0	2,63	3,74	0	0	0	0	5,11	8,25	2,46	0
SA_W	0,86	0	0,13	0,34	0	0	0	0	0,46	1,07	0,85	0
Sd_{BO}	3,83	0	10,26	2,97	0	0	0	0	4,06	5,03	6,15	0
Sd_L	0,77	0	2,05	0,59	0	0	0	0	0,81	1,01	1,23	0
SW	1,37	0	0,21	0,54	0	0	0	0	0,74	1,71	1,36	0
T_B	0,46	0	0,07	0,18	0	0	0	0	0,25	0,57	0,45	25,00
T_{BO}	4,65	0	12,48	3,60	0	0	0	0	4,92	6,08	7,38	0
T_L	6,19	0	16,58	4,78	0	0	0	0	6,54	8,10	9,84	0
TR	3,36	0	8,20	3,16	0	0	0	0	4,32	5,74	10,18	0
TZ_{NZ}	2,32	0	1,37	7,30	0	0	0	0	9,98	1,06	1,77	0
TZ_P	4,12	0	0,63	1,62	0	0	0	0	2,21	5,13	4,07	0
TZ_{ST}	2,32	0	1,37	7,30	0	0	0	0	9,98	1,06	1,77	0
W	3,53	0	9,74	2,54	0	0	0	0	3,48	4,17	3,99	0
WA_W	0,69	0	0,10	0,27	0	0	0	0	0,37	0,85	0,68	0
WT_L	2,74	0	0,42	1,08	0	0	0	0	1,47	3,42	2,71	0
WT_P	8,23	0	1,25	3,23	0	0	0	0	4,42	10,25	8,13	0

man diese Ergebnisse, die durch eine Gleichbewertung der Kanten erhalten wurden, nicht überbewerten sollte, so weist doch das Modell gegenüber den üblichen Untersuchungsmethoden den entscheidenden Vorteil auf, daß keine Komponente, die erwiesenermaßen die Entwicklung beeinflußt, in unzulässiger Weise vernachlässigt wurde. Es scheint, daß gerade darin, d.h. in der Berücksichtigung des Ganzheitscharakters des Systems, die besondere Bedeutung der dargestellten Methode liegt.

Wenden wir uns schließlich noch dem Modell in Abb. 80 und der zugehörigen bewerteten Erreichbarkeitsmatrix R_{B3} zu. Von besonderem Interesse sind in diesem Modell, entsprechend der Zielstellung, die Einflüsse auf die Transpiration. Aus der Matrix R_{B3} ist ersichtlich, daß von den atmosphärischen Faktoren vor allem die Temperatur und das Wasserdampf-Sättigungsdefizit der Luft an der Blattoberfläche sowie die Lufttemperatur in der Umgebung der Pflanze

Sd_{BO} %	Sd_L %	SW %	T_B %	T_{BO} %	T_L %	TR %	TZ_{NZ} %	TZ_P %	TZ_{St} %	W %	WA_W %	WT_L %	WT_P %
0,77	0	0,78	0	0	0	3,07	8,61	8,50	8,68	0	1,74	4,21	4,25
0,09	0	7,39	0	0	0	0,08	0,20	0,21	0,18	0	4,15	2,51	0,81
4,34	0	1,48	0	0	0	6,48	16,53	16,24	15,81	0	3,33	8,05	14,63
0,19	0	0,19	0	0	0	0,77	2,15	2,13	2,17	0	0,44	1,05	1,06
0,10	0	0,10	0	0	0	0,38	1,08	1,06	1,09	0	0,22	0,53	0,53
0,14	0	11,83	0	0	0	0,13	0,32	0,34	0,28	0	14,10	4,01	1,29
13,09	25,00	12,66	100,00	25,00	50,00	9,87	9,59	9,47	9,72	0	15,97	8,53	8,56
11,88	25,00	0,34	0	25,00	50,00	7,67	3,81	3,75	4,10	0	0,77	1,86	3,27
1,12	0	0,22	0	0	0	8,37	2,50	2,42	3,00	0	0,49	1,20	1,65
0,60	0	0,77	0	0	0	1,69	8,17	8,39	1,31	0	1,72	4,16	4,11
7,28	0	0,36	0	0	0	3,75	3,84	3,91	8,72	0	0,80	1,94	2,36
0,27	0	22,17	0	0	0	0,25	0,60	0,64	0,53	0	12,44	7,52	2,43
1,94	0	0,42	0	0	0	9,48	4,72	4,65	5,10	0	0,95	2,30	4,05
7,28	0	0,08	0	0	0	1,90	0,94	0,93	1,02	0	0,19	0,46	0,81
0,43	0	2,22	0	0	0	0,40	0,96	0,03	0,84	0	4,98	12,04	3,88
0,14	0	11,93	0	0	0	0,13	0,32	0,34	0,28	0	14,10	4,01	1,29
9,21	0	0,52	0	0	0	11,55	5,74	5,64	6,17	0	1,16	2,80	4,93
23,77	50,00	0,68	0	50,00	0	15,34	7,62	7,50	8,20	0	1,54	3,72	6,55
3,20	0	0,40	0	0	0	2,55	4,45	4,39	5,95	0	0,90	2,18	3,57
0,56	0	0,11	0	0	0	4,19	1,25	1,21	1,50	0	0,25	0,60	0,82
1,28	0	2,22	0	0	0	1,20	2,89	3,09	2,52	0	4,98	12,04	11,65
0,56	0	0,11	0	0	0	4,19	1,25	1,21	1,50	0	0,25	0,60	0,82
8,15	0	0,38	0	0	0	3,19	4,25	4,18	4,18	0	0,86	2,07	3,74
0,21	0	17,74	0	0	0	0,20	0,48	0,52	0,42	0	2,49	6,02	1,94
0,85	0	4,43	0	0	0	0,80	1,93	2,06	1,68	0	9,95	2,53	7,77
2,56	0	0,56	0	0	0	2,39	5,87	6,18	5,05	0	1,27	3,06	3,22

und von den pflanzlichen Gegebenheiten die Blattemperatur und die Stomataapertur eine entscheidende Bedeutung für die Transpirationsintensität besitzen. Leider vermag man auf Grund der angestellten Betrachtungen nicht zu sagen, in welcher Weise die Einflußnahme auf eine Komponente des Modells erfolgt, d.h., ob die Beeinflussung zu einer Verstärkung oder Dämpfung der biologischen Aktivität dieser Komponente beiträgt. Da die Modelle zunächst für Systeme im Zustand eines steady state gelten, wurden die Beziehungen zwischen den Komponenten des Modells in gewisser Weise „vorzeichenfrei" eingeführt. Das gestattet unter den gemachten Voraussetzungen zwar die Abschätzung des Ausmaßes einer Änderung, die die beeinflußte Komponente betrifft, wenn die beeinflussende Komponente in ihrer Funktion gestört wird, aber sie sagt nichts über die Richtung aus, in der die Änderung der beeinflußten Komponente erfolgen wird. Um Aussagen dieser Art zu erhalten, sind weitere detaillierte Infor-

Tabelle 20. **Die Beeinflussung der Entwicklung von Wurzel und Sproß durch die Komponenten des Modells** (siehe Abb. 66).

Die Entwicklung der Wurzel bzw. des Sprosses wird beeinflußt durch... zu... %.

Komponente	Sproß	Wurzel
Bodenbearbeitung (mechanisch und chemisch, Termin)	12,50%	17,99%
Düngung (mineralisch, Termin)	3,12%	6,01%
Ernte (Verfahren, Termin)	3,93%	5,05%
Pflege (mechanisch, chemisch, biologisch, Termin)	5,29%	4,73%
Saat (Saatgut, Tiefe, Aussaatverfahren, Termin)	6,63%	7,57%
tote organische Substanz (Wurzeln, Sprosse und deren Zersetzungsprodukte, Tiere, Tierexkremente und deren Zersetzungsprodukte)	0,60%	3,79%
Geologie (Bodenherkunft, Bodenschichtung)	0,63%	4,22%
lebende organische Substanz (lebende Wurzeln außer denjenigen der angebauten Pflanzen, Viren, Bakterien, Kleintiere)	3,62%	4,48%
Bodengestaltung (Relief)	3,49%	0,80%
Struktur	0,56%	3,49%
Textur	0,37%	3,53%
Globalstrahlung	7,53%	3,49%
relative Luftfeuchtigkeit	11,40%	6,07%
Niederschlag	10,23%	7,92%
Temperatur	15,02%	8,71%
Wind	9,93%	5,36%
Entwicklung des Sprosses	1,64%	5,11%
Entwicklung der Wurzel	3,52%	1,67%

mationen über die betrachteten Komponenten erforderlich. Dieses Problem zeigt sich besonders deutlich, wenn eine eingehendere Untersuchung der Zyklen des Modells erfolgen soll.

Zunächst ist an den bewerteten Erreichbarkeitsmatrizen auffällig, daß eine Reihe von Komponenten offenbar eine Beeinflussung ihrer eigenen Funktionsweise bewirkt. So folgt aus R_{B3} z.B., daß sich die Transpiration mit einem Einflußgrad von 2,55% selbst beeinflußt. Dieser Effekt ist nach den vorangegangenen Betrachtungen durchaus nicht verwunderlich, sondern ergibt sich folgerichtig aus der Tatsache, daß jene sich selbst beeinflussenden Komponenten wenigstens einem Zyklus als Element angehören. Wie aus Abb. 80 leicht zu ersehen ist, gehört die pflanzliche Transpiration einer ganzen Reihe von Zyklen an, die sich z.T. sogar gegenseitig durchdringen, d.h. miteinander vermascht sind. Unter diesem Gesichtspunkt wird die Selbstbeeinflussung einer Komponente verständlich. Die Frage, ob ein bestimmter Zyklus, dem eine Komponente als Elemente angehört, gleichzeitig einen Regelkreis darstellt, muß dabei von Fall zu Fall auf Grund von sachlogischen Überlegungen entschieden werden. Nach Noack (1968) liegen in dem betrachteten Modell zumindest zwei Regelkreise vor. Der erste dient der Regelung der Wasserdampfspannung in der Stomatahöhle, wobei die Stomataapertur und der Turgeszenzsustand der Mesophyll-Zellen des Blattparenchyms als Stellgrößen in Erscheinung treten und die Umweltfaktoren sowie die den Wasserstrom beeinflussenden inneren und äußeren Faktoren der Wurzelregion als Störgrößen wirksam werden.

In dem zweiten Regelkreis stellt die Blattemperatur die Regelgröße dar, während die Stomataapertur als Stellgröße und die Einstrahlung als wichtigste Störgröße fungieren. Die ensprechenden Zyklen sind in Abb. 80 ohne besondere Hilfsmittel sofort erkennbar.

5.2. Bewertungen und Verknüpfungen

Werden von einem Modell quantitative Aussagen gefordert, so bedeutet das, wenn ein Strukturmodell den Ausgangspunkt der Untersuchungen bildet, die Einführung von Kantenbewertungen auf Grund von Meßreihen und Verknüpfungsregeln für die Kanten durch sachlogische Entscheidungen. Damit geht das Strukturmodell in ein Modell über, das sowohl die strukturellen als auch die funktionellen Eigenschaften des Originals abbildet. Derartige Modelle sind nun aber in der Lage, bestimmte Verhaltensweisen eines Systems zu beschreiben. Auf Grund der bereits erwähnten engen Kopplung zwischen strukturellen und funktionellen Eigenschaften eines Systems ergibt sich zwanglos diese Folgerung. Für lineare System hat Lange (1967) explizit diesen Tatbestand aufgezeigt.

Nehmen wir an, es sei uns ein Strukturmodell vorgegeben, dann ist in einem ersten Schritt für jede biologische Funktion eine Variable zu wählen, die die biologische Funktion repräsentiert. Da der Begriff der biologischen Funktion eine mehr oder weniger weitgehende Abstraktion darstellt, können unter diesem Begriff im allgemeinen eine ganze Reihe physiologischer Reaktionsabläufe zusammengefaßt sein. Dadurch entsteht die Möglichkeit, daß sich eine bestimmte biologische Funktion häufig durch mehr als eine Variable charakterisieren läßt. Unter diesen Variablen ist eine Auswahl in der Weise zu treffen, daß die gewählte Variable tatsächliche eine Repräsentante der biologischen Funktion darstellt. Die Verhaltensweise des Gesamtsystems muß invariant gegenüber unterschiedlich gewählten Repräsentanten einer biologischen Funktion sein (Laue, 1967). Es bleibt bei der Auswahl der Repräsentanten zu berücksichtigen, daß alle Repräsentanten des Systems die gleiche physikalische Dimension tragen müssen, wenn die Betrachtung nicht sinnlos werden soll.

Besteht zwischen den biologischen Funktionen P_i und P_j eines Graphen eine binäre Relation, so daß $[P_i, P_j]$ gilt, und werden P_i bzw. P_j durch die Variablen

x_i bzw. x_j repräsentiert, dann ist zur Erlangung quantitativer Aussagen die Beziehung zwischen x_i und x_j funktional zu fixieren, falls eine solche Festlegung aus grundsätzlichen Überlegungen heraus überhaupt möglich erscheint.

Diese funktionale Beziehung zwischen den Variablen entspricht dann der gesuchten Bewertung der Kante $[P_i, P_j]$. Für eine allgemeine Betrachtung dieses Problems nehmen wir an, daß sich der Wert einer Kante $[P_i, P_j]$ angeben läßt in der Form

$$\alpha([P_i, P_j]) = f_{ij}(x_i, x_j, t).$$

Im einfachsten möglichen Falle ist $f_{ij}(x_i, x_j, t) = \omega_{ij} =$ konst., wobei ω_{ij} endlich und wenigstens für einige i und j ungleich Null ist. Über die Art der Funktionen f_{ij} sind gegenwärtig keine allgemeingültigen Aussagen möglich. Wohl aber gibt es differenzierte Methoden zu ihrer Ermittlung in speziellen Fällen. Auf einige dieser Aspekte wird noch ausführlich eingegangen werden.

Zunächst aber wenden wir die Aufmerksamkeit dem Falle zu, daß f_{ij} konstant ist. Nehmen wir weiterhin an, daß der betrachtete Graph das Modell eines biologischen Systems ist, dann wissen wir mit Gewißheit, daß uns ein offenes System gegeben ist. Mit von Bertalanffy (1953) und von Bertalanffy u.a. (im Druck) läßt sich dann unter sehr allgemeinen Voraussetzungen die Verhaltensweise des Systems durch lineare Verknüpfung der Variablen beschreiben. Sind die Variablen x_i Funktionen der Zeit, dann läßt sich für die zeitlichen Änderungen der Variablen das folgende System simultaner linearer Differentialgleichungen 1. Ordnung angeben:

$$\frac{dx_j}{dt} = \sum_{i=1}^{l} \omega_{ij} x_i - \sum_{k=1}^{m} \omega_{jk} x_j \qquad (j = 1, 2, \ldots, n).$$

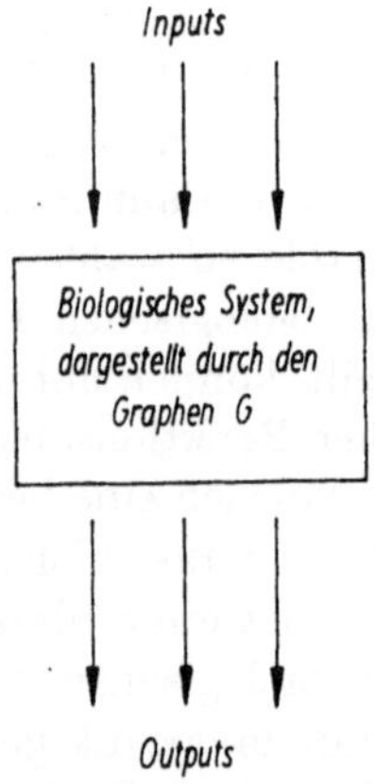

Abb. 82. Schematische Darstellung eines offenen Systems

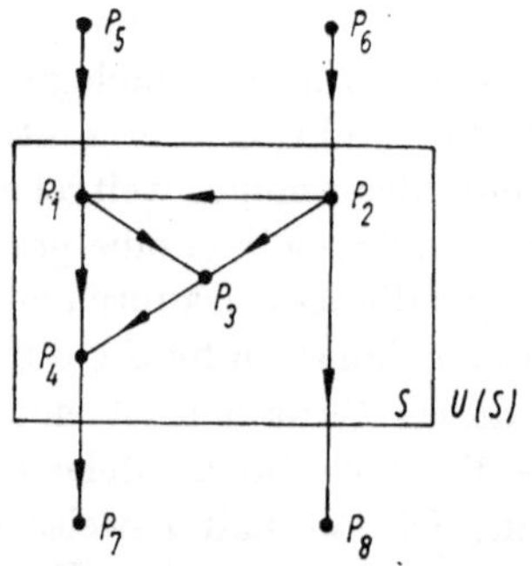

Abb. 83. Graph für ein biologisches System S und seine Umwelt $U(S)$

Die Punkte P_i $(i = 1, \ldots, l)$ sind dabei die Vorgänger 1. Ordnung von P_j, die Punkte P_k die Nachfolger 1. Ordnung von P_j und n die Anzahl der Punkte des Graphen.

Ist ein biologisches Objekt gegeben, das durch einen Graphen G abgebildet wird, dann stellt G das biologische Objekt in abstrakter Weise dar. Wird G als offenes System betrachtet, dann existiert eine Menge von Inputs und Outputs, so daß der Graph G erweitert werden kann, in dem die Inputs und Outputs in die Betrachtung einbezogen werden (Abb. 82)

In Analogie zu den biologischen Funktionen erhält man dadurch eine Anzahl von Funktionen, die die Inputs realisieren bzw. die Outputs aufnehmen und ebenfalls als Punkte des Graphen dargestellt werden. Zwischen diesen Funktionen und den biologischen Funktionen des ursprünglichen Graphen besteht eine Reihe von Relationen, d.h. Kanten, deren Bewertungsgrößen ebenfalls als konstant angenommen werden. Aus biologischer Sicht erscheint es sinnvoll, wenn eine bestimmte Funktion, die einen Input realisiert oder einen Output aufnimmt, nur mit einer biologischen Funktion in Beziehung steht. Unter diesen Voraussetzungen soll das in Abb. 83 dargestellte Beispiel einer näheren Betrachtung unterzogen werden. Für die zugehörige bewertete Berührungsmatrix A_B ergibt sich

$$A_B = \begin{bmatrix} 0 & 0 & \omega_{13} & \omega_{14} & 0 & 0 & 0 & 0 \\ \omega_{21} & 0 & \omega_{23} & 0 & 0 & 0 & 0 & \omega_{28} \\ 0 & 0 & 0 & \omega_{34} & 0 & 0 & 0 & 0 \\ 0 & 0 & 0 & 0 & 0 & 0 & \omega_{47} & 0 \\ \omega_{51} & 0 & 0 & 0 & 0 & 0 & 0 & 0 \\ 0 & \omega_{62} & 0 & 0 & 0 & 0 & 0 & 0 \\ 0 & 0 & 0 & 0 & 0 & 0 & 0 & 0 \\ 0 & 0 & 0 & 0 & 0 & 0 & 0 & 0 \end{bmatrix}.$$

Das folgende System linearer simultaner Differentialgleichungen 1. Ordnung beschreibt dann das Verhalten des Systems:

$$\frac{dx_1}{dt} = \omega_{21}x_2 + \omega_{51}x_5 - \omega_{13}x_1 - \omega_{14}x_1,$$

$$\frac{dx_2}{dt} = \omega_{62}x_6 - \omega_{21}x_2 - \omega_{23}x_2 - \omega_{28}x_2,$$

$$\frac{dx_3}{dt} = \omega_{13}x_1 + \omega_{23}x_2 - \omega_{34}x_3,$$

$$\frac{dx_4}{dt} = \omega_{14}x_1 + \omega_{34}x_3 - \omega_{47}x_4.$$

Die zeitabhängigen Lösungen des Gleichungssystems sind für die anzustellende Betrachtung ohne Belang.

Dagegen sind die Lösungen des Systems im steady state von besonderem Interesse. In diesem Falle verschwinden die zeitlichen Ableitungen, $dx_i/dt = 0$, und die x_i nehmen konstante Werte $\bar{x}_i$ an. Gleichzeitig übernehmen die $\bar{x}_i$ die

Rolle der Koeffizienten des obigen Gleichungssystems, in dem die ω_{ik} die Unbekannten darstellen:

$$\begin{aligned}
-\bar{x}_1\omega_{13} - \bar{x}_1\omega_{14} + \bar{x}_2\omega_{21} \qquad\qquad &= b_1,\\
- \bar{x}_2\omega_{21} - \bar{x}_2\omega_{23} \qquad &= b_2,\\
\bar{x}_1\omega_{13} \qquad\qquad + \bar{x}_2\omega_{23} - \bar{x}_3\omega_{34} &= b_3,\\
\bar{x}_1\omega_{14} \qquad\qquad + \bar{x}_3\omega_{34} &= b_4.
\end{aligned}$$

Dabei bedeuten

$$\begin{aligned}
b_1 &= -\omega_{51}x_5,\\
b_2 &= \omega_{28}x_2 - \omega_{62}x_6,\\
b_3 &= 0,\\
b_4 &= \omega_{47}x_4.
\end{aligned}$$

Zur Ermittlung der Konstanten b_i müssen die speziellen Gesetze bekannt sein, die für Inputs und Outputs gelten (z. B. Diffusionsgleichung).

Das Gleichungssystem besitzt genau dann eine Lösung, wenn die Ränge der Matrizen T und T' gleich sind; T und T' ergeben sich zu

$$T = \begin{bmatrix} -\bar{x}_1 & -\bar{x}_1 & \bar{x}_2 & 0 & 0 \\ 0 & 0 & -\bar{x}_2 & -\bar{x}_2 & 0 \\ \bar{x}_1 & 0 & 0 & \bar{x}_2 & -\bar{x}_3 \\ 0 & \bar{x}_1 & 0 & 0 & \bar{x}_3 \end{bmatrix},$$

$$T' = \begin{bmatrix} -\bar{x}_1 & -\bar{x}_1 & \bar{x}_2 & 0 & 0 & b_1 \\ 0 & 0 & -\bar{x}_2 & -\bar{x}_2 & 0 & b_2 \\ \bar{x}_1 & 0 & 0 & \bar{x}_2 & -\bar{x}_3 & 0 \\ 0 & \bar{x}_1 & 0 & 0 & \bar{x}_3 & b_4 \end{bmatrix}.$$

Da die Matrix T den Rang $R_T \leqq 4$ besitzt, sind im günstigsten Falle alle Gleichungen des betrachteten Systems linear unabhängig. Mithin ist mindestens eine der fünf Unbekannten ω_{ik} beliebig wählbar. Die übrigen lassen sich nach den Regeln der linearen Algebra eindeutig bestimmen.

Ist $R_T = R_{T'} = 4$, so ist das System lösbar, und die Gleichungen sind linear unabhängig. Spezielle Lösungen des inhomogenen Systems ergeben sich, wenn zunächst eine der Größen $\omega_{ik} = \omega_{ik}^0 = 0$ gesetzt wird. Nach der Cramerschen Regel folgen dann Werte ω_{ik}^0 für alle ω_{ik}.

Aus dem zugehörigen homogenen Gleichungssystem ergeben sich allgemeine Lösungen $\overline{\omega}_{ik}$. Ist D_n eine Unterdeterminante von T, die durch Streichung der n-ten Spalte entsteht, dann ergeben sich die entsprechenden $\overline{\omega}_{ik}$ als Produkte aus $(-1)^{n-1} \cdot D_n \cdot \tau$ (SCHRÖDER, 1965). τ bedeutet einen Parameter, der beliebige Werte annehmen kann. Die allgemeinen Lösungen des inhomogenen Systems folgen dann zu

$$\omega_{ik} = \omega_{ik}^0 + \bar{\omega}_{ik},$$

wobei jetzt gilt $\omega_{ik} = f(\bar{x}, b, \tau)$.

Die Zahl der Parameter τ_i ($i = 1, 2, \ldots, \mu$), von denen die ω_{ik} abhängen, wird durch die spezielle Gestalt des Graphen G bestimmt.

Es sei der Graph G bekannt; n ist die Zahl seiner Punkte und ν die Zahl seiner Kanten. Das bedeutet, daß G durch n Gleichungen mit ν Unbekannten beschrieben wird, wobei wenigstens $\mu = n - \nu$ Unbekannte frei wählbar bleiben bzw. die Koeffizienten ω_{ik} von mindestens μ freien Parametern abhängen.

Die Zahl μ aber steht in engem Zusammenhang mit dem Index m eines Graphen. Ist G ein endlicher zusammenhängender Graph mit n Punkten und ν Kanten und werden m Kanten in G gestrichen, so entsteht aus G ein Baum G', mit den gleichen Punkten wie G (König, 1936). Für m gilt

$$m = \nu - n + 1 \quad \text{bzw.} \quad m - 1 = \mu.$$

Der Teilgraph G' von G wird als Gerüst von G bezeichnet. Jeder Graph G besitzt mindestens ein Gerüst. Für ein Gerüst G' von G gilt:

1. G' enthält die gleichen Punkte wie G.
2. G' ist zusammenhängend.
3. G' enthält keinen Kreis.
4. Wird zu G' eine Kante von G hinzugefügt, die nicht zu G' gehört, dann enthält G' einen Kreis.

Als erweitertes Gerüst G^+ von G wird definiert:

1. G^+ besteht aus dem Gerüst G' von G und enthält einen und nur einen Kreis.
2. G^+ ist in G enthalten.

Für die vorstehenden Betrachtungen bedeutet das: Um G auf ein erweitertes Gerüst zu reduzieren, müssen in G $\mu = \nu - n$ Kanten gestrichen werden. Diese Zahl gibt aber an, von wieviel freien Parametern jeder der Koeffizienten in G abhängt. Ist $\mu = 0$, so sind alle Koeffizienten des Graphen durch ein Gleichungssystem eindeutig bestimmbar. Im Falle $\mu > 0$ hängen die ω_{ik} von μ freien Parametern ab.

In Graphen, die biologische Systeme repräsentieren, wird im allgemeinen immer die Zahl der Kanten größer sein als die Zahl der Punkte, so daß $\mu > 0$ gilt.

Enthält ein Graph G k Kreise, so werden die Koeffizienten ω_{ik} durch $(k - 1)$ Parameter τ_i ($i = 1, 2, \ldots, k - 1$) mitbestimmt. Die Kreise in G können in zwei Klassen eingeteilt werden, in Zyklen und Nichtzyklen. Die Zyklen stellen aber, wie bereits gezeigt, fundamentale Eigenschaften biologischer Objekte dar. Ein Teil der Parameter τ_i wird durch diese fundamentalen Eigenschaften bestimmt, die in den bestehenden Kreisprozessen ihre Ursachen haben.

Die Ermittlung der Bewertungsgrößen der Kanten eines Graphen in der beschriebenen Weise läßt sich stets dann mit Erfolg durchführen, wenn ein biologisches System im steady state untersucht wird. Die Bewertungsgrößen gelten dann jedoch ausschließlich für diesen Zustand des Systems. Obwohl die so bestimmten Größen gegenüber einer Gleichbewertung der Kanten im Hinblick auf eine realistische Betrachtung des Systems höher einzuschätzen sind, bleiben die gemachten Voraussetzungen überaus problematisch. Insbesondere ist es fraglich, ob das Differentialgleichungssystem der Problematik wirklich gerecht wird. Ausgehend von der Zielstellung einer Untersuchung sind in jedem einzelnen Falle die möglichen Voraussetzungen neu zu durchdenken. Es kam hier nur darauf an, eine dieser Möglichkeiten ohne Anspruch auf Allgemeingültigkeit aufzuzeigen.

Es ist hier die Stelle, um auf eine statistische Methode hinzuweisen, die *Methode der Pfadkoeffizienten*, die es einerseits gestattet, das Modell mit Hilfe der vorliegenden Meßwerte auf seine Richtigkeit hin zu überprüfen, und andererseits gleichzeitig Maßzahlen für den Einfluß einer biologischen Funktion auf eine zweite liefert.

Es sei eine Menge von Zufallsvariablen, d.h. Größen, deren Werte in einem bestimmten Intervall liegen, gegeben

$$X_{1j}, X_{2j}, \ldots, N_{Nj},$$

die die Ursache eines Effektes Y_j bilden. Die Zufallsvariable Y_j besitze die Struktur

$$Y_j = b_1 X_{1j} + b_2 X_{2j} + \cdots + b_N X_{Nj} \qquad (j = 1, 2, \ldots, n),$$

wobei $b_1, b_2, \ldots, b_N$ Konstanten sind. Führt man eine Standardisierung mit Hilfe der Transformation $y_j = (Y_j - \overline{Y}) \cdot \frac{1}{\sigma_Y}$ durch $\left(\text{Streuung } \sigma_Y = \sqrt{\frac{\sum_j (Y_j - \overline{Y})^2}{n-1}}\right)$, dann ergibt sich durch elementare Rechnungen aus der obigen Gleichung der Ausdruck

$$y_j = \sum_{i=1}^{N} b_i \frac{\sigma_{x_i}}{\sigma_y} \cdot x_{ij} \qquad (j = 1, 2, \ldots, n)$$

zwischen den standardisierten Variablen y_j und x_{ij}. Setzt man für die Koeffizienten $b_i \cdot \frac{\sigma_{x_i}}{\sigma_y} \equiv a_i$, dann gilt

$$y_j = \sum_{i=1}^{N} a_i x_{ij} \qquad (j = 1, 2, \ldots, n).$$

Die Koeffizienten a_i ergeben sich durch eine Regressionsanalyse aus den Meßdaten. Die entsprechenden Methoden sind in den Lehrbüchern der biologischen Statistik ausführlich dargestellt, so daß sich hier ein näheres Eingehen darauf erübrigt (siehe: Weber, 1967; Cavalli-Sforza, 1965). Allerdings sind nur in einfachen Modellen die Regressionskoeffizienten mit den Konstanten a_i unserer Gleichung identisch. Man bezeichnet deshalb auch die Koeffizienten a_i im Unterschied zu den Regressionskoeffizienten als *Pfadkoeffizienten*, die im allgemeinen durch bestimmte algebraische Operationen aus den Regressionskoeffizienten zu ermitteln sind.

An einem einfachen Beispiel (TURNER und STEVENS, 1959) soll dieser Sachverhalt erläutert werden.

Es sei eine Menge von standardisierten Meßgrößen x_i und y_i gegeben, wobei die x_i die Ursachen der Effekte und die y_i die Effekte dieser Ursachen repräsentieren. (Wir verzichten auf die Indizes j an den Meßgrößen, die nur für die reine Regressionsrechnung von Bedeutung sind.) Der Entwurf eines Modells auf Grund der Kenntnisse über das System führt zu einer Darstellung, wie sie als Beispiel in Abb. 84 angegeben ist. Setzt man lineare Abhängigkeiten der Effekte von den Ursachen voraus, dann lassen sich für die Effekte y_1 und y_2 in Abb. 84 die Strukturgleichungen aufschreiben:

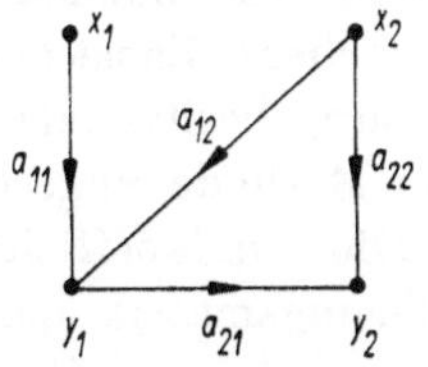

Abb. 84. Beispiel zur Demonstration der Berechnung von Pfadkoeffizienten (nach TURNER und STEVENS, 1959)

$$y_1 = a_{11}x_1 + a_{12}x_2,$$

$$y_2 = a_{21}y_1 + a_{22}x_2.$$

Das System von Strukturgleichungen ist in ein System von reduzierten Strukturgleichungen zu überführen, in dem die Variablen y_i auf der rechten Seite der Gleichungen durch entsprechende Ausdrücke in x_i zu ersetzen sind. Das trifft in obigem Falle für die zweite Gleichung zu, in der y_1 durch die erste Gleichung substituiert wird. Als reduzierte Strukturgleichungen ergeben sich dann

$$y_1 = a_{11}x_1 + a_{12}x_2,$$

$$y_2 = a_{11}a_{21}x_1 + (a_{12}a_{21} + a_{22})\, x_2.$$

Diese Gleichungen gelten gleichzeitig als Grundlage für die anzustellende Regressionsanalyse in der Form

$$y_1 = r_{11}x_1 + r_{12}x_2,$$

$$y_2 = r_{21}x_1 + r_{22}x_2.$$

Die Regressionskoeffizienten r_{ij} folgen zahlenmäßig unmittelbar als Ergebnis der Regressionsrechnung. Ein Koeffizientenvergleich der letzten zwei Gleichungssysteme führt uns auf die Beziehungen

$$r_{11} = a_{11},$$

$$r_{12} = a_{12},$$

$$r_{21} = a_{11}a_{21},$$

$$r_{22} = a_{12}a_{21} + a_{22}.$$

Die Pfadkoeffizienten a_{ij} lassen sich im vorliegenden Falle eindeutig daraus bestimmen. Es folgt

$$a_{11} = r_{11}, \quad a_{12} = r_{12}, \quad a_{21} = \frac{r_{21}}{r_{11}},$$

$$a_{22} = r_{22} - r_{12} \cdot \frac{r_{21}}{r_{11}}.$$

Für die Berechnung der Pfadkoeffizienten aus den Regressionskoeffizienten gelten die üblichen Bedingungen, denen die Lösung solcher Gleichungssysteme unterliegt. Es ist danach insbesondere möglich, daß das Gleichungssystem keine Lösung besitzt oder die Lösung nicht eindeutig ist, so daß die Anwendbarkeit der Methode eingeschränkt wird (Ferrari, 1964).

Die Pfadkoeffizienten können übersichtlich in Form einer bewerteten Berührungsmatrix dargestellt werden, deren Elemente jetzt durch die Pfad-

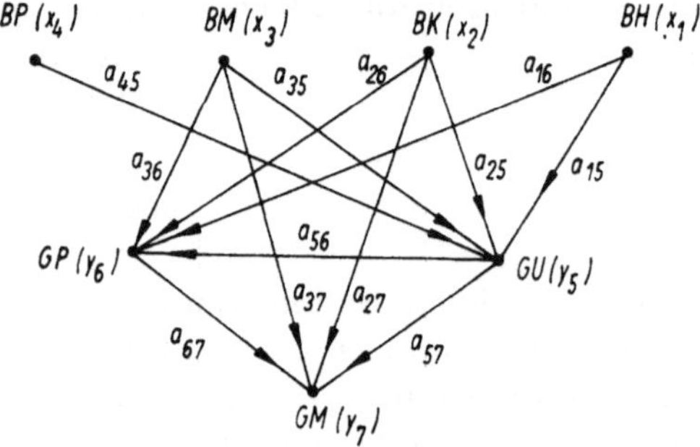

Abb. 85. Modell für die Einwirkung von Bodenfaktoren auf den MgO-Gehalt von Gras (nach Ferrari, 1963).

BP: *p*H-Wert des Bodens; BM: MgO-Gehalt des Bodens; BK: K_2O-Gehalt des Bodens; BH: Humusgehalt des Bodens; GP: Rohrproteingehalt des Grases; GU: Verhältnis der Unkräuter im Gras; GM: MgO-Gehalt des Grases

koeffizienten gebildet werden. Für ein spezielles Modell aus dem Bereich der Agrarwissenschaft, in dem der Einfluß bestimmter Ursachen auf den MgO-Gehalt von Gras geprüft werden sollte (Abb. 85), berechneten sich die entsprechend Abb. 85 eingeführten Pfadkoeffizienten nach Ferrari (1963) als Elemente einer bewerteten Berührungsmatrix wie nachfolgend angegeben zu

$$A_B = \begin{bmatrix} 0 & 0 & 0 & 0 & 1{,}67 & -0{,}74 & 0 \\ 0 & 0 & 0 & 0 & -0{,}23 & 0{,}11 & -0{,}0038 \\ 0 & 0 & 0 & 0 & -0{,}031 & 0{,}011 & 0{,}0004 \\ 0 & 0 & 0 & 0 & 5{,}26 & 0 & 0 \\ 0 & 0 & 0 & 0 & 0 & 0{,}20 & 0{,}0041 \\ 0 & 0 & 0 & 0 & 0 & 0 & 0{,}0083 \\ 0 & 0 & 0 & 0 & 0 & 0 & 0 \end{bmatrix}.$$

Legt man für die Kantenverknüpfungen wiederum die in Abschn. 5.1 angeführten Regeln zugrunde, dann ergibt sich beispielsweise für den Einfluß des MgO-Gehaltes des Bodens auf dem MgO-Gehalt des Grases entsprechend den Werten in A_B und der Struktur des Modells (Abb. 85)

$$a_{37} + a_{35}a_{57} + a_{36}a_{67} + a_{35}a_{56}a_{67} \approx 0{,}0003.$$

Der besondere Vorteil der Pfadkoeffizienten gegenüber anderen Bewertungen ist u.a. darin zu sehen, daß die *Richtung* der Beeinflussung durch das Vorzeichen Berücksichtigung findet. Das ist, wie wir bei der Betrachtung von Kreisprozessen bereits feststellten, eine außerordentlich wichtige Information, die bestimmte Rückschlüsse auf den Charakter der Kreisprozesse zuläßt.

5.3. Lineare Gleichungssysteme

Aus den vorangehenden Abschnitten dürfte klar geworden sein, daß für eine realistische Beschreibung der Verhaltensweise eines Systems neben dem Strukturmodell und der Bewertung seiner Elemente eine problemangepaßte Verknüpfung der Systemelemente erforderlich ist. Die Aufstellung einer Menge von Verknüpfungsregeln unterliegt dabei keinerlei formalen einschränkenden Bedingungen. Trotz der dadurch gegebenen Vielfalt der Möglichkeiten genügt es in einer großen Anzahl von Fällen, lineare Verknüpfungsregeln zur Systembeschreibung anzunehmen, die unter bestimmten Vereinbarungen auf lineare Gleichungssysteme führen. Lineare Gleichungssysteme sind im Bereich der biologischen Wissenschaften von besonderer Bedeutung für die Theorie der offenen Systeme (VON BERTALANFFY u.a., im Druck), die Kompartmenttheorie und Tracer-Kinetik (RESCIGNO und SEGRE, 1962) und für die Enzym-Kinetik (OHLENBUSCH, 1965 und 1966), um nur einige der wichtigsten Gebiete zu nennen. Es ist hier nicht unsere Aufgabe, die grundsätzlichen Probleme und Schwierigkeiten dieser Modellierung abzuhandeln, einem Anliegen der Theorie der linearen biologischen Systeme. Für eine eingehende Darstellung dieser Problematik muß auf die Monographie von VON BERTALANFFY, BEIER und LAUE (im Druck) und die dort angeführte Literatur verwiesen werden. Unser Interesse soll sich hier auf den Zusammenhang zwischen linearen Gleichungssystemen und der Graphentheorie sowie deren Beitrag zur Behandlung dieser Systeme konzentrieren.

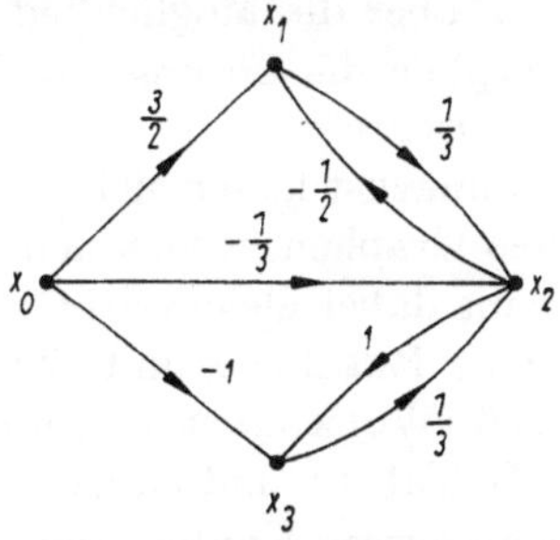

Abb. 86. Bewerteter Graph als Beispiel für den Zusammenhang zwischen einem Graphen und einem linearen Gleichungssystem

Es sei wiederum ein Graph gegeben (Abb. 86), dessen Punkte P_i durch die Variablen x_i und dessen Kanten durch die Konstanten ω_{ij} bewertet sind. Die Aufgabe besteht darin, auf Grund der Struktur des Graphen und der vorgegebenen Kantenbewertung die Variablen x_i zahlenmäßig zu bestimmen.

Nimmt man die folgende Verknüpfungsregel an,

$$x_j = \sum_{i=0}^{n} \omega_{ij} x_i \quad (j = 1, 2, \ldots, n),$$

dann ergibt sich für den Graphen der Abb. 86 das lineare Gleichungssystem

$$\begin{aligned} x_1 &= \tfrac{3}{2} x_0 - \tfrac{1}{2} x_2, \\ x_2 &= -\tfrac{1}{3} x_0 + \tfrac{1}{3} x_1 + \tfrac{1}{3} x_3, \\ x_3 &= - x_0 + x_2. \end{aligned}$$

x_0 sei eine Variable, deren Wert zum Zeitpunkt der Untersuchung konstant und bekannt ist. Nehmen wir als Beispiel für x_0 den Wert 2 an, dann liefert die Lösung des Gleichungssystems $x_1 = \frac{16}{5}$, $x_2 = -\frac{2}{5}$ und $x_3 = -\frac{12}{5}$, die gleichzeitig unter den angeführten Annahmen die zugehörige Bewertung der Punkte des Graphen darstellt. Wichtig erscheint, daß durch die obige Verknüpfungsregel eine eineindeutige Beziehung zwischen dem Graphen und dem linearen Gleichungssystem existiert. Das heißt, man kann, ausgehend von einem bestimmten Graphen, genau ein lineares Gleichungssystem erhalten und umgekehrt zu jedem linearen Gleichungssystem genau einen Graphen. Damit hat man aber die Möglichkeit, durch gewisse Operationen an dem entsprechenden Graphen die Lösung der Gleichungssysteme zu vereinfachen bzw. explizit niederzuschreiben.

Zunächst lassen sich häufig eine Reihe von strukturellen Vereinfachungen an dem Graphen vornehmen, die ohne Einfluß auf die Punktbewertungen bleiben, wenn dabei gleichzeitig neue Kantenbewertungen eingeführt werden (Mason, 1956; Rescigno und Segre, 1962; Busacker und Saaty, 1965; Ponstein, 1966; Wolkenstein, 1967).

In Tab. 21 sind einige der wichtigsten Regeln angeführt. Darüber hinaus können gewisse Kanten und Punkte überhaupt entfernt werden, die für die anzustellende Betrachtung ohne Belang sind. Ist z.B. nach einer Punktbewertung x_b in Abhängigkeit von x_a gefragt, ein häufig auftretendes Problem in der Kompartmenttheorie, auf die noch eingegangen wird, dann können alle Punkte aus dem Graphen entfernt werden, die weder Vorgänger von P_b noch Nachfolger von P_a oder Nachfolger für P_a und P_b gleichzeitig sind. Auf den verbleibenden residualen Graphen können die in Tab. 21 zusammengestellten Regeln angewendet werden, so daß ein residualer Graph mit möglichst einfacher und übersichtlicher Struktur entsteht. Die Lösung des zugehörigen Gleichungssystems wird sich dadurch im allgemeinen wesentlich einfacher gestalten als unter Berücksichtigung des Gesamtsystems.

Lösungen linearer Gleichungssysteme laufen nun aber bekanntlich auf die Berechnung von Koeffizientendeterminanten entsprechend der Cramerschen

Tabelle 21. Regeln zur Vereinfachung von Strukturelementen unter Berücksichtigung der Kantenbewertungen

gegebenes Strukturelement	vereinfachtes Strukturelement
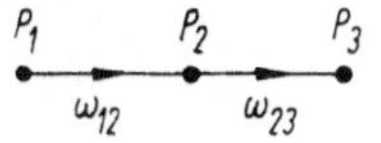 P_1 P_2 P_3 ω_{12} ω_{23}	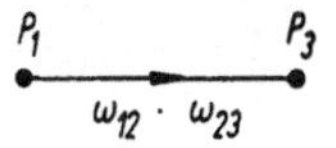 P_1 P_3 $\omega_{12}\cdot\omega_{23}$
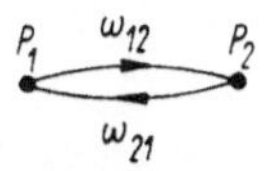 P_1 ω_{12} P_2 ω_{21}	 $\omega_{12}\cdot\omega_{21}$ $P_{1,2}$
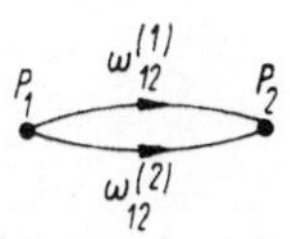 P_1 $\omega_{12}^{(1)}$ P_2 $\omega_{12}^{(2)}$	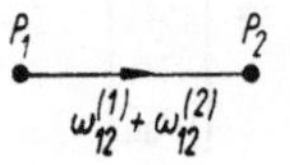 P_1 P_2 $\omega_{12}^{(1)}+\omega_{12}^{(2)}$
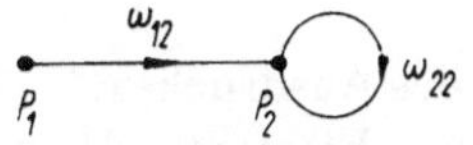 ω_{12} P_1 P_2 ω_{22}	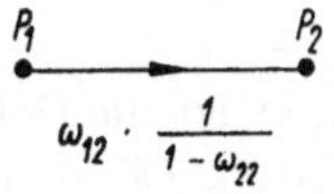 P_1 P_2 $\omega_{12}\cdot\frac{1}{1-\omega_{22}}$
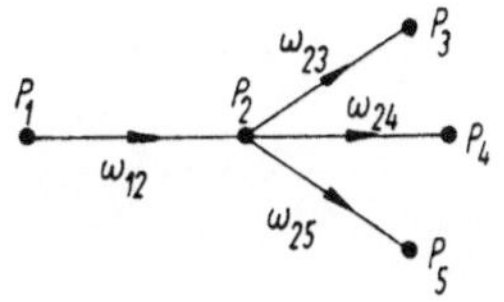 P_1 P_2 ω_{12} ω_{23} P_3 ω_{24} P_4 ω_{25} P_5	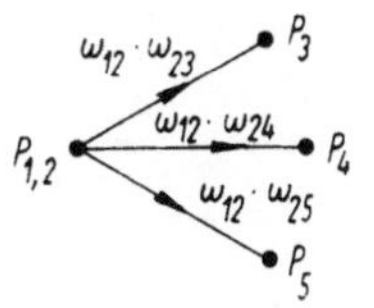 $\omega_{12}\cdot\omega_{23}$ P_3 $P_{1,2}$ $\omega_{12}\cdot\omega_{24}$ P_4 $\omega_{12}\cdot\omega_{25}$ P_5

Regel hinaus (SCHRÖDER, 1965). Ist ein lineares Gleichungssystem in der Form

$$-\sum_{i=1}^{j-1}\omega_{ij}x_i+\omega_{jj}x_j-\sum_{i=j+1}^{n}\omega_{ij}x_i=\omega_{0j}x_0 \qquad (*)$$

mit $j = 1, 2, \ldots, n$ und $\omega_{jj} = 1$ gegeben, das genau einem Graphen entspricht, in dem die Punkte durch die Variablen x bewertet sind und die Bewertung einer

Kante $\alpha([P_i, P_j])$ mit ω_{ij} bezeichnet ist. Steht A_B wieder für die bewertete Berührungsmatrix des Graphen mit den Elementen ω_{ij}, dann ergibt sich die Koeffizientenmatrix K des obigen Gleichungssystems formal durch die Beziehung $K = E - A_B^T$, wenn E die Einheitsmatrix vom Typ $n \times n$ bezeichnet. Für K folgt explizit

$$K = \begin{bmatrix} 1 & -\omega_{21} & -\omega_{31} & \cdots & -\omega_{n1} \\ -\omega_{12} & 1 & -\omega_{32} & \cdots & -\omega_{n2} \\ \vdots & & & & \\ -\omega_{1n} & -\omega_{2n} & -\omega_{3n} & \cdots & 1 \end{bmatrix}.$$

In Matrixschreibweise läßt sich dann das Gleichungssystem darstellen durch

$$K \cdot \begin{bmatrix} x_1 \\ x_2 \\ \vdots \\ x_n \end{bmatrix} = \begin{bmatrix} \omega_{01} \\ \omega_{02} \\ \vdots \\ \omega_{0n} \end{bmatrix} \cdot x_0$$

oder

$$(E - A_B^T) \cdot \begin{bmatrix} x_1 \\ x_2 \\ \vdots \\ x_n \end{bmatrix} = \begin{bmatrix} \omega_{01} \\ \omega_{02} \\ \vdots \\ \omega_{0n} \end{bmatrix} \cdot x_0.$$

Die Lösung des Gleichungssystems ergibt sich entsprechend der Cramerschen Regel zu

$$\frac{x_i}{x_0} = \frac{\det(E - A_B^T)_i}{\det(E - A_B^T)},$$

wobei det(...) bedeutet, es ist die Determinante des Ausdruckes (...) zu bilden. $(E - A_B^T)_i$ stellt die Matrix $(E - A_B^T)$ dar, deren Elemente der i-ten Spalte durch die Elemente der Matrix

$$\begin{bmatrix} \omega_{01} \\ \omega_{02} \\ \vdots \\ \omega_{0n} \end{bmatrix}.$$

ersetzt wurden.

Für den Graphen der Abb. 86 erhält man als Gleichungssystem in der Form von (*)

$$\begin{aligned} x_1 + \frac{1}{2}x_2 \qquad\qquad &= \frac{3}{2}x_0, \\ -\frac{1}{3}x_1 + x_2 - \frac{1}{3}x_3 &= -\frac{1}{3}x_0, \\ -x_2 + x_3 &= -x_0. \end{aligned}$$

Die Nennerdeterminante der Lösungsfunktion ergibt sich zu

$$\det(E - A_B^T) = |K| = \begin{vmatrix} 1 & \frac{1}{2} & 0 \\ -\frac{1}{3} & 1 & -\frac{1}{3} \\ 0 & -1 & 1 \end{vmatrix} = \frac{5}{6}.$$

Für die Zählerdeterminanten folgt

$$\det(E - A_B^T)_1 = |K_1| = \begin{vmatrix} \frac{3}{2} & \frac{1}{2} & 0 \\ -\frac{1}{3} & 1 & -\frac{1}{3} \\ -1 & -1 & 1 \end{vmatrix} = \frac{8}{6},$$

$$\det(E - A_B^T)_2 = |K_2| = \begin{vmatrix} 1 & \frac{3}{2} & 0 \\ -\frac{1}{3} & -\frac{1}{3} & -\frac{1}{3} \\ 0 & -1 & 1 \end{vmatrix} = -\frac{1}{6},$$

$$\det(E - A_B^T)_3 = |K_3| = \begin{vmatrix} 1 & \frac{1}{2} & \frac{3}{2} \\ -\frac{1}{3} & 1 & -\frac{1}{3} \\ 0 & -1 & -1 \end{vmatrix} = -1.$$

Damit ergeben sich die gesuchten Lösungen zu

$$\frac{x}{x_0} = \frac{|K_1|}{|K|} = \frac{8}{5}, \qquad \frac{x_2}{x_0} = \frac{|K_2|}{|K|} = -\frac{1}{5}, \qquad \frac{x_3}{x_0} = \frac{|K_3|}{|K|} = -\frac{6}{5}.$$

Wir beschränken uns im folgenden auf den einfachen, aber besonders wichtigen Fall, daß die Variable x_0 nur in einer der Gleichungen des Systems auftritt. Das bedeutet, daß eine Störung irgendeiner Art, die dem System aufgeprägt wird, nur eine der Variablen x_i direkt und alle übrigen indirekt beeinflußt. Dieses Problem stellt sich insbesondere bei der Einführung eines Tracers in das System oder bei der Ausbreitung eines Signals in dem System.

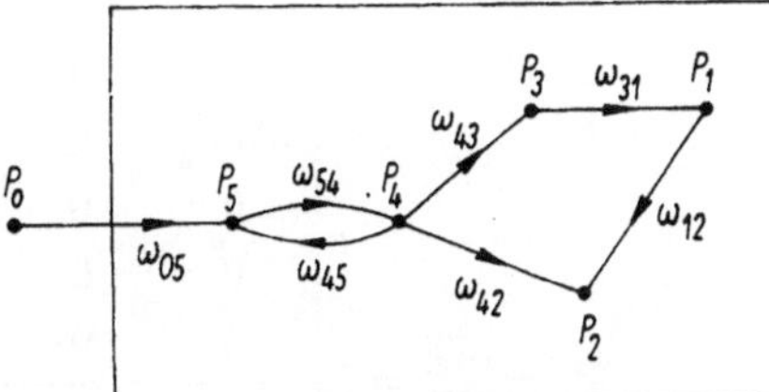

Abb. 87. Bewerteter Graph zur Demonstration der Reduktion des Graphen bei Ermittlung einer Punktbewertung

Folglich ist der angeführte Spezialfall für die Untersuchungen in sogenannten Signalflußgraphen und kompartmentierten Systemen von besonderer Relevanz. Wir betrachten dazu ein einfaches Beispiel, für das in Abb. 87 der Graph dargestellt ist.

Die bewertete Berührungsmatrix ergibt sich zu

$$A_{\mathrm{B}} = \begin{bmatrix} 0 & \omega_{12} & 0 & 0 & 0 \\ 0 & 0 & 0 & 0 & 0 \\ \omega_{31} & 0 & 0 & 0 & 0 \\ 0 & \omega_{42} & \omega_{43} & 0 & \omega_{45} \\ 0 & 0 & 0 & \omega_{54} & 0 \end{bmatrix},$$

und für $K = (E - A_{\mathrm{B}}^{\mathrm{T}})$ folgt

$$K = \begin{bmatrix} 1 & 0 & -\omega_{31} & 0 & 0 \\ -\omega_{12} & 1 & 0 & -\omega_{42} & 0 \\ 0 & 0 & 1 & -\omega_{43} & 0 \\ 0 & 0 & 0 & 1 & -\omega_{54} \\ 0 & 0 & 0 & -\omega_{45} & 1 \end{bmatrix}.$$

Entsprechend (∗) läßt sich in Matrixschreibweise für das zu Abb. 87 gehörige lineare Gleichungssystem die Beziehung angeben:

$$K \cdot \begin{bmatrix} x_1 \\ x_2 \\ x_3 \\ x_4 \\ x_5 \end{bmatrix} = \begin{bmatrix} 0 \\ 0 \\ 0 \\ 0 \\ \omega_{05} \end{bmatrix} \cdot x_0.$$

Gefragt sei nur nach der Bewertungsgröße x_4, so daß sich der Graph und das zugehörige Gleichungssystem vorerst vereinfachen lassen. Es können alle jene Punkte in dem Graphen entfernt werden, von denen aus der Punkt P_4 nicht über wenigstens eine Kette erreicht werden kann. Das betrifft im vorliegenden Falle die Punkte P_1, P_2 und P_3, so daß der residuale Graph nur noch aus den Punkten P_4 und P_5 sowie dem Punkt P_0 außerhalb des Systems besteht. Die Rechtfertigung für dieses Vorgehen ergibt sich unmittelbar aus der Anwendung der Cramerschen Regel für die Lösung des Systems. Nach ihr gilt für x_4

$$\frac{x_4}{x_0} = \frac{|K_4|}{|K|} = \frac{\begin{vmatrix} 1 & 0 & -\omega_{31} & 0 & 0 \\ -\omega_{12} & 1 & 0 & 0 & 0 \\ 0 & 0 & 1 & 0 & 0 \\ 0 & 0 & 0 & 0 & -\omega_{54} \\ 0 & 0 & 0 & \omega_{05} & 1 \end{vmatrix}}{\begin{vmatrix} 1 & 0 & -\omega_{31} & 0 & 0 \\ -\omega_{12} & 1 & 0 & -\omega_{42} & 0 \\ 0 & 0 & 1 & -\omega_{43} & 0 \\ 0 & 0 & 0 & 1 & -\omega_{54} \\ 0 & 0 & 0 & -\omega_{45} & 1 \end{vmatrix}}.$$

Wendet man den Entwicklungssatz für Determinanten an (SCHRÖDER, 1965), indem zweimal nach den Elementen der letzten Zeilen der Determinanten entwickelt wird, so folgt

$$\frac{x_4}{x_0} = \frac{|K_4|}{|K|} = \frac{\begin{vmatrix} 0 & -\omega_{54} \\ \omega_{05} & 1 \end{vmatrix} \cdot \begin{vmatrix} 1 & 0 & -\omega_{31} \\ -\omega_{21} & 1 & 0 \\ 0 & 0 & 1 \end{vmatrix}}{\begin{vmatrix} 1 & -\omega_{54} \\ -\omega_{45} & 1 \end{vmatrix} \cdot \begin{vmatrix} 1 & 0 & -\omega_{31} \\ -\omega_{21} & 1 & 0 \\ 0 & 0 & 1 \end{vmatrix}} = \frac{\begin{vmatrix} 0 & -\omega_{54} \\ \omega_{05} & 1 \end{vmatrix}}{\begin{vmatrix} 1 & -\omega_{54} \\ -\omega_{45} & 1 \end{vmatrix}}.$$

Zu dem gleichen Ergebnis gelangt man, wenn die Matrizen K und K_4 in der Weise umgeordnet werden, daß die Zeilen und Spalten aller jener Punkte, von den aus eine Kette zu P_4 führt, vor P_4, alle übrigen Zeilen und Spalten hinter P_4 angeordnet werden. Die umgeordneten Matrizen K' und K_4' sind für den vorliegenden Fall von der Gestalt

$$K' = \begin{bmatrix} 1 & -\omega_{54} & 0 & 0 & 0 \\ -\omega_{45} & 1 & 0 & 0 & 0 \\ 0 & 0 & 1 & 0 & -\omega_{31} \\ -\omega_{42} & 0 & -\omega_{12} & 1 & 0 \\ -\omega_{43} & 0 & 0 & 0 & 1 \end{bmatrix},$$

$$K_4' = \begin{bmatrix} 0 & -\omega_{54} & 0 & 0 & 0 \\ \omega_{05} & 1 & 0 & 0 & 0 \\ 0 & 0 & 1 & 0 & -\omega_{31} \\ 0 & 0 & -\omega_{12} & 1 & 0 \\ 0 & 0 & 0 & 0 & 1 \end{bmatrix}.$$

Wie man sofort sieht, sind die Elemente des Hauptminors für den Punkt P_4, bestehend aus den ersten beiden Elementen der ersten und zweiten Zeile der umgeordneten Matrizen K' und K_4', mit den Elementen der oben angeführten Determinanten identisch. Die Lösungsfunktion für x_4 kann also auch erhalten werden, indem die Matrizen K und K_4 in der angegebenen Weise umgeordnet und die dem Punkt P_4 zugehörigen Hauptminoren aufgesucht werden (Analoges gilt für alle Punkte P_i des Graphen). Bezeichnet man die zu P_4 gehörige Determinante des entsprechenden Hauptminors von K' mit D_4 und die Determinante des entsprechenden Hauptminors von K_4' und D_{44}, dann gilt

$$\frac{x_4}{x_0} = \frac{D_{44}}{D_4} = \frac{\begin{vmatrix} 0 & -\omega_{54} \\ \omega_{05} & 1 \end{vmatrix}}{\begin{vmatrix} 1 & -\omega_{54} \\ -\omega_{45} & 1 \end{vmatrix}}$$

bzw. allgemein

$$\frac{x_i}{x_0} = \frac{D_{ii}}{D_i}.$$

Für die Berechnung des Wertes der Determinanten in den Lösungsfunktionen kann wiederum die Graphentheorie in Anspruch genommen werden (RESCIGNO und SEGRE, 1965). Wir führen dazu die Begriffsbildungen *elementare Kette*, *Subgraph* G_0 und *linearer Subgraph* ein. Unter einer elementaren Kette soll dabei eine solche Kette verstanden werden, in der jeder Punkt des Graphen höchstens einmal als Element auftritt. Der Subgraph G_0 besitze die gleichen Punkte und Kanten wie der gegebene Graph G selbst, allerdings außer dem Punkt P_0 und allen Kanten, für die P_0 den Anfangspunkt bildet.

Ein linearer Subgraph G_0 sei ein solcher, der die gleichen Punkte wie G_0 enthält, jedoch gehört jeder Punkt höchstens einem Zyklus als Element an. Das heißt, es sind aus G_0 im allgemeinen eine Reihe von Kanten zu entfernen, damit aus G_0 ein linearer Subgraph entsteht.

Die Determinante D_i berechnet man unter Verwendung der eingeführten Begriffsbildung nach Regel 1:

> $1 \pm$ Summe über alle möglichen linearen Subgraphen von G, wobei die Bewertungsgrößen der Kanten, die dem linearen Subgraphen angehören, miteinander multipliziert werden; besteht der lineare Subgraph aus einer geraden Anzahl von Zyklen, so ist dieser Summand mit einem Pluszeichen zu versehen, anderenfalls mit einem Minuszeichen.

Für das in Abb. 88 angeführte Beispiel ergibt sich für die Determinante D_i, die für alle Punkte des Subgraphen die gleiche ist ($D_1 = D_2 = D_3 = D_4 \equiv D$),

$$D = 1 - \omega_{12}\omega_{21} - \omega_{23}\omega_{32} - \omega_{34}\omega_{43} - \omega_{14}\omega_{41} + \omega_{12}\omega_{21}\omega_{34}\omega_{43} \\ + \omega_{14}\omega_{41}\omega_{23}\omega_{32} - \omega_{12}\omega_{23}\omega_{34}\omega_{41} - \omega_{14}\omega_{43}\omega_{32}\omega_{21}.$$

Ist in Abb. 89 z.B. nach der Lösungsfunktion für einen der Punkte P_1 bis P_5 gefragt, dann kann zunächst ein residualer Graph gebildet werden, indem die Punkte P_6 bis P_9 nebst den zugehörigen Kanten entfernt werden. Für die residualen Graphen berechnet man dann nach Regel 1 die Determinante D_i ($D_1 = D_2 = D_3 = D_4 = D_5 \equiv D$) zu

$$\begin{aligned} D = 1 &- \omega_{15}\omega_{51} - \omega_{23}\omega_{32} - \omega_{24}\omega_{42} - \omega_{34}\omega_{43} \\ &+ \omega_{15}\omega_{51}\omega_{23}\omega_{32} + \omega_{15}\omega_{51}\omega_{42}\omega_{24} + \omega_{15}\omega_{51}\omega_{34}\omega_{43} \\ &- \omega_{12}\omega_{24}\omega_{45}\omega_{51} + \omega_{15}\omega_{51}\omega_{23}\omega_{34}\omega_{42} \\ &+ \omega_{15}\omega_{51}\omega_{24}\omega_{43}\omega_{32} - \omega_{12}\omega_{23}\omega_{34}\omega_{45}\omega_{51} \\ &- \omega_{23}\omega_{34}\omega_{42} - \omega_{24}\omega_{43}\omega_{32}. \end{aligned}$$

Die Bestimmung der Werte der Determinanten D_{ii} wird durch Regel 2 angegeben, die beinhaltet:

> Summe aller elementaren Ketten zwischen P_0 und P_i, wobei sich die Bewertungsgrößen der Kanten einer Kette multiplizieren, $+$ Summe aller Produkte aus einer elementaren Kette zwischen P_0 und P_i und einem linearen Subgraphen, der keinen Punkt mit der elementaren Kette gemeinsam hat; enthält ein linearer Subgraph eine gerade Anzahl von Zyklen, so trägt das Produkt das Plus-, anderenfalls das Minuszeichen.

Für den Graphen der Abb. 88 berechnet man nach Regel 2 die Determinanten D_{11} bis D_{44} zu

$$D_{11} = \omega_{01} - \omega_{01}\omega_{23}\omega_{32} - \omega_{01}\omega_{34}\omega_{43},$$

$$D_{22} = \omega_{01}\omega_{12} - \omega_{01}\omega_{12}\omega_{34}\omega_{43} + \omega_{01}\omega_{14}\omega_{43}\omega_{32},$$

$$D_{33} = \omega_{01}\omega_{12}\omega_{23} + \omega_{01}\omega_{14}\omega_{43},$$

$$D_{44} = \omega_{01}\omega_{14} - \omega_{01}\omega_{14}\omega_{23}\omega_{32} + \omega_{01}\omega_{12}\omega_{23}\omega_{34}.$$

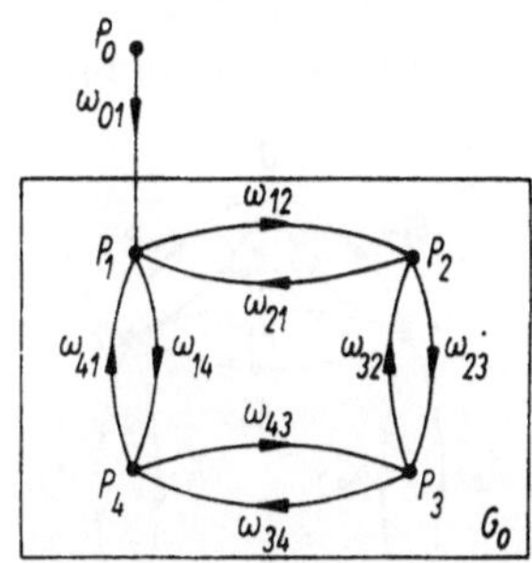

Abb. 88. Bewerteter Graph als Beispiel zur Berechnung einer Punktbewertung (nach RESCIGNO und SEGRE, 1965)

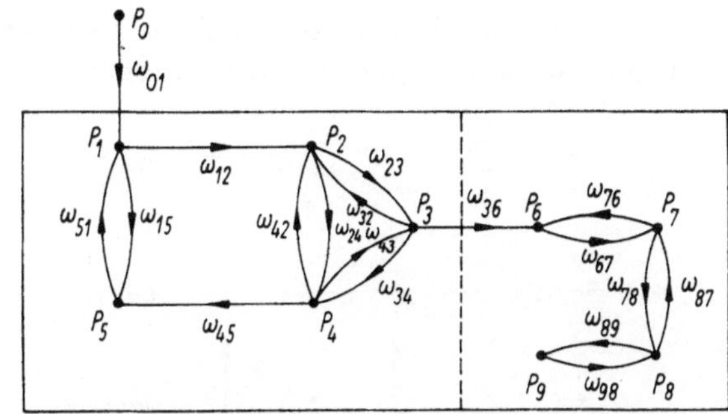

Abb. 89. Bewerteter Graph als Beispiel zur Berechnung einer Punktbewertung (nach RESCIGNO und SEGRE, 1965)

Für den Graphen der Abb. 89 folgt beispielsweise

$$D_{11} = \omega_{01} - \omega_{01}\omega_{23}\omega_{32} - \omega_{01}\omega_{24}\omega_{42} - \omega_{01}\omega_{34}\omega_{43} - \omega_{01}\omega_{23}\omega_{34}\omega_{42} - \omega_{04}\omega_{24}\omega_{43}\omega_{32}$$

und

$$D_{22} = \omega_{01}\omega_{12} - \omega_{01}\omega_{12}\omega_{34}\omega_{43}.$$

Ein interessantes Beispiel zu dieser Problematik gab HILL (1966), der, ausgehend vom Studium der Transportprozesse an biologischen Membranen, zwanglos zu gewissen Elementen der Graphentheorie gelangte, die eine elegante Lösung seiner Gleichungssysteme zuließen. Obwohl sich diese Untersuchungen von der im vorangehenden abgehandelten Methodik nicht grundsätzlich unterscheiden, erscheinen sie doch so illustrativ für die erwähnte Methodik, daß eine etwas ausführlichere Darstellung gerechfertigt erscheint.

HILL (1966) betrachtet Systeme, die sich aus B voneinander unabhängigen und äquivalenten Elementen zusammensetzen. Es wird angenommen, daß jedes System in n verschiedenen Zuständen zu existieren vermag und daß bestimmte Übergänge zwischen diesen Zuständen möglich sind. Zum Zeitpunkt t befinden sich N_i Elemente im Zustand i, und es sei der Übergang vom Zustand i zum Zustand j möglich. Die Wahrscheinlichkeit dafür, daß eines der N_i Elemente in einem Zeitintervall δt in den Zustand j übergeht, ist dann gleich $k_{ij}N_i\,\delta t$ (wobei gilt: $N_i \to N_i - 1$, $N_j \to N_j + 1$, $\delta t \to 0$, $k_{ij} =$ konst.). Betrachtet man nicht nur ein System, sondern ein Ensemble von Systemen, dann wird in der Beschreibung des Systems N_i durch den Mittelwert $\overline{N}_i$ zu ersetzen sein. Die zeitliche Änderung von $\overline{N}_i$ läßt sich auf Grund des speziellen vorliegenden Modells durch ein System von linearen Differentialgleichungen 1. Ordnung beschreiben. Erreicht das System einen Zustand des Fließgleichgewichtes, dann gilt $\frac{\mathrm{d}\overline{N}_i}{\mathrm{d}t} = 0$ für alle i. Die Werte im Fließgleichgewicht bezeichnen wir durch N_i^∞, die Werte im Gleichgewicht durch N_i^*. Im Fließgleichgewicht geht das Differentialgleichungssystem aber in ein lineares algebraisches System über, zu dessen Lösung, wie bereits bekannt, Elemente der Graphentheorie Verwendung finden können.

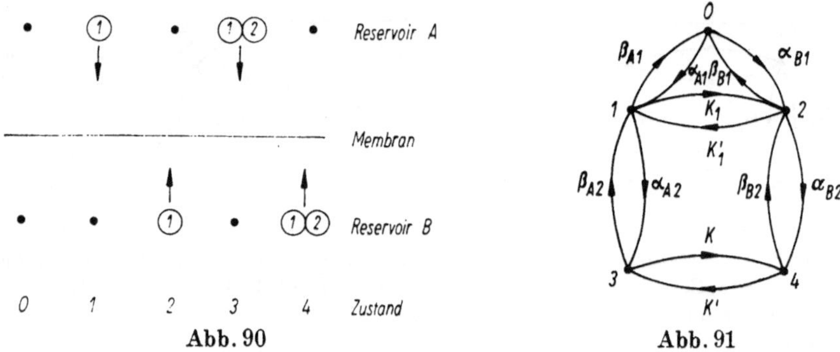

Abb. 90. Beispiel für ein System, das in fünf verschiedenen Zuständen zu existieren vermag (nach HILL, 1966).
① und ② bezeichnen zwei Teilchenarten, wobei ② nur an ① gebunden sein kann. Die Membran kann von ① und ①② passiert werden. Desorptions- und Absorptionsprozesse können stattfinden

Abb. 91. Graph für das System in Abb. 90.
Die Punkte stellen die Zustände des Systems dar, die Kanten die möglichen Übergänge zwischen den Zuständen. α und β sind Absorptions- bzw. Desorptionskonstanten. Die Indizes A und B beziehen sich auf das Reservoir, die Indizes 1 und 2 auf die Teilchenart

Mit HILL (1966) betrachten wir das in Abb. 90 dargestellte Beispiel. Stellt man die Zustände dieses Systems symbolisch als Punkte dar und die Übergänge zwischen den Zuständen als gerichtete Strecken, dann wird das System der Abb. 90 durch einen Graphen charakterisiert (Abb. 91).

Die entsprechende Differentialgleichung für die zeitliche Änderung von N_0 ist dann

$$\frac{\mathrm{d}N_0}{\mathrm{d}t} = (\beta_{A1}N_1 - \alpha_{A1}N_0) + (\beta_{B1}N_2 - \alpha_{B1}N_0),$$

und im Fließgleichgewicht $\frac{\mathrm{d}N_0}{\mathrm{d}t} = 0$ gilt

$$0 = (\beta_{A1}N_1^\infty - \alpha_{A1}N_0^\infty) + (\beta_{B1}N_2^\infty - \alpha_{B1}N_0^\infty).$$

Für das betrachtete System der Abbildungen 90 bzw. 91 existieren folglich fünf Gleichungen, die der obigen Gleichung analog sind. Vier dieser Gleichungen sind linear unabhängig. Nimmt man zu diesen vier linear unabhängigen Gleichungen

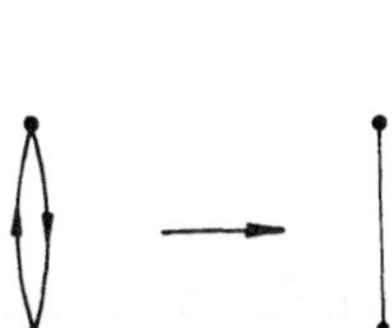

Abb. 92. Überführung eines zweigliedrigen Zyklus in eine ungerichtete Strecke

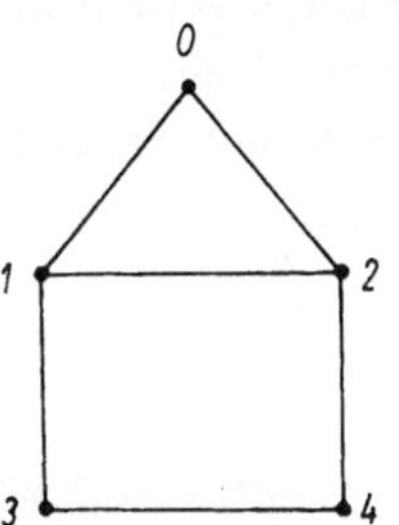

Abb. 93. Ungerichteter Graph, der aus dem Graphen der Abb. 91 hervorgeht, wenn alle zweigliedrigen Zyklen in ungerichtete Strecken überführt werden

die Beziehung $\sum_i N_i^\infty = B$ hinzu, so ergibt sich ein System von fünf linear unabhängigen algebraischen Gleichungen, aus denen sich die Unbekannten N_i^∞ ermitteln lassen.

Hill (1966) wählte dazu den folgenden Weg:

Der Graph der Abb. 91 wird in der Weise vereinfacht, daß alle zweigliedrigen Zyklen durch eine ungerichtete Strecke zwischen den zwei Punkten ersetzt werden (Abb. 92). Als Ergebnis erhält man aus dem Graphen der Abb. 91 einen ungerichteten Graphen, wie aus Abb. 93 zu ersehen ist. Der nächste Schritt besteht in der Konstruktion aller möglichen ungerichteten Subgraphen, von dem ungerichteten Graphen der Abb. 93 ausgehend, so daß jeder Subgraph eine maximale Zahl von ungerichteten Strecken, jedoch keinen Kreis enthält. Abb. 94 zeigt für das vorliegende Beispiel die 11 möglichen Subgraphen G_k. Wird jetzt beispielsweise der Zustand i betrachtet, dann zeichnet man in die ungerichteten Subgraphen Richtungen derart ein, *daß alle dadurch entstehenden Ket-*

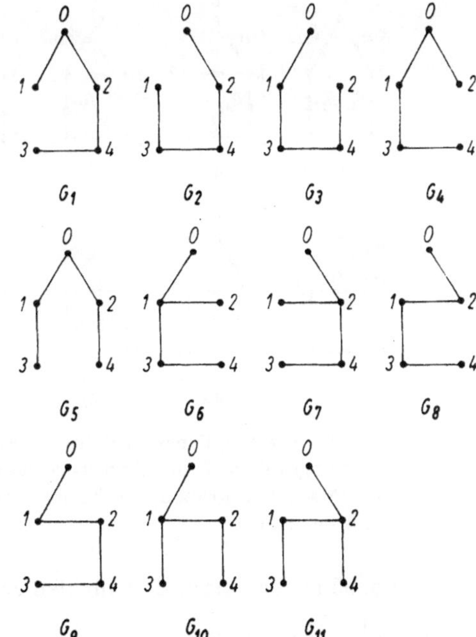

Abb. 94. Die möglichen ungerichteten Subgraphen G_k, die sich aus dem Graphen der Abb. 93 ergeben, wenn jeder Subgraph G_k eine maximale Anzahl von Linien, aber keinen Kreis enthalten soll (nach Hill, 1966)

ten als Endpunkt des letzten Gliedes den Punkt i aufweisen. Die entsprechenden gerichteten Subgraphen G_k^i sind für den Zustand 1 unseres Beispiels aus Abb. 95 zu ersehen.

Definiert man für jeden gerichteten Subgraphen G_k^i eine Bewertungsgröße W_k^i, indem die Bewertungsgrößen der Kanten linear miteinander multipliziert werden, dann folgen die gesuchten Lösungen zu

$$N_i^\infty = \frac{B \cdot \sum_k W_k^i}{\sum_i \sum_k W_k^i}$$

(i bezeichnet den Zustand, k den gerichteten Subgraphen des Zustandes i).

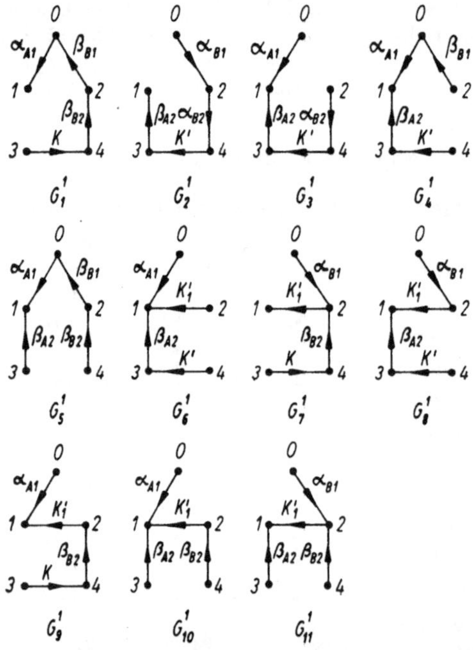

Abb. 95. Die möglichen gerichteten Subgraphen G_k^1 für den Zustand 1, die aus den Subgraphen G_k der Abb. 94 hervorgehen (siehe Text; nach HILL, 1966). Die Bewertungsgrößen der Kanten findet man durch Vergleich aus dem Graphen der Abb. 91

Aus Abb. 95 ersieht man, daß für den Zustand 1 gilt:

$$W_1^1 = K\beta_{B2}\beta_{B1}\alpha_{A1},$$
$$W_2^1 = \alpha_{B1}\alpha_{B2}K'\beta_{A2},$$
$$W_3^1 = \alpha_{A1}\alpha_{B2}K'\beta_{A2},$$

usw.

und

$$N_1^\infty = \frac{B \cdot [K\beta_{B2}\beta_{B1}\alpha_{A1} + \alpha_{B1}\alpha_{B2}K'\beta_{A2} + \cdots \text{ (9 weitere Terme)}]}{K\beta_{B2}\beta_{B1}\alpha_{A1} + \alpha_{B1}\alpha_{B2}\, K'\beta_{A2} + \cdots \text{ (53 weitere Terme)}}.$$

In ähnlicher Weise erhält man auch die Flußgrößen $I_{j\to i}$ zwischen den Zuständen j und i im Fließgleichgewicht. Die Basis bildet für das betrachtete Beispiel wiederum der Graph in Abb. 93, aus dem alle möglichen Subgraphen mit folgenden Eigenschaften gebildet werden:

1. Der Subgraph besitzt genau einen Kreis und eine maximale Zahl von Wegen.
2. Der Kreis enthält genau eine ungerichtete Strecke zwischen den Punkten j und i.

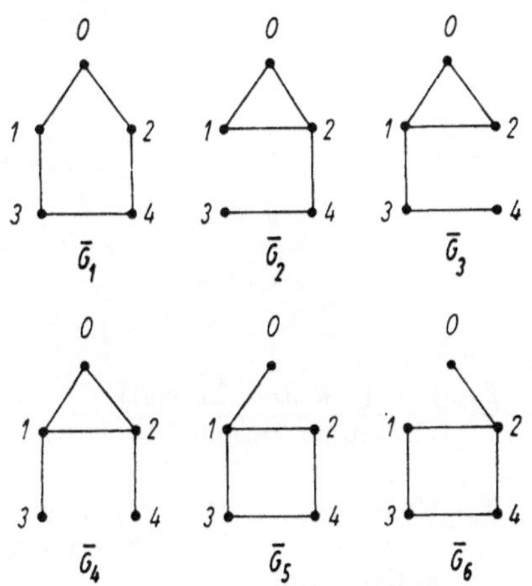

Abb. 96. Die möglichen ungerichteten Subgraphen $\overline{G_l}$ zur Ermittlung der Flußgrößen $J_{j\to i}$ (nach Hill, 1966)

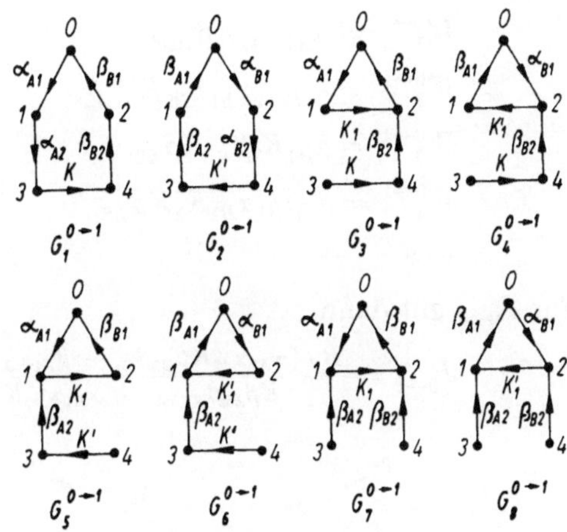

Abb. 97. Die möglichen gerichteten Subgraphen $G_l^{0\to 1}$ für den Fluß $J_{0\to 1}$, die aus den Subgraphen der Abb. 96 hervorgehen (nach Hill, 1966).
Die Bewertungsgrößen der Kanten sind dem Graphen der Abb. 91 zu entnehmen

Die möglichen ungerichteten Subgraphen $\overline{G_l}$ sind, von Abb. 93 ausgehend, in Abb. 96 dargestellt. Betrachten wir speziell den Fluß $J_{0\to 1}$, dann sind dafür nur die ersten vier Subgraphen der Abb. 96 relevant, da nur diese einen Kreis mit der Strecke (0,1) als Element enthalten. Der Übergang von ungerichteten zu gerichteten Subgraphen vollzieht sich in der Weise, daß jeder ungerichtete Subgraph zwei gerichtete Subgraphen erzeugt, die sich durch einen entgegengesetzten Richtungssinn des Zyklus voneinander unterscheiden. Die möglicherweise in dem Subgraphen vorhandenen Wege werden so in Ketten überführt, daß der Endpunkt des letzten Gliedes der Kette Element des Zyklus ist. Für die ersten vier Subgraphen der Abb. 96 sind die zugehörigen acht gerichteten Subgraphen $G_l^{0\to 1}$ für den Fluß $J_{0\to 1}$ unter Beachtung der obigen Regeln in Abb. 97 dargestellt.

Definiert man wieder für jeden Subgraphen $G_l^{j\to i}$ eine Bewertungsgröße $W_l^{j\to i}$, indem die Bewertungsgrößen der Kanten linear miteinander multipliziert werden, dann folgt

$$J_{j\to i} = \frac{B \cdot \sum_l W_l^{j\to i}}{\sum_i \sum_k W_k^i}.$$

Die Bewertungsgröße $W_l^{j\to i}$ wird mit einem positiven Vorzeichen versehen, wenn er Richtungssinn des Zyklus des Subgraphen mit dem Richtungssinn der Kante (j, i) übereinstimmt; anderenfalls gilt ein negatives Vorzeichen. Für das betrachtete Beispiel ergeben sich zur Berechnung des Flusses $J_{0\to1}$ die Bewertungsgrößen (siehe Abb. 97)

$$\begin{aligned} W_1^{0\to1} &= \alpha_{A1}\alpha_{A2}K\beta_{B2}\beta_{B1}, \\ W_2^{0\to1} &= -\beta_{A1}\alpha_{B1}\alpha_{B2}K'\beta_{A2}, \\ W_3^{0\to1} &= \alpha_{A1}K_1\beta_{B1}K\beta_{B2}, \\ W_4^{0\to1} &= -\beta_{A1}\alpha_{B1}K_1'K\beta_{B2}, \end{aligned}$$

usw.

Für $J_{0\to1}$ gilt dann

$$J_{0\to1} = \frac{B \cdot [\alpha_{A1}\alpha_{A2}K\beta_{B2}\beta_{B1} - \beta_{A1}\alpha_{B1}\alpha_{B2}K'\beta_{A2} \pm \cdots \text{ (6 weitere Terme)}]}{K\beta_{B2}\beta_{B1}\alpha_{A1} + \alpha_{B1}\alpha_{B2}K'\beta_{A2} + \cdots \text{ (53 weitere Terme)}}.$$

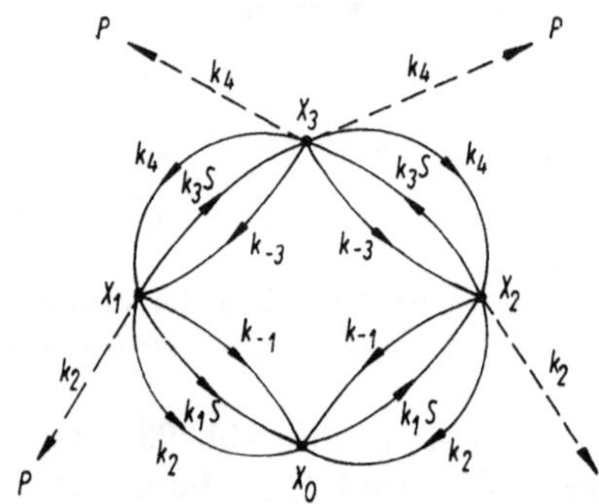

X_0: Konzentration eines freien Enzyms mit zwei gleichwertigen aktiven Zentren;

X_1: Konzentration des Enzym-Substrat-Komplexes, wobei das aktive Zentrum 1 besetzt ist;

X_2: Konzentration des Enzym-Substrat-Komplexes, wobei das aktive Zentrum 2 besetzt ist;

X_3: Konzentration des Enzym-Substrat-Komplexes mit zwei besetzten aktive Zentren

Abb. 98. Graph als Modell eines Systems von Enzymreaktionen (nach WOLKENSTEIN, 1967)

Ähnliche Probleme liegen bei gewissen Enzymsystemen vor, von denen u. a. die Kenntnis der Reaktionsgeschwindigkeit wünschenswert ist.

Legt man der Betrachtung ein einfaches Michaelis-Menten-Schema zugrunde (Abb. 98), dann läuft die Ermittlung der Reaktionsgeschwindigkeit v auf die Lösung eines Gleichungssystems der Art

$$\dot{X}_i = \sum_p k_q X_p \quad \text{mit} \quad \sum_p X_p = E = \text{konst.}$$

hinaus, wenn v als Funktion von E und S bestimmt werden soll.

Die angeführten und nachfolgend verwendeten Symbole bedeuten:

X_i Konzentration des Enzyms bzw. der Enzymkomplexe,
S Substratkonzentration,
P Produktkonzentration,
k_q Geschwindigkeitskonstante,
E Gesamtkonzentration des Enzyms im System.

Auch in diesem Falle läßt sich die Graphentheorie zur Vereinfachung und Lösung des Gleichungssystems einsetzen (WOLKENSTEIN, 1967).

Für die Reaktionsgeschwindigkeit gilt

$$v = \frac{\mathrm{d}P}{\mathrm{d}t} = -\frac{\mathrm{d}S}{\mathrm{d}t} = \sum_{p=1}^{n} k_q X_p.$$

Im stationären Falle sind die Änderungen der Konzentrationen der Enzym-Substrat-Komplexe gleich Null, d.h. $\frac{\mathrm{d}X_i}{\mathrm{d}t} = 0$ für alle i, so daß sich ein algebraisches Gleichungssystem für die Konzentrationen X_i ergibt. Der in Abb. 98 dargestellte Graph liefert das spezielle Gleichungssystem

$$\dot{X}_0 = -2k_1SX_0 + (k_{-1} + k_2)X_1 + (k_{-1} + k_2)X_2 = 0,$$

$$\dot{X}_1 = k_1SX_0 - (k_{-1} + k_2)X_1 - k_3SX_1 + (k_{-3} + k_4)X_3 = 0,$$

$$\dot{X}_3 = k_3SX_1 + k_3SX_2 - 2(k_{-3} + k_4)X_3 = 0,$$

$$X_0 + X_1 + X_2 + X_3 = E.$$

(Durch die angenommene Gleichwertigkeit der beiden aktiven Zentren des Enzyms sind die Konzentrationen X_1 und X_2 gleich.) v folgt nach der obigen Beziehung zu

$$v = 2k_2X_1 + 2k_4X_3.$$

Nach Lösung des Gleichungssystems und Einsetzen der Lösungsfunktionen für X_1 und X_3 in die letzte Gleichung erhält man für v den Ausdruck

$$v = 2ES\frac{\frac{k_2(k_{-3} + k_4)}{k_3} + k_4S}{\frac{(k_{-1} + k_2)(k_{-3} + k_4)}{k_1k_3} + \frac{2(k_{-3} + k_4)S}{k_3} + S^2}.$$

An diesem einfachen Beispiel wird bereits deutlich, daß die explizite Bestimmung der Reaktionsgeschwindigkeit in Enzymsystemen einen erheblichen rechnerischen Aufwand erfordert, der mit zunehmender Komplexität der Systeme rasch zunimmt (vergleiche OHLENBUSCH, 1965 und 1966).

Es ist deshalb von Vorteil, zu Beginn einer solchen Untersuchung die Möglichkeiten zur Vereinfachung des Graphen durch Anwendung der in Tab. 21 zusammengestellten Regeln zu prüfen. In dem in Abb. 98 dargestellten Graphen können beispielsweise alle parallelen Kanten vereinigt werden, so daß der in Abb. 99 gezeigte vereinfachte Graph entsteht.

Weiterhin kann in dem vorliegenden speziellen Falle die Tatsache ausgenutzt werden, daß der Graph bezüglich seiner Struktur und seiner Bewertung symmetrisch zu einer durch die Punkte P_3 und P_0 gelegten Achse ist. Es genügt folglich, einen dieser symmetrischen Teile in die Betrachtungen einzubeziehen, wenn die Kantenbewertung entsprechend verändert wird. Als Ergebnis erhält man den in Abb. 100 dargestellten vereinfachten Graphen, der für die Bestimmung der Reaktionsgeschwindigkeit zugrunde gelegt wird. Die Lösung des zugehörigen Gleichungssystems läuft dabei auf die Berechnung des Wertes bestimmter Determinanten hinaus, wofür wiederum die bereits ausführlich besprochenen Elemente der Graphentheorie benutzt werden können. Speziell für den vorliegenden Fall läßt sich v durch den folgenden Ausdruck berechnen (WOLKENSTEIN, 1967):

$$v = \frac{E \sum_{r}^{n}{}' k_r D_r}{\sum_{r}^{n} D_r}.$$

D_r bedeutet, daß eine Determinante vorliegt, deren Wert sich berechnet, indem die Werte aller möglichen Ketten des Graphen addiert werden, die den Punkt P_r als Endpunkt besitzen.

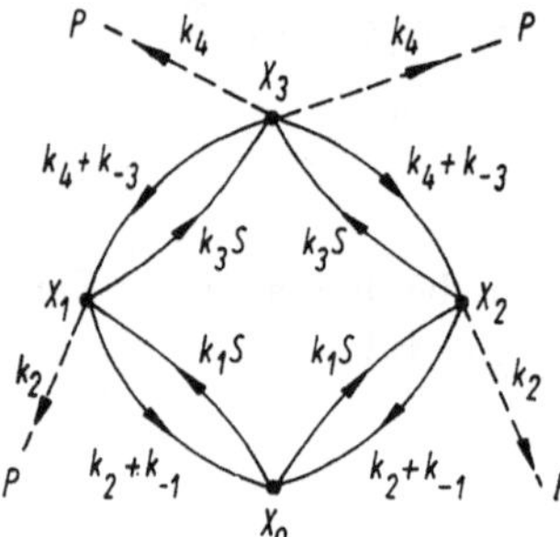

Abb. 99. Vereinfachter Graph, der durch Vereinigung paralleler Kanten aus dem in Abb. 98 dargestellten Graphen entsteht

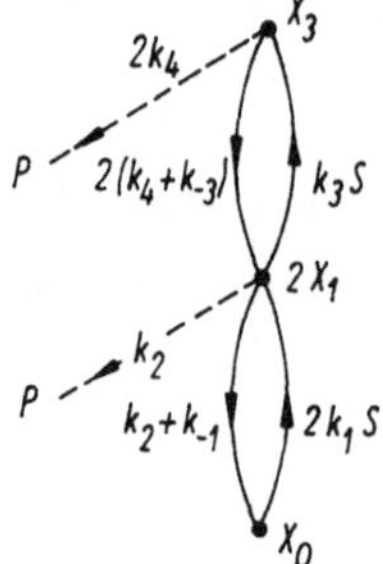

Abb. 100. Vereinfachter Graph, der durch Vereinigung zweier symmetrischer Teile aus dem Graphen der Abb. 99 entsteht (nach WOLKENSTEIN, 1967)

Die Werte der einer Kette zugehörigen Kanten sind zu multiplizieren, das Produkt ergibt die Bewertungsgröße der Kette. Σ' soll andeuten, daß nur über die Determinanten D_r jener Punkte P_r summiert wird, die als unmittelbare Vorgänger für das Produkt P gelten, wobei k_r die Bewertungsgrößen der Kanten zwischen P_r und dem Produkt P symbolisiert. Für den in Abb. 100 dargestellten vereinfachten Graphen ergeben sich die Determinanten

$$D_0 = 2(k_4 + k_{-3})\,(k_2 + k_{-1}),$$

$$D_1 = 2k_1 S \cdot 2(k_4 + k_{-3}),$$

$$D_3 = 2k_1 S \cdot k_3 S,$$

wie sich leicht nachprüfen läßt. Für die Reaktionsgeschwindigkeit v folgt dann

$$v = \frac{E(k_2 D_1 + 2k_4 D_3)}{D_0 + D_1 + D_3},$$

und nach Einsetzen der Ausdrücke für D_0, D_1 und D_3 erhält man das gleiche Ergebnis für v, das bereits oben angeführt wurde. Damit erübrigt sich aber die unmittelbare Lösung des Gleichungssystems mit Hilfe der üblichen algebraischen Methoden.

Die Vorteile der hier demonstrierten Methode werden immer deutlicher, je komplexer die zu untersuchenden Systeme sind. Wird darüber hinaus die Bearbeitung solcher Systeme oft erforderlich, dann wird der Nachteil, sich mit einer Reihe neuer, aus der Graphentheorie resultierender Regeln bekannt zu machen, durch verminderten Rechen- und Zeitaufwand aufgewogen.

5.4. Kompartmentierte Systeme

Die quantitative Untersuchung bestimmter Komponenten des Stoffwechsels biologischer Systeme hinsichtlich ihrer Kinetik erfordert auf Grund der großen Komplexität dieser Systeme besonders angepaßte experimentelle und theoretische Methoden. Das gilt insbesondere für den häufig auftretenden Fall, daß eine zu untersuchende Stoffwechselkomponente an räumlich voneinander getrennten Orten in dem biologischen System gespeichert und über unterschiedliche Reaktionsketten in ein bestimmtes Endprodukt überführt wird. Eine erfolgversprechende Modellierung eines solchen Teilsystems erfordert aber neben der vollständigen Berücksichtigung aller an dem Prozeß unmittelbar beteiligten Komponenten im Modell die Einbeziehung der räumlichen Anordnung der Komponenten. Für die Zerlegung eines biologischen Objekts bzw. Systems oder Teilsystems sind folglich gewisse Regeln zu beachten, die den biologischen Gegebenheiten Rechnung tragen. Man bezeichnet eine solche Zerlegung als Kompartmentierung und spricht von kompartmentierten Systemen, deren Elemente von sogenannten Kompartments gebildet werden. In Übereinstimmung mit der heute allgemein üblichen Verwendung der Bezeichnung *Kompartment* kann nach RESCIGNO (1960) und BERGNER (1961) folgende Definition des Begriffes gegeben werden:

1. Ein kompartmentiertes System besteht aus einer endlichen Anzahl homogener Komponenten (Objekte), die als Kompartments (Kompartimente) bezeichnet werden.

2. Die Homogenität der Kompartments bezieht sich auf die zu beobachtende Variable des Systems. Die Homogenität bewirkt, daß kein Teilchen eines Kompartments vom anderen unterschieden werden kann.

3. Ein Kompartment ist ausgezeichnet durch einen bestimmten Zustand seiner chemischen Bestandteile, durch eine räumliche Anordnung seiner Bestandteile oder durch beides gleichzeitig.

Der Anwendungsbereich der Kompartmenttheorie erstreckt sich auf die Phänomene des Transports und der Transformation chemischer Substanzen im betrachteten System. Das Kompartment selbst muß dabei notwendig als offenes Teilsystem betrachtet werden.

So nützlich diese Begriffsbildung für die Anwendungsbereiche ist, zeigen sich doch gewisse durch die Definition bedingte Schwierigkeiten, die bei einer mathematischen Formalisierung der Definition offenbar werden (Ličko, 1965).

Eine chemische Komponente, die in ein biologisches System gelangt, unterliegt dort im allgemeinen einer Menge von Änderungen, die im wesentlichen als chemische Transformationen und physikalische Transportprozesse zusammengefaßt werden können. Der Weg der chemischen Komponente führt in dem biologischen System von Kompartment zu Kompartment, wobei die Komponente in jedem Kompartment als durch einen bestimmten Zustand fixiert betrachtet werden kann. Sei $S = \{s_i\}$ die Menge aller möglichen Zustände der Komponente in dem System und beschreibt das geordnete Paar $[s_i, s_j]$ den Übergang vom Zustand s_i (dem Kompartment i) zum Zustand s_j (dem Kompartment j), dann ordnen wir diesem Paar eine Zahl $0 \leqq p_{ij} \leqq 1$ zu. p_{ij} soll die Wahrscheinlichkeit des direkten Übergangs von s_i zu s_j beschreiben (s_i ist Vorgänger 1. Ordnung von s_j). Berücksichtigt man, daß die chemische Komponente im allgemeinen den Zustand s_j, von s_i ausgehend, nicht in einem sondern in n Schritten und auf verschiedenen Wegen erreicht, dann ist dem zugeordneten Paar $[s_i, s_j]$ eine Wahrscheinlichkeit f_{ij} zuzuordnen, die sich ergibt zu (Feller, 1962; zitiert nach Ličko)

$$f_{ij} = \sum_{n=1}^{\infty} f_{ij}^{(n)} \quad \text{mit} \quad f_{ij}^{(1)} = p_{ij}, \quad f_{ij}^{(n)} = p_{ij}^{(n)} - \sum_{\nu=1}^{n-1} f_{ij}^{(n-\nu)} \cdot p_{ij}^{(\nu)}.$$

Sinnvoller Weise fordert man nun für eine chemische Komponente, daß die Wahrscheinlichkeit, im betrachteten Zustand (im betrachteten Kompartment) zu verbleiben, größer ist als die Wahrscheinlichkeit, in einen anderen Zustand (in ein anderes Kompartment) überzugehen. Im Extremfalle würde das aber bedeuten, daß die Komponente stets im gleichen Kompartment verbleibt, so daß das Kompartment zu einem abgeschlossenen Subsystem degeneriert. Die Kompartmenttheorie wird folglich stets nichtideale Kompartments zu betrachten haben. Der Nützlichkeit bei der praktischen Anwendung der Methode, für die die erzielten Ergebnisse sprechen, tut das jedoch keinen Abbruch.

Ein kompartmentiertes System läßt sich nun zwanglos in Form eines Graphen darstellen, wenn die Kompartments mit den Punkten eines Graphen identifiziert werden und wenn ein existierender Übergang von einem Kompartment zu einem zweiten durch eine gerichtete Strecke zwischen den entsprechenden Punkten symbolisiert wird. Damit erhält man aber gleichzeitig die Möglichkeit, die Ergebnisse der Graphentheorie für die Untersuchung kompartmentierter Systeme nutzbar zu machen. Die Untersuchungen an kompartmentierten Systemen laufen im allgemeinen darauf hinaus, aus einer vorgegebenen Punktbewertung, die häufig eine Funktion der Zeit ist, auf die Kantenbewertungen des Systems zu schließen. Die Bewertungsgrößen der Kanten entsprechen unter den gegebenen Voraussetzungen den Maßzahlen für die Flüsse bzw. Transformationen zwischen den Kompartments, die ebenfalls zeitabhängig sein können.

Experimentell sind kompartmentierte Systeme auf das engste mit den Methoden der Tracer-Kinetik verbunden, einem seit langem bewährten Hilfsmittel zum Studium von Stoffwechselprozessen in biologischen Systemen.

Ein einfaches Beispiel (SCHWARTZ und SNELL, 1968) soll den Wert einer Isotopeneinführung in das System verdeutlichen. In Abb. 101 ist das zu betrachtende Modell in zwei Formen dargestellt. Während Abb. 101a eine häufig anzutreffende Darstellung für den gegebenen Sachverhalt zeigt, ist das gleiche Modell in Abb. 101b als Graph dargestellt. Für komplexere Modelle ist einem Graphen als Darstellungsform vor allen sonst gebräuchlichen Formen der Übersichtlichkeit halber der Vorzug zu geben.

Es bezeichne S_i die Bewertungsgröße des Punktes P_i, die damit für den totalen Wert der betrachteten Substanz im Kompartment i steht und experimentell zu ermitteln ist. j_{ik} symbolisiere den Fluß der Substanz vom Kompartment i zum Kompartment k. Dann gilt für das Modell in Abb. 101 bei Gültigkeit des Satzes von der Erhaltung der Masse

$$\frac{dS_2}{dt} = j_{12} + j_{32} - j_{21} - j_{23}.$$

Entsprechend ergibt sich für die gleiche, jedoch markierte Substanz die Beziehung

$$\frac{dS_2^*}{dt} = j_{12}^* + j_{32}^* - j_{21}^* - j_{23}^*.$$

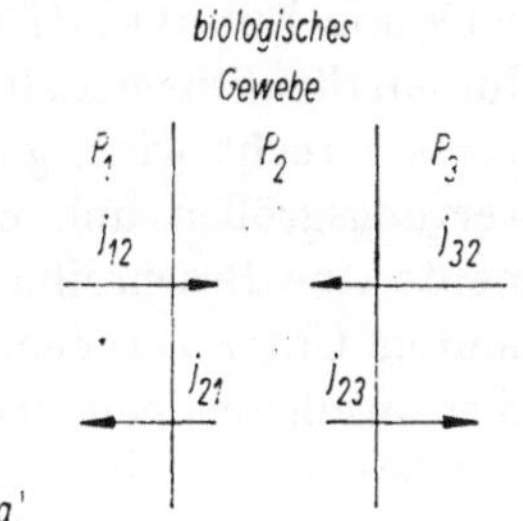

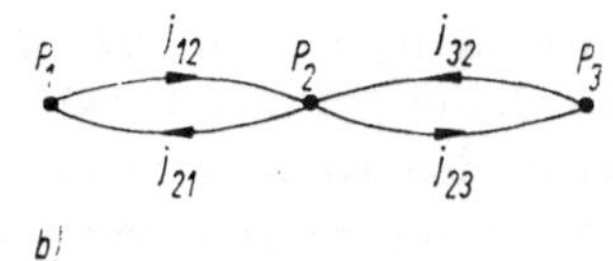

Abb. 101. Drei-Kompartment-System (nach SCHWARTZ und SNELL, 1968).
P_1 und P_3 bezeichnen homogene Außenmedien, P_2 bezeichnet ein homogenes biologisches Gewebe, j_{kl} beschreibt die Flüsse zwischen den Kompartments.
a) Kompartmentmodell in einer häufig verwendeten Darstellung;
b) Kompartmentmodell in Form eines Graphen

Führt man für die spezifische Aktivität a_i des Tracers im Kompartment i die Definition

$$a_i = \frac{S_i^*}{S_i}$$

ein und gilt

$$j_{ik}^* = a_i j_{ik}$$

für alle $i \neq k$, dann ergibt sich durch einfache Rechnung aus den vier Gleichungen die Beziehung

$$\frac{S_2}{a_2}\frac{da_2}{dt} = j_{12}\left(\frac{a_1}{a_2} - 1\right) + j_{32}\left(\frac{a_3}{a_2} - 1\right).$$

Wird a_2 noch eliminiert, so folgt

$$\frac{\mathrm{d}\ln j_{21}}{\mathrm{d}t} = \frac{\mathrm{d}\ln j_{21}^*}{\mathrm{d}t} - \frac{j_{12}}{S_2}\left(a_1 \frac{j_{21}}{j_{21}^*} - 1\right) - \frac{j_{32}}{S}\left(a_3 \frac{j_{21}}{j_{21}^*} - 1\right),$$

$$\frac{\mathrm{d}\ln j_{23}}{\mathrm{d}t} = \frac{\mathrm{d}\ln j_{23}^*}{\mathrm{d}t} - \frac{j_{12}}{S_2}\left(a_1 \frac{j_{23}}{j_{23}^*} - 1\right) - \frac{j_{23}}{S_2}\left(a_3 \frac{j_{23}}{j_{23}^*} - 1\right).$$

Wie aus den letzten Gleichungen ersichtlich ist, gelingt es durch die Einführung eines Tracers, die Größen der Flüsse j_{ik} zu ermitteln, wenn die Werte S_i bekannt sind und Tracer-Flüsse j_{ik}^* in Abhängigkeit von der Zeit vorliegen. Diese Angaben sind aber experimentell auf relativ einfache Art und Weise zu ermitteln.

Um die Flüsse j_{12} und j_{32} zu bestimmen, sind weitere Informationen über das System erforderlich, die durch zusätzliche Annahmen und Experimente erhältlich sind (Schwartz und Snell, 1968), auf die im Detail einzugehen, nicht unsere Aufgabe ist.

Ebenso wichtig wie das Tracer-Experiment an dem System ist die Modellierung des kompartmentierten Systems selbst auf Grund experimenteller Untersuchungen, die u. U. erhebliche technische Schwierigkeiten bereiten können (Moses und Lonberg-Holm, 1966).

Nur ein Strukturmodell, das den biologischen Gegebenheiten des untersuchten Systems gerecht wird, gestattet in Verbindung mit experimentell ermittelten Bewertungsgrößen und entsprechenden Verknüpfungsregeln für die Systemelemente eine Beschreibung des Verhaltens des Systems bzw. der Systemkomponenten. Unter Vernachlässigung einer systemangepaßten Kompartmentierung wird es im allgemeinen nicht oder nur unbefriedigend gelingen, das Systemverhalten zu beschreiben bzw. im Modell zu simulieren. Zwei Beispiele sollen diesen Sachverhalt verdeutlichen.

Hazelrig (1964) untersuchte den Thyroxin-Stoffwechsel der Leber in einem isolierten Leber-Perfussions-System. Es wurden zunächst drei Kompartments angenommen (Abb. 102), die das Blut (P_1), die Leber (P_2) sowie die Galle und das Jodid (P_3) symbolisieren, wobei der Thyroxin-Fluß durch die Kanten zwischen den Kompartments dargestellt wird. Die experimentellen Ergebnisse gestatten die Berechnung von Bewertungsgrößen der Kanten, unter deren Verwendung die Kinetik des Modells mittels Computer simuliert wurde. Wie Abb. 103 zeigt, ist die Übereinstimmung zwischen Meßwerten und berechnetem Kurvenverlauf für die Thyroxin-Werte der Leber unbefriedigend.

Während die Meßwerte eine Zunahme der Thyroxin-Konzentration in dem Intervall zwischen 100 min und 300 min andeuten, zeigt die berechnete Kurve in diesem Zeitintervall eine fallende Tendenz. Das deutet aber darauf hin, daß das gewählte Modell einer Verbesserung bedarf. In Übereinstimmung mit weiteren angestellten Versuchen wurde das Modell abgeändert, so daß das in Abb. 104 dargestellte kompartmentierte System entstand. In diesem wurde die Leber in zwei selbständige Kompartments aufgeteilt, wobei dem Kompartment 4 die Aufgabe einer Thyroxin-Speicherung zukommt. Addiert man die Thyroxin-Konzentrationen der Kompartments 2 und 4, dann ergibt sich, wie Abb. 105

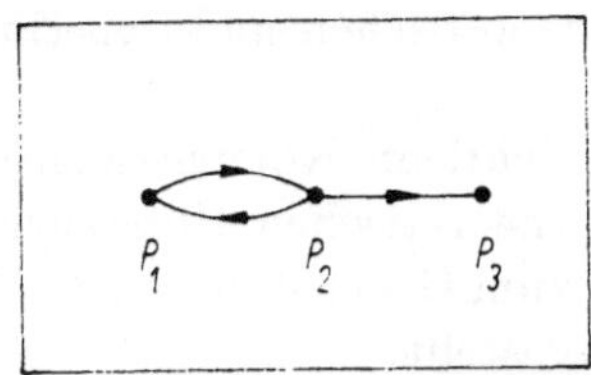

Abb. 102. Kompartmentiertes System zum Studium des Thyroxin-Stoffwechsels in einem isolierten Leber-Perfussions-System (nach HAZELRIG, 1964).

P_1 Blut; P_2 Leber; P_3 Galle und Jodid

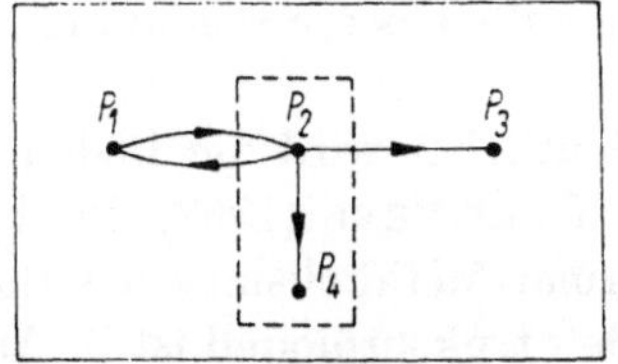

Abb. 104. Verbessertes kompartmentiertes System zum Studium des Thyroxin-Stoffwechsels in einem isolierten Leber-Perfussions-System (nach HAZELRIG, 1964).

P_1 Blut; P_2 und P_4 Leber (P_4 Speicher); P_3 Galle und Jodid

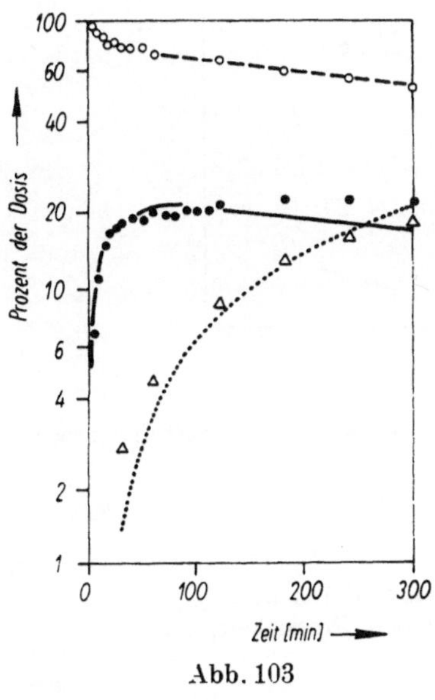

Abb. 103

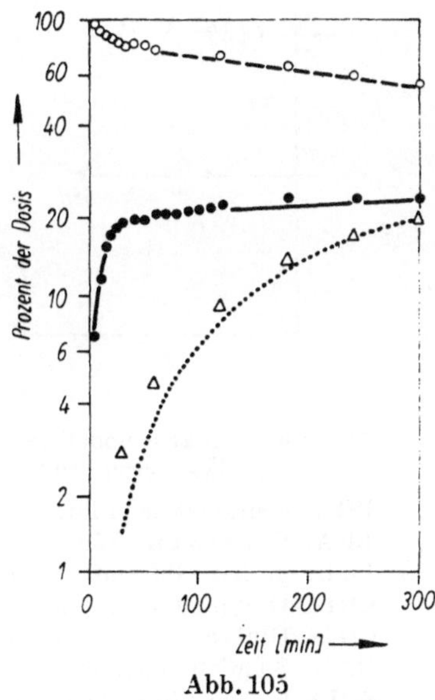

Abb. 105

Abb. 103. Vergleich zwischen experimentell ermittelter und berechneter Dynamik des Thyroxin-Stoffwechsels der Leber, wenn für die Berechnungen das Strukturmodell der Abb. 102 zugrunde gelegt wird (nach HAZELRIG, 1964).

○○○ Thyroxin im Blut,
●●● Thyroxin in der Leber,
△△△ kumulative Summe von Galle und Jodid

Abb. 105. Vergleich zwischen experimentell ermittelter und berechneter Dynamik des Thyroxin-Stoffwechsels der Leber, wenn für die Berechnungen das Strukturmodell der Abb. 104 zugrunde gelegt wird (nach HAZELRIG, 1964).

○○○ Thyroxin im Blut,
●●● Thyroxin in der Leber,
△△△ kumulative Summe von Galle und Jodid

zeigt, eine gute Übereinstimmung zwischen theoretischen und experimentellen Werten.

Noch deutlicher wird die Bedeutung einer richtigen Kompartmentierung in einer von GARFINKEL (1962) durchgeführten theoretischen Untersuchung, die den Glutamat-Metabolismus des Rattenhirns zum Gegenstand hatte. Das entsprechende Strukturmodell ist in Abb. 106 dargestellt.

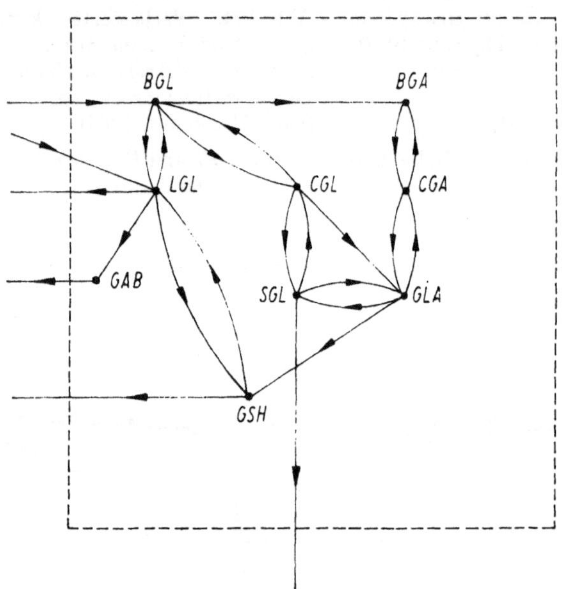

Abb. 106. Strukturmodell zum Studium des Glutamat-Stoffwechsels im Rattenhirn (nach GARFINKEL, 1962).

BGL: Glutamat im Blut,
BGA: Glutamin im Blut,
LGL: großer Glutamat-Speicher,
CGL: Glutamat in der zerebrospinalen Flüssigkeit,
CGA: Glutamin in der zerebrospinalen Flüssigkeit,
GAB: 8-amino-Buttersäure,
SGL: kleiner Glutamat-Speicher,
GLA: Glutamin,
GSH: Glutathion

Die Geschwindigkeitskonstanten ergaben sich auf Grund von Tracer-Experimenten, wobei sich das System physiologisch im Zustand eines steady state befand. Die Simulation des Modells ergibt, wie die Kurven der Abb. 107 zeigen, eine befriedigende Übereinstimmung zwischen berechneten und experimentell ermittelten Werten für die Glutamin- und Glutamat-Dynamik.

Verändert man dagegen das Modell in der Weise, daß die Glutamat-Pools miteinander vereinigt werden oder, was auf das gleiche hinausläuft, daß ein rascher Substanzwechsel zwischen den beiden Pools erfolgt, dann ergeben sich die in Abb. 108 abgebildeten Kurven. Wie sich unschwer erkennen läßt, können in diesem Falle die berechneten Kurven selbst in erster Näherung nicht als repräsentativ für die Dynamik des Glutamats angesehen werden. Das bedeutet aber die Verwerfung des Modells, das der Simulation zugrunde lag und in dem die räumliche Trennung der Glutamat-Pools unberücksichtigt blieb. Es bedarf wohl nach diesem Beispiel keiner weiteren Ausführungen, um die Bedeutung einer systemadäquaten Strukturierung der Modelle zu unterstreichen. Sie ist eine notwendige Voraussetzung jeder Modellierung.

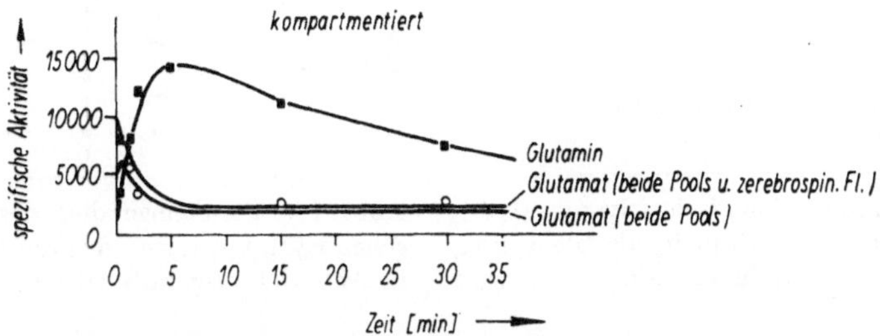

Abb. 107. Vergleich zwischen Meßwerten und simulierten Kurven, denen das Modell der Abb. 106 zugrunde lag, für Glutamin und Glutamat im Rattenhirn (nach Garfinkel, 1962)

Im folgenden wollen wir uns wieder den mathematischen Hilfsmitteln und Methoden zuwenden, die den eigentlichen Kern einer Theorie der Kompartments bilden. Der typische Fall der Kompartmenttheorie bezieht sich auf die Einführung einer markierten Substanz oder eines Pharmakons in das biologische System, wobei vorausgesetzt wird, daß nur Reaktionen 1. Ordnung in dem System ablaufen. Als Folge davon kann die Dynamik des Systems durch ein System von simultanen linearen gewöhnlichen Differentialgleichungen 1. Ordnung beschrieben werden, so daß das Superpositionsprinzip Gültigkeit besitzt. Betrachtet man das biologische System zunächst als unstrukturierte Einheit, als black box, und stellt die Konzentration der in das System einzuführenden Substanz als Punkt mit der Bezeichnung $X_0(t)$ dar, dann gibt die Darstellung in Abb. 109 symbolisch diesen Sachverhalt wieder.

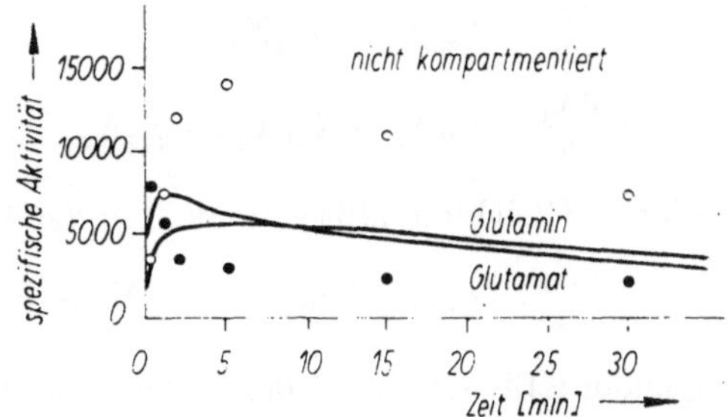

Abb. 108. Vergleich zwischen Meßwerten und simulierten Kurven, wenn in dem Modell der Abb. 106 ein rascher Stoffaustausch zwischen dem großen und dem kleinen Speicher angenommen wird (nach Garfinkel, 1962). Vergleiche hierzu die Kurven der Abb. 107

Zum Zeitpunkt $t = t_0 = 0$ ist nur die Konzentration der betrachteten Substanz im Punkt X_0 ungleich Null, während ihre Konzentration in allen Teilen des biologischen Systems zu Null vorausgesetzt wird. Unter dieser speziellen Annahme erfolgt die Darstellung der Theorie; unter anderen Voraussetzungen ist die Theorie entsprechend zu modifizieren.

Wird das biologische System strukturiert, indem eine Zerlegung in Kompartments erfolgt, so kann die black box durch einen Graphen ausgefüllt werden, der, wie bereits erwähnt, das kompartmentierte System abbildet. Die Darstellung der Abb. 109 geht dann in ein System der Art über, wie es als Beispiel in Abb. 110

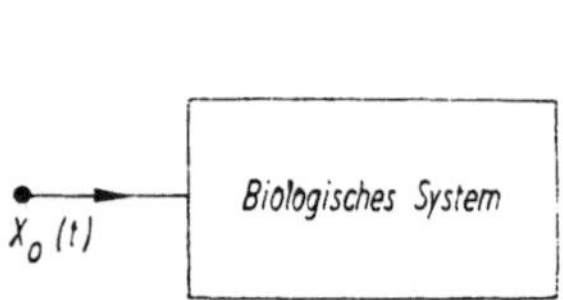

Abb. 109. Biologisches System als unstrukturierte Einheit, als black box, in die eine Substanz eingeführt wird

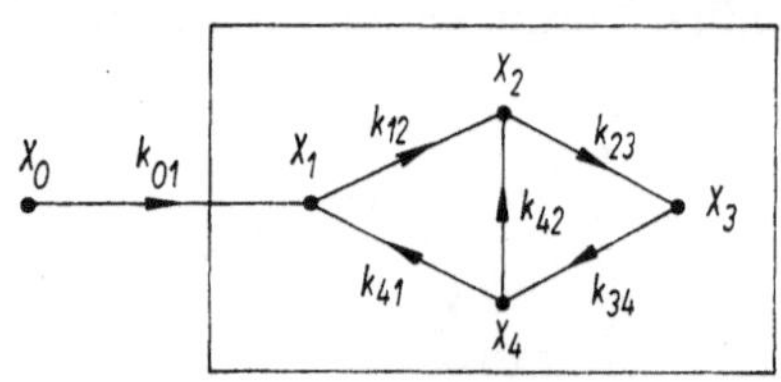

Abb. 110. Strukturmodell des biologischen Systems, durch das die black box in Abb. 109 ausgefüllt wird

angeführt ist. Sind die Konzentrationen (oder spezifischen Aktivitäten) X_i Funktionen der Zeit, die zu ermitteln sind, und ist $X_0(t) = \text{konst.}$, dann folgt für das Modell in Abb. 110 das Differentialgleichungssystem (vergleiche das analoge Gleichungssystem in Abschn. 5.3)

$$\frac{dX_1}{dt} = k_{01}X_0 + k_{41}X_4 - k_{12}X_1,$$

$$\frac{dX_2}{dt} = k_{12}X_1 + k_{42}X_4 - k_{23}X_2,$$

$$\frac{dX_3}{dt} = k_{23}X_2 - k_{34}X_3,$$

$$\frac{dX_4}{dt} = k_{34}X_3 - k_{41}X_4 - k_{42}X_4.$$

Die letzte Gleichung läßt sich auch in der Form schreiben:

$$\frac{dX_4}{dt} = k_{34}X_3 - (k_{41} + k_{42})X_4 = k_{34}X_3 - K_4X_4 \quad \text{mit} \quad (k_{41} + k_{42}) = K_4.$$

Allgemein läßt sich dann das Differentialgleichungssystem darstellen durch

$$\frac{dX_i}{dt} - \sum_{\substack{j=1 \\ j \neq i}}^{n} k_{ji}X_j + K_iX_i = 0 \qquad (i = 1, 2, \ldots, l-1, l+1, \ldots, n),$$

$$\frac{dX_l}{dt} - \sum_{\substack{j=1 \\ j \neq i}}^{n} k_{jl}X_j + K_lX_l = k_{ol}X_0.$$

Die Lösung eines Systems von Differentialgleichungen gestaltet sich nun recht unbequem, wenn nicht Hilfsmittel aus der sogenannten Operatorenrechnung (Mikusiński, 1957) herangezogen werden. Der Grundgedanke der Operatorenmethode zur Lösung eines Systems gewöhnlicher linearer Differentialgleichungen besteht darin, die Funktionen $X_i(t)$ einer Transformation zu unterwerfen, so daß ein gewöhnliches Gleichungssystem entsteht. Die Lösung eines rein algebraischen Gleichungssystems bereitet aber, wie in Abschn. 5.3 bereits gezeigt wurde, keine besonderen Schwierigkeiten. Die häufig auftretende Forderung nach der Lösung linearer Systeme gewöhnlicher Differentialgleichungen im biologischen Bereich läßt es angeraten erscheinen, auf einige Elemente der Operatorenrechnung in gedrängter Form einzugehen.

Zur Unterscheidung zwischen dem Wert einer Funktion in einem bestimmten Punkt des Wertebereiches und der Funktion selbst werden folgende Bezeichnungen eingeführt:

$f(t)$ für den Wert der Funktion $f(t)$ im Punkt t

und

$\{f(t)\}$ für die Funktion $f(t)$ selbst.

Es bedeutet dann z. B. $\{3\}$ eine konstante Funktion, die parallel zur Abszisse in einem Koordinatensystem verläuft, in dem auf der Ordinate die Werte der Funktion $f(t)$ und auf der Abszisse die Werte der Variablen t aufgetragen sind. 3 steht dann entsprechend lediglich für einen Punkt auf der Zahlengeraden im beschriebenen Koordinatensystem. Die additive Verknüpfung zweier Funktionen gehorcht in der Operatorenrechnung der Regel

$$\{f_1(t)\} + \{f_2(t)\} = \{f_1(t) + f_2(t)\},$$

während die multiplikative Verknüpfung über ein sogenanntes *Faltungsintegral* erfolgen soll, so daß gilt

$$\{f_1(t)\} \cdot \{f_2(t)\} = \left\{\int_0^t f_1(t-\tau) \cdot f_2(\tau)\, d\tau\right\}.$$

Ist insbesondere $\{f_1(t)\} \equiv \{1\}$, dann ergibt sich für die Faltung der beiden Funktionen

$$\{1\} \cdot \{f_2(t)\} = \left\{\int_0^t f_2(\tau)\, d\tau\right\}.$$

Das heißt, eine Faltung der Funktion $\{f_2(t)\}$ mit der Funktion $\{1\}$ läuft auf eine gewöhnliche Integration der Funktion $\{f_2(t)\}$ hinaus. Aus diesem Grunde wird $\{1\} \equiv l$ auch als Integrationsoperator bezeichnet. Der zu l inverse Operator s bewirkt dann aber die Differentiation einer Funktion, wenn gilt

$$s = \frac{1}{l} = \frac{1}{\{1\}}.$$

Hat folglich eine Funktion $\{f(t)\}$ im Intervall $0 \leqq t \leqq \infty$ eine stetige Ableitung $\{f'(t)\}$, dann läßt sich mit Hilfe des Differentialoperators s die Beziehung aufschreiben:

$$s \cdot \{f(t)\} = \{f'(t)\} + f(0). \qquad (*)$$

$f(0)$ steht für den Wert der Funktion $f(t)$ an der Stelle $t = 0$. Die Gültigkeit dieser Beziehung ist sofort einzusehen, wenn man die folgende elementare Rechnung anstellt:

$$\{f(t)\} = \frac{1}{s} \cdot \{f'(t)\} + \frac{1}{s} \cdot f(0),$$

$$\{f(t)\} = l \cdot \{f'(t)\} + l \cdot f(0),$$

$$\{f(t)\} = \{f(t)\} - \{f(0)\} + f\{(0)\},$$

$$\{f(t)\} = \{f(t)\}.$$

Die Beziehung (*) läßt sich umschreiben in die Form

$$\{f'(t)\} = s \cdot \{f(t)\} - f(0), \qquad (**)$$

die wir für die Lösung der angeführten Differentialgleichungssysteme verwenden werden. Mit dem Operator s kann dabei wie mit jeder anderen algebraischen Größe operiert werden, ohne daß dabei besondere Regeln zu beachten wären.

Es sei ein System von Differentialgleichungen gegeben, das gewisse Eigenschaften eines kompartmentierten biologischen Systems beschreibt, so daß gilt

$$\frac{\mathrm{d}X_i}{\mathrm{d}t} = \sum_{\substack{j=1\\ j\neq i}}^{n} k_{ji}X_j - K_iX_i \qquad (i = 1, 2, \ldots, l-1,\ l+1, \ldots, n),$$

$$\frac{\mathrm{d}X_l}{\mathrm{d}t} = \sum_{\substack{j=1\\ j\neq i}}^{n} k_{jl}X_j - K_lX_l + k_{0l}X_0,$$

wobei die Größen X Funktionen der Zeit sein sollen. Ausführlich geschrieben hat das Differentialgleichungssystem dann die Form

$$\left\{\frac{dX_1(t)}{\mathrm{d}t}\right\} = -\{K_1X_1(t)\} + \{k_{21}X_2(t)\} + \cdots + \{k_{n1}X_n(t)\},$$

$$\left\{\frac{\mathrm{d}X_2(t)}{\mathrm{d}t}\right\} = \{k_{12}X_1(t)\} - \{K_2X_2(t)\} + \cdots + \{k_{n2}X_n(t)\},$$

$$\vdots$$

$$\left\{\frac{\mathrm{d}X_l(t)}{\mathrm{d}t}\right\} = \{k_{1l}X_1(t)\} + \{k_{2l}X_2(t)\} + \cdots + \{k_{nl}X_n(t)\} + \{k_{0l}X_0\},$$

$$\vdots$$

$$\left\{\frac{\mathrm{d}X_n(t)}{\mathrm{d}t}\right\} = \{k_{1n}X_1(t)\} + \{k_{2n}X_2(t)\} + \cdots - \{K_nX_n(t)\}.$$

Führt man für den Ausdruck $\left\{\frac{\mathrm{d}X_i(t)}{\mathrm{d}t}\right\}$ die Beziehung (**) ein, dann gilt

$$\left\{\frac{\mathrm{d}X_i(t)}{\mathrm{d}t}\right\} = s \cdot \{X_i(t)\} - X_i(0).$$

Für $X_i(0)$ schreiben wir besser $X_0^{(i)}$ und führen die Operatorenschreibweise in dem obigen Gleichungssystem ein. Man erhält dann formal ein rein algebraisches

Gleichungssystem, das sich leicht lösen läßt. Allerdings bleibt zu beachten, daß durch die Ersetzung nach der Beziehung (**) die Lösungen des Gleichungssystems zunächst Funktionen von s werden und nicht, wie eigentlich erwünscht, Funktionen von t. Wir berücksichtigen diese Tatsache formal, indem wir für $X_i(t)$ jetzt $x_i(s)$ oder einfacher x_i schreiben. Durch Einführung des Differentialoperators s in das Gleichungssystem erhält man folglich die Lösungen in einer transformierten Form, aus der dann letztlich die Lösungen als Funktionen von t zu ermitteln sind. Schrittweise folgt durch einfache Umformungen für das obige Gleichungssystem

$$\begin{aligned}
\{x_1\} - \frac{k_{21}}{K_1 + s}\{x_2\} - \cdots - \frac{k_{n1}}{K_1 + s}\{x_n\} &= \frac{1}{K_1 + s} X_0^{(1)},\\
-\frac{k_{12}}{K_2 + s}\{x_1\} + \{x_2\} - \cdots - \frac{k_{n2}}{K_2 + s}\{x_n\} &= \frac{1}{K_2 + s} X_0^{(2)},\\
&\vdots\\
-\frac{k_{1l}}{K_l + s}\{x_1\} - \frac{k_{2l}}{K_l + s}\{x_2\} - \cdots - \frac{k_{nl}}{K_l + s}\{x_n\} &= \frac{1}{K_l + s} X_0^{(l)} + \frac{k_{0l}}{K_l + s}\{x_0\}.\\
&\vdots\\
-\frac{k_{1n}}{K_n + s}\{x_1\} - \frac{k_{2n}}{K_n + s_n}\{x_2\} - \cdots + \{x_n\} &= \frac{1}{K_n + s} X_0^{(n)}.
\end{aligned}$$

Entsprechend den gemachten Voraussetzungen sollten die Anfangswerte der Konzentrationen oder spezifischen Aktivitäten X_i gleich Null gesetzt werden, so daß alle Glieder auf den rechten Seiten der Gleichungen verschwinden, ausgenommen den Ausdruck $\frac{k_{0l}}{K_l + s}\{x_0\}$. Setzt man vereinfachend noch $\frac{k_{ij}}{K_j + s} = T_{ij}$, und nimmt an, daß der Tracer genau zum Zeitpunkt $t = t_0 = 0$ in das System eingeführt wird, dann geht das Gleichungssystem in die gewohnte Form über:

$$\begin{aligned}
\{x_1\} - T_{21}\{x_2\} - \cdots - T_{n1}\{x_n\} &= 0,\\
-T_{12}\{x_1\} + \{x_2\} - \cdots - T_{n2}\{x_n\} &= 0,\\
&\vdots\\
-T_{1l}\{x_1\} - T_{2l}\{x_2\} - \cdots - T_{nl}\{x_n\} &= T_{0l} \cdot x_0,\\
&\vdots\\
-T_{1n}\{x_1\} - T_{2n}\{x_{2n}\} - \cdots - \{x_n\} &= 0.
\end{aligned}$$

Die Lösung dieses Gleichungssystems ergibt sich, wie in Abschn. 5.3 bereits dargelegt, unter Verwendung der Cramerschen Regel zu

$$\frac{\{x_i\}}{x_0} = \frac{D_{il}}{D_i}.$$

$\{x_i\}$ ist folglich eine gebrochen rationale Funktion der Variablen s, wobei im Zähler und Nenner jeweils Polynome höheren Grades in s auftreten. Eine durchzuführende Partialbruchzerlegung des Quotienten $\frac{D_{ii}}{D_i}$ zeigt, daß sich die Funktion $\{x_i\}$ aus einer Kombination folgender Ausdrücke zusammensetzt:

$$\frac{1}{(s-\alpha)^n}, \quad \frac{1}{[(s-\alpha)^2+\beta^2]^n} \quad \text{und} \quad \frac{s}{[(s-\alpha)^2+\beta^2]^n}.$$

Der Übergang von den Lösungen in der transformierten Form zu Lösungsfunktionen in der Variablen t gestaltet sich sehr einfach, da für die wichtigsten Funktionen in der transformierten Form die zugehörigen Antitransformierten in der Variablen t tabellarisch vorliegen (Mikusiński, 1957). Für die oben angeführten Ausdrücke ergeben sich die Lösungsfunktionen in der Variablen t nach Mikusiński (1957) zu

$$\frac{1}{(s-\alpha)^n} = \left\{\frac{t^{n-1}}{(n-1)!}\,e^{\alpha t}\right\} \qquad (n = 1, 2, \ldots),$$

$$\frac{1}{[(s-\alpha)^2+\beta^2]^n} = \left\{\frac{e^{\alpha t}}{(2\beta^2)^{n-1}}\left[A_n(\beta^2 t^2)\,\frac{1}{\beta}\sin(\beta t) - B_n(\beta^2 t^2)\,t\cos(\beta t)\right]\right\}$$
$$(n = 1, 2, \ldots),$$

$$A_1(x) = 1, \quad A_2(x) = 1,$$

$$A_{n+1}(x) = \frac{2n-1}{n}A_n(x) - \frac{x}{n(n-1)}A_{n-1}(x) \qquad (n = 2, 3, \ldots),$$

$$B_1(x) = 0, \quad B_2(x) = 1,$$

$$B_{n+1}(x) = \frac{2n-1}{n}B_n(x) - \frac{x}{n(n-1)}B_{n-1}(x) \qquad (n = 2, 3, \ldots),$$

$$\frac{s}{(s-\alpha)^2+\beta^2} = \left\{e^{\alpha t}\left[\frac{\alpha}{\beta}\sin(\beta t) + \cos(\beta t)\right]\right\},$$

$$\frac{s}{[(s-\alpha)^2+\beta^2]^n} = \left\{\frac{e^{\alpha t}}{2(n-1)(2\beta^2)^{n-2}}\left[A_{n-1}(\beta^2 t^2)\,\frac{t}{\beta}\sin(\beta t) - B_{n-1}(\beta^2 t^2)\,t^2\cos(\beta t)\right]\right\}$$
$$(n = 2, 3, \ldots).$$

Damit ist die Lösung des Differentialgleichungssystems als ermittelt anzusehen, und wir können uns wieder grundsätzlichen Problemen kompartmentierter Systeme zuwenden. Gleichzeitig aber haben wir mit den transformierten Funktionen eine zweite mathematische Beschreibungsweise für das funktionale Verhalten eines Modells in Form eines Graphen erhalten, wenn die eingangs erwähnten Voraussetzungen erfüllt sind. Damit gilt gleichberechtigt für den in Abb. 111 angeführten Graphen eine Bewertung der Elemente sowohl durch die Größen $X_i(t)$, $X_j(t)$ und k_{ij} als auch durch die transformierten Größen $x_i(s)$, $x_j(s)$ und $T_{ij} = \frac{k_{ij}}{K_j + s}$.

Die experimentellen Untersuchungen, deren Ergebnisse als Ausgangspunkt dienen, beinhalten gewöhnlich Konzentrationsmessungen in Abhängigkeit von der Zeit, so daß sich die Ergebnisse durch Kurven veranschaulichen lassen, wie beispielsweise in Abb. 112 gezeigt wird. Die Kurve *a* beschreibt dabei den Konzentrationsverlauf X_a einer Substanz im Kompartment *a* in Abhängigkeit von der Zeit, Kurve *b* symbolisiert die Konzentration X_b der gleichen Substanz im Kompartment *b*. Es erfolge ein Substanztransport vom Kompartment *a* zum Kompartment *b*. Von praktischem Interesse ist dabei, auf Grund der experimen-

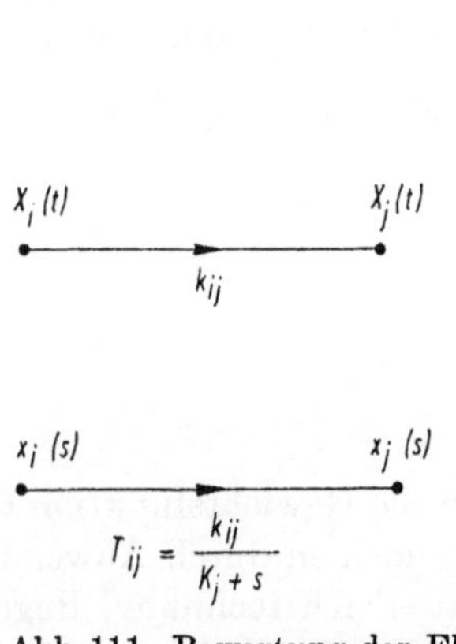

Abb. 111. Bewertung der Elemente eines Graphen durch die Funktionen $X_i(t)$, $X_j(t)$ und die Konstante k_{ij} bzw. durch die zugehörigen transformierten Funktionen $x_i(s)$, $x_j(s)$ und $T_{ij} = \frac{k_{ij}}{K_j + s}$

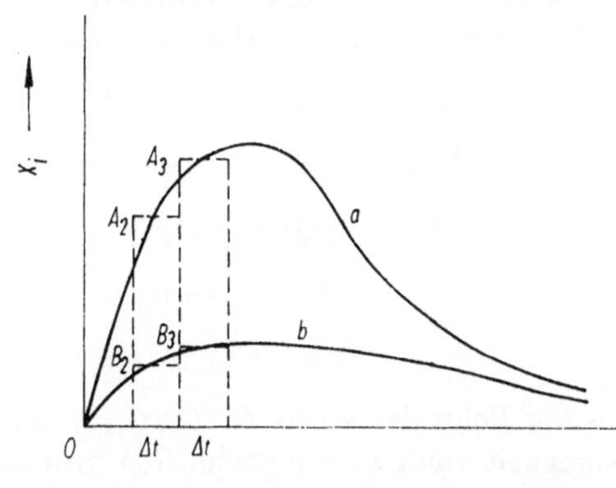

Abb. 112. Beispiel zur Berechnung von Übergangs- und Gewichtsfunktionen in kompartmentierten Systemen.
Kurve *a* stellt die Punktbewertung des Kompartments *a*, Kurve *b* die des Kompartments *b* dar.
Über die angedeuteten Rechtecke berechnet man die Gewichtsfunktion $G(t)$ zwischen den Kompartments *a* und *b* (siehe Text)

tellen Ergebnisse den Konzentrationsverlauf $X_b(t)$ in Abhängigkeit von $X_a(t)$ auszudrücken. Geht man zu diesem Zweck zunächst wieder von den transformierten Funktionen $x_i(s)$ aus, dann wird nach RESCIGNO und SEGRE (1962) als Übergangsfunktion (Transfer-Funktion) $g(s)$ der Quotient $x_b(s)/x_a(s)$ definiert, so daß gilt

$$g(s) = \frac{x_b(s)}{x_a(s)}$$

und folglich

$$x_b(s) = g(s) \cdot x_a(s).$$

Geht man von den transformierten Funktionen $g(s)$ und $x_a(s)$ zu $G(t)$ und $X_a(t)$ über, dann gilt an Stelle der letzten Gleichung die Beziehung

$$\{X_b(t)\} = \{G(t)\} \cdot \{X_a(t)\} = \left\{\int_0^t G(\tau) \cdot X_a(t-\tau)\,\mathrm{d}\tau\right\}.$$

$G(t)$ wird als Gewichtsfunktion bezeichnet und ist auf Grund der experimentellen Ergebnisse, wie sie z.B. in Abb. 112 dargestellt sind, zu berechnen. Den Weg dazu weist die oben angeführte Gleichung. Approximiert man die Flächen unter den Funktionen $X_a(t)$ und $X_b(t)$ durch eine Menge von Rechtecken der Breite Δt mit den Höhen $A_1, A_2, A_3, \ldots$ bzw. $B_1, B_2, B_3, \ldots$, wie in Abb. 112 angedeutet, dann ergibt sich eine Folge von Werten $G_1(t), G_2(t), G_3(t), \ldots$, die eine Approximation der Gewichtsfunktion $G(t)$ darstellen, wenn eine schrittweise algebraische Division ausgeführt wird (RESCIGNO und SEGRE, 1962), so daß gilt

$$\begin{array}{llll}
(B_1, & B_2, & B_3, \ldots) & :\ (A_1, A_2, A_3, \ldots) = (G_1, G_2, G_3, \ldots). \\
\underline{-A_1G_1} & -A_2G_1 & -A_3G_1 & \\
0 & \underline{-A_1G_2} & -A_2G_2 & \\
 & 0 & \underline{-A_1G_3} & \\
 & & 0 &
\end{array}$$

Aus der Folge der Werte $G_1, G_2, G_3, \ldots$ ist dann die Gewichtsfunktion G in Abhängigkeit von t zu ermitteln. $G(t)$ wird im allgemeinen durch Anwendung der Gaußschen Methode der kleinsten Quadrate (Ausgleichsrechnung, Regressionsrechnung) bestimmt (WEBER, 1967; LUDWIG, 1969).

Grundsätzlich bereitet es also keine methodischen Schwierigkeiten, die Funktion $G(t)$ zu bestimmen (vgl. DOST, 1968).

Nehmen wir die Gewichtsfunktionen in einem kompartmentierten System als bereits ermittelt an, dann gelingt es auch ohne Mühe, die zugehörigen Übergangsfunktionen anzugeben, indem man von den gegebenen Gewichtsfunktionen $G(t)$ zu deren Transformierten übergeht (MIKUSIŃSKI, 1957). Liegt $G(t)$ speziell als Summe von Exponentialfunktionen vor, so daß gilt

$$G(t) = \sum_i \{C_i e^{-b_i t}\},$$

dann ergibt sich die Übergangsfunktion $g(s)$ zu

$$g(s) = \sum_i \frac{C_i}{s + b_i}.$$

Andererseits erhält man jedoch $g(s)$ direkt aus dem zugehörigen transformierten Gleichungssystem, das das kompartmentierte System beschreibt. Wie bereits an anderer Stelle gezeigt, ergaben sich die transformierten Lösungen $x_i(s)$ des Systems zu

$$\frac{\{x_i(s)\}}{x_0} = \frac{D_{ii}}{D_i},$$

wobei die $x_i(s)$ Funktionen des Differentialoperators s sind. Als Konstanten treten in diesen Funktionen die Größen K_i und k_{ij} $(i, j = 1, 2, \ldots, n)$ auf, wobei die k_{ij}, wie bekannt, die Bewertungsgrößen der Kanten des kompartmentierten Systems darstellen. Aus der Kenntnis der Lösungsfunktionen $x_i(s)$ folgt aber $g(s)$

für jeden Übergang zwischen zwei Kompartments i und j des Systems zu

$$g(s)_{ij} = \frac{x_j(s)}{x_i(s)} = \frac{D_{jj}}{D_{ii}} \cdot \frac{D_i}{D_j} = f(s, K, k).$$

Die Konstanten K und k sind dabei jedoch zahlenmäßig noch nicht bestimmt. Die zahlenmäßige Bestimmung der Konstanten gelingt nun sehr einfach, indem ein Koeffizientenvergleich zwischen den Ausdrücken

$$g(s)_{ij} = \frac{D_{jj}}{D_{ii}} \cdot \frac{D_i}{D_j} \quad \text{und} \quad g(s)_{ij} = \sum_k \frac{C_k}{s + b_k}$$

durchgeführt wird. Je nach der Struktur des kompartmentierten Systems und der Anzahl der bekannten Gewichtsfunktionen lassen sich die Bewertungsgrößen k_{ij} der Kanten mehr oder weniger vollständig zahlenmäßig bestimmen.

Zusammenfassend bleibt festzustellen, daß es durch die hier aufgezeigte Methode gelingt, in einem kompartmentierten biologischen System auf Grund experimentell ermittelter Meßdaten, die die Bewertungsgrößen für die Punkte des zugehörigen Graphen darstellen, die Bewertungsgrößen der Kanten des Graphen zahlenmäßig zu bestimmen. Damit sind alle wesentlichen Vorarbeiten — Ermittlung der Struktur des Systems und Bewertung der Strukturelemente — abgeschlossen, so daß das zeitliche Verhalten des Systems erfolgreich im Modell simuliert werden kann.

Ein sehr umfassendes kompartmentiertes biologisches System untersuchten Hess und Chance (1959), das wesentliche Teile der Regulationsmechanismen des Zellmetabolismus einschließt. Die Untersuchungen erfolgten an Ehrlich-Aszites-Tumorzellen und erstreckten sich im wesentlichen auf die Glykolyse und Atmung der Zellen. Auf der Grundlage umfangreicher experimenteller Ergebnisse wurde ein Modell entwickelt, dessen Computer-Simulation Einblick in die Kinetik der Zellmetabolite gestattet. Bei der Modellbildung wurde besonders die Tatsache berücksichtigt, daß die chemischen Transformationen in vier räumlich getrennten morphologischen Einheiten der Zelle, dem Hexokinase-Raum, dem Zytoplasma, den Mitochondrien und dem Synthese-Raum (Sekretionskanülen), ablaufen. Die Diffusionswege zwischen diesen Einheiten wurden als konstant angenommen. Abb. 113 veranschaulicht die Struktur des entsprechenden Modells, wobei die Kanten chemische Transformationen beinhalten, die die möglicherweise vorhandenen Transportprozesse mit einschließen. In Tab. 22 wird die verwendete Symbolik der Punktbezeichnungen erklärt, in Tab. 23 sind die ablaufenden chemischen Transformationen explizit aufgeführt und die für die Rechnung zugrunde gelegten Bewertungsgrößen der Punkte und Kanten angegeben.

Abb. 114 zeigt einen Ausschnitt aus der Computer-Simulation des Modells. In der ersten Phase der Simulation wird das Intermediat X · I unter Sauerstoffverbrauch rasch umgesetzt und strebt einer stationären Konzentration zu. Die dadurch gleichzeitig erniedrigte ADP-Konzentration verlangsamt den Sauerstoffumsatz. Die geringere Umsatzrate in der Atmungskette läßt die mitochondriale ATP-Konzentration leicht ansteigen. Wird Glukose nach Ablauf dieser Phase in das System eingeführt, dann erfolgt — wie in allen offenen Systemen —

nach einem Einschwingvorgang der Übergang der Konzentration der Metabolite in einen neuen stationären Zustand, wie aus Abb. 114 deutlich zu erkennen ist. Ohne auf eine ausführliche Diskussion der Ergebnisse einzugehen, wofür auf die Originalarbeit von HESS und CHANCE (1959) verwiesen sei, bleibt erklärend

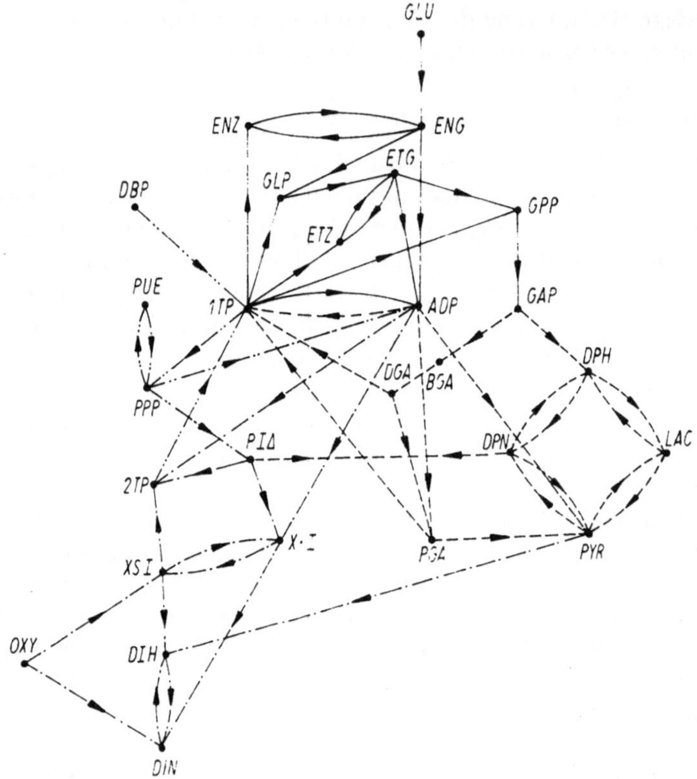

Abb. 113. Graph zur Veranschaulichung der chemischen Transformationen von Glykolyse und Atmung in Aszites-Tumorzellen nach einem von HESS und CHANCE (1959) entwickelten Modell

zu bemerken, daß durch den Glukosezusatz die Atmung wesentlich beschleunigt abläuft, während andererseits der Glukose-Sauerstoffumsatz einer Hemmung unterworfen wird.

Schließlich wurde nach Erreichung stationärer Zustände der Metabolitkonzentrationen Dibromphenol als Entkoppler in das System eingeführt. Dadurch erfährt der Glukoseumsatz durch Zunahme des zytoplasmatischen ATP eine starke Beschleunigung. Die Metabolitkonzentrationen gehen wiederum in neue stationäre Zustände über.

Insgesamt zeigten die Untersuchungen an dem besprochenen Modell, daß ADP in Aszites-Tumorzellen eine limitierende Funktion als Kontrollsubstanz der Atmung zukommt. Zellphysiologisch zeigt sich diese Wirkung durch die Determinierung der Aufnahmegeschwindigkeit der Glukose (HESS und CHANCE, 1959).

Tabelle 22. Symbolerklärung zu den Abbildungen 113 und 114 sowie zu Tab. 23 (nach HESS und CHANCE, 1959)

Symbol	Erklärung
GLU	Glukose
ENZ	Hexokinase
ENG	Hexokinase-Glukose-Komplex
1TP	Adenosintriphosphat (zytoplasmatisch)
ADP	Adenosindiphosphat
GLP	Glukose-6-Phosphat + Fruktose-6-Phosphat
ETZ	6-Phosphofruktokinase
ETG	6-Phosphofruktokinase-6-Phosphofruktose-Komplex
GPP	Fruktosediphosphat
GAP	(Dioxyazetonphosphat) + Glyzeraldehyd-3-Phosphat
DPN	Diphosphopyridinnukleotid (zytoplasmatisch)
DPH	Dihydrodiphosphopyridinnukleotid (zytoplasmatisch)
BGA	Enzymsubstratkomplex des oxydierten Gärungsfermentes
PIΔ	anorganisches Phosphat
DGA	1, 3-Diphosphoglyzerat
PGA	3-Phosphoglyzerinsäure
PYR	Pyruvat
LAC	Laktat
DIN	Diphosphopyridinnukleotid (mitochondrial)
DIH	Dihydrodiphosphopyridinnukleotid (mitochondrial)
X · I	energiearmes Intermediat der oxydativen Phosphorylierung
OXY	Sauerstoff
XSI	energiereiches Intermediat der oyxdativen Phosphorylierung
2TP	Adenosintriphosphat (mitochondrial)
DPB	Dibromphenol
PUE	„Syntheseakzeptor"-Enzym
PPP	Enzym-Adenosintriphosphat-Komplex

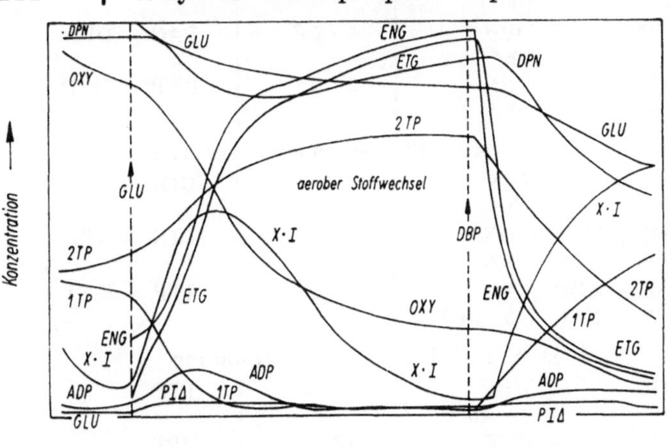

Abb. 114. Kinetik der Zellmetabolite des Modells der Abb. 113, die durch Computer-Simulation des Modells erhalten wurde (nach HESS und CHANCE, 1959). Die Bezeichnungen der Kurven sind in Tab. 22 erklärt

Tabelle 23. Reaktionsgleichungen von Glykolyse und Atmung zur Simulation des Verhaltens des Modells der Abb. 113 (nach HESS und CHANCE, 1959).

Unter den Symbolen sind die zugrundegelegten Anfangskonzentrationen in $mol \cdot l^{-1}$ angegeben. Die Geschwindigkeitskonstanten haben die Maßeinheit $mol^{-1} \cdot s^{-1}$ bzw. s^{-1}.

Reaktanten	Geschwindigkeitskonstante	Reaktionsprodukte
A. Phosphorylierung von Glukose		
1. GLU + ENZ	$3 \cdot 10^8$	ENG
$0 \cdots 4 \cdot 10^{-3}$ | 10^{-5}		
2. ENG + 1TP	$6 \cdot 10^4$	ADP + ENZ + GLP
0 | 10^{-3}		
3. GLP + ETZ	10^{10}	ETG
0 | 10^{-4}		
4. ETG + 1TP	$6 \cdot 10^8$	GPP + ETZ + ADP
0 | 10^{-3}		
5. GPP	10^5	(2) GAP
0		
B. Glykolytische Phosphorylierung von ADP		
6. GAP + DPN	10^8	DPH + BGA
0 | 10^{-4}		
7. BGA + PIΔ	10^7	DGA
0 | $5 \cdot 10^{-3}$		
8. DGA + ADP	10^8	1TP + PGA
0 | 10^{-4}		
9. PGA + ADP	10^8	1TP + PYR
0 | 10^{-4}		
10. PYR + DPH	$5 \cdot 10^7$	LAC + DPN
$5 \cdot 10^{-3}$ | 10^{-4}		
11. LAC + DPN	$5 \cdot 10^4$	PYR + DPH
10^{-1} | 10^{-4}		
C. Oxidative Phosphorylierung von ADP		
12. PYR + DIN	$5 \cdot 10^7$	DIH
$5 \cdot 10^{-3}$ | 10^{-4}		
13. DIH + X · I + OXY	$6 \cdot 10^{11}$	DIN + XSI
10^{-4} | 10^{-4} | $1{,}5 \cdot 10^{-3}$		
14. XSI + ADP + PIΔ	$6 \cdot 10^{10}$	2TP + X · I
10^{-4} | 10^{-4} | $5 \cdot 10^{-3}$		
D. ATP-Utilisation und Überführung		
15. 2TP + DBP	$2 \cdot 10^6$	1TP
10^{-3} | $0 \cdots 10^{-3}$		
16. 1TP + PUE	10^9	PPP
10^{-3} | $2 \cdot 10^{-6}$		
17. PPP	10^6	PUE + ADP + PIΔ
10^{-6}		

Durch die von HESS und CHANCE angestellten beispielhaften Untersuchungen dürfte klar geworden sein, daß die Modellierung eines biologischen Systems und die Simulation seines Verhaltens von einer intellektuellen Nur-Spielerei weit entfernt ist. Im Gegenteil: Das Modell beschreibt nicht nur in klarer und präziser Weise bestimmte Aspekte des biologischen Systems, sondern es macht uns auch die inneren Gesetzmäßigkeiten des Systems einsichtig und begreifbar.

Abschließend sei es gestattet, in gewisser Weise als Ausblick auf künftige Arbeiten, einige Zellmodelle darzustellen, die unter Anwendung rein morphologischer Gesichtspunkte entwickelt wurden. Diese morphologischen Kompartmentierungen der Zelle sind gegenwärtig durchaus noch nicht einer mathematischen Beschreibung zugänglich, viel weniger noch Grundlage einer Simulation des Gesamtverhaltens der Zelle, wenn die morphologischen Kompartmentierungen als adäquate Strukturmodelle der Zelle angesehen würden. Da aber als erster Schritt jeder Modellierung stets ein Strukturmodell des betrachteten Systems zu entwickeln ist und die Ansätze einer morphologischen Kompartmentierung von biologischer Seite überaus interessant erscheinen, mögen diese Modelle, auch wenn sie zu der im vorangehenden aufgezeigten Problematik nur in einem losen Zusammenhang stehen, als Anregung und als Wegweiser für künftige Zielstellungen dienen.

Ausgehend von dem Postulat von ROBERTSON (1960), der das Konzept der Elementarmembranen entwickelte, das besagt, daß alle Membranen der Zelle nach einem einheitlichen Modell, dem sogenannten Danielli-Modell aufgebaut sind, entwickelte SCHNEPF (1964) seine Grundthesen.

Das Danielli-Modell beinhaltet eine Doppelschicht polarer Lipoide, die beiderseits von einer Proteinschicht bedeckt sind. Die Elementarmembranen schließen den Protoplasten nach außen hin ab und teilen sein Inneres in zahlreiche Räume (Kompartments) auf.

Die Grundthesen von SCHNEPF (1964) beinhalten:

1. Jede Elementarmembran trennt eine protoplasmatische Phase von einer nichtplasmatischen Phase (mit dem Außenmedium mischbar). Die Phasen können nur mit gleichartigen Kompartments in Kontakt treten.
2. Alle Membranen der Zelle sind Abkömmlinge der Plasmamembran.

Als Beispiel für die erabeiteten Kompartmentierungen der Zelle stellen wir die Modelle von SITTE (1965), RUSKA (1962) und SCHNEPF (1964) vor.

Nach SITTE (1965) existieren mit gewissen Variationen die gleichen Strukturelemente der Zelle sowohl in den Zellen der Pflanzen als auch in denen der Pilze und Tiere. Als Zellkomponenten werden eingeführt:

N	Kern	ER	endoplastmatisches Retikulum
V	Vakuole	D	Diktyosomen
M	Mitochondrien	L	Lipoidtropfen
P	Plastiden	S	Plasmodesmen
C	*Zytosomen*		

Pflanzliche und tierische Zellen unterscheiden sich im wesentlichen durch die nachfolgend angeführten Elemente:

Pflanzen	Tiere
Plastiden	keine Plastiden
Vakuom	kein Vakuom
Plasmodesmen	keine Plasmodesmen
keine Zentriolen	Zentriolen

Abb. 115 zeigt das Schema für eine pflanzliche Zelle nach Sitte (1965).

Abb. 116 zeigt eine Zellkompartmentierung nach Ruska (1962).

Abb. 117 zeigt eine Zellkompartmentierung nach Schnepf (1964).

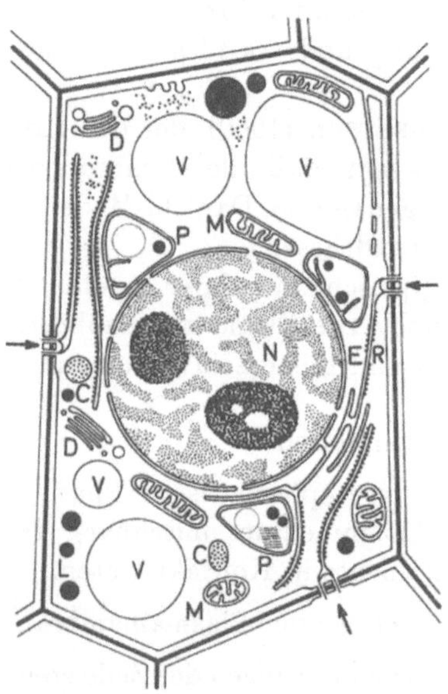

Abb. 115. Junge Pflanzenzellen, schematisch (nach Sitte, 1965)

Es bleibt die Hoffnung, daß die Synthese aus morphologischen, biophysikalischen und biochemischen Erkenntnissen über die Zelle eines Tages zu einem kompartmentierten System führen wird, das die Verhaltensweisen der Zelle zu beschreiben vermag und uns die Geheimnisse des organischen Lebens enthüllt.

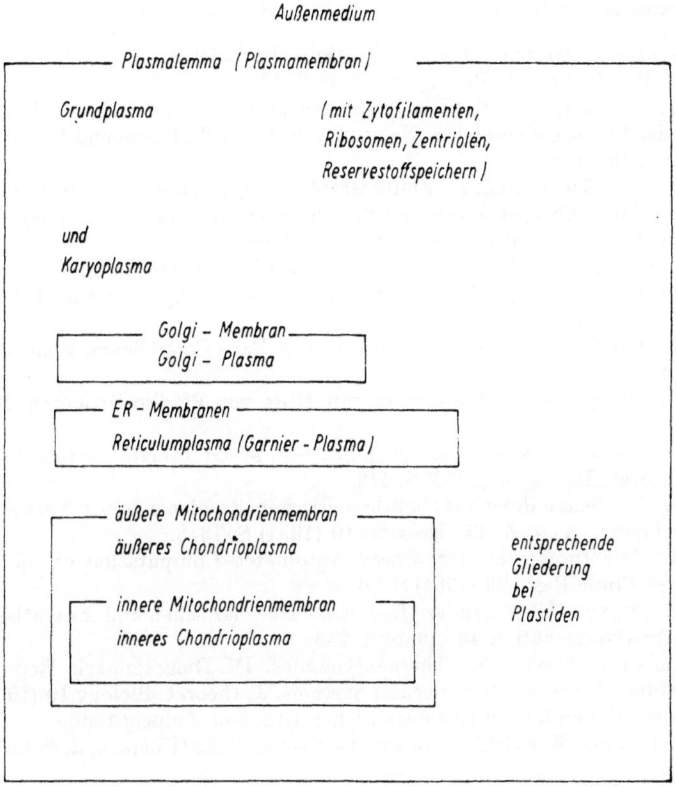

Außenmedium
Plasmalemma (Plasmamembran)
Grundplasma
(mit Zytofilamenten,
Ribosomen, Zentriolen,
Reservestoffspeichern)
und
Karyoplasma
Golgi - Membran
Golgi - Plasma
ER - Membranen
Reticulumplasma (Garnier - Plasma)
äußere Mitochondrienmembran
äußeres Chondrioplasma
innere Mitochondrienmembran
inneres Chondrioplasma
entsprechende
Gliederung
bei
Plastiden

Abb. 116. Morphologische Kompartmentierung der Zelle (nach RUSKA, 1962)

Protocyte
Eucyte
1
2
3
4
5

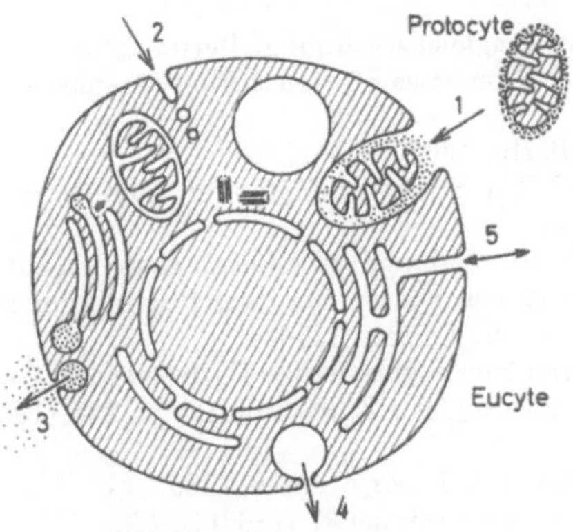

Abb. 117. Zellkompartmentierung (nach SCHNEPF, 1964).

Zellplasma schraffiert; nichtplasmatische Phasen leer oder punktiert.
1 Phagozytose; *2* Pinozytose; *3* Extrusion von Golgi-Vesikeln mit kondensiertem Inhalt; *4* Entleerung pulsierender Vakuolen; *5* mögliche Austauschvorgänge bei *Öffnung von ER-Zisternen* nach außen

Literatur zu Kapitel 5

BERGE, C.: Théorie des Graphes et ses applications. Paris 1958.

BERGNER, P. E. E.: J. theoret. Biology **1** (1961) S. 120.

BERTALANFFY, L. v.: Biophysik des Fließgleichgewichts. Braunschweig 1953.

—: Biophysik des Fließgleichgewichts. Neu bearbeitet von W. BEIER und R. LAUE. Braunschweig (im Druck).

BUSACKER, R. G., und TH. L. SAATY: Finite Graphes and Networks. An Introduction with Applications. New York/St. Louis/San Francisco/Toronto/London/Sydney 1965.

CAVALLI-SFORZA, L.: Grundbegriffe der Biometrie. Jena 1965.

DOST, F. H.: Grundlagen der Pharmakokinetik. 2. Aufl. Stuttgart 1968.

FELLER, W.: An Introduction to Probability Theory and its Applications, Bd. I, 2. Aufl. New York 1962 (zitiert nach LIČKO, 1965).

FERRARI, TH. J.: Causal Soil-Plant Relationships and Path Coefficients. Plant and Soil **19** (1963) S. 81.

—: Auswertung biologischer Kettenprozesse mit Hilfe von Pfadkoeffizienten. Biometr. Z. **6** (1964) S. 89.

GARFINKEL, D.: Computer Simulation of Steady-State Glutamate Metabolism in Rat Brain. J. theoret. Biology **3** (1962) S. 412.

HASSE, M.: Über die Behandlung graphentheoretischer Probleme unter Verwendung der Matrizenrechnung. Wiss. Z. TU Dresden **10** (1961) S. 1313.

HAZELRIG, J. B.: The Impact of High-Speed Automated Computation on Mathematical Models. Mayo Clinic Proc. **39** (1964) S. 841.

HESS, B., und B. CHANCE: Über zelluläre Regulationsmechanismen und ihr mathematisches Modell. Naturwissenschaften **46** (1959) S. 248.

HILL, T. L.: Studies in Irreversible Thermodynamics. IV. Diagrammatic Representation of Steady State Fluxes for Unimolecular Systems. J. theoret. Biology **10** (1966) S. 442.

KÖNIG, D.: Theorie der endlichen und unendlichen Graphen. Leipzig 1936.

LANGE, O.: Ganzheit und Entwicklung in kybernetischer Sicht (Übers. a. d. Poln.). 2. Aufl. Berlin 1967.

LAUE, R.: Zur Metrik biotopologischer Modelle. Physikalische Grundlagen der Medizin — Abhandlungen aus der Biophysik, H. 7, S. 182. Leipzig 1967.

LIČKO, V.: On Compartmentalization. Bull. Math. Biophysics (Special Issue) **27** (1965) S. 15.

LUDWIG, R.: Methoden der Fehler- und Ausgleichsrechnung. Berlin 1969.

MASON, S. J.: Feedback Theory-Further Properties of Signal Flow Graphs. Proc. IRE **44** (1956) S. 920.

MIKUSIŃSKI, J.: Operatorenrechnung. Berlin 1957.

MOSES, V., und K. K. LONBERG-HOLM: The Study of Metabolic Compartmentalization. J. theoret. Biology **10** (1966) S. 336.

NOACK, CH.: Zum Problem der Aussagekraft von biophysikalischen Modellen auf dem Gebiet der pflamzlichen Transpiration unter besonderer Berücksichtigung der meteorologischen Umweltbedingungen. Dissertation, Leipzig 1968.

OHLENBUSCH, H.-D.: Produkthemmungen bei enzymatischen Hydrolysen. I. Grundschema. II. Erweiterte Reaktionsfolgen. Hoppe-Seyler's Z. physiol. Chem. **343** (1965) S. 1 und **343** (1966) S. 193.

PONSTEIN, J.: Matrices in Graph and Network Theory. Assen 1966.

RESCIGNO, A.: Biochim. biophysica Acta [Amsterdam] **37** (1960) S. 463.

— und G. SEGRE: Analysis of Multicompartmented Biological Systems. J. theoret. Biology **3** (1962) S. 149.

— —: On Some Metric Properties of the Systems of Compartments. Bull. Math. Biophysics **27** (1965) S. 315.

ROBERTSON, J. D.: Verh. 4. Internat. Kongr. elektron. Mikroskopie, Bd. 2. Berlin/Heidelberg/New York 1960, S. 159.

RUSKA, H.: Proc. IV. Internat. Congr. Neuropathol., Bd. 2. Stuttgart 1962, S. 42.
SCHNEPF, E.: Arch. Mikrobiol. **49** (1964) S. 112.
SCHRÖDER, K. (Hrsg.): Mathematik für die Praxis. Berlin 1965.
SCHWARTZ, T. L., und G. M. SNELL: Nonsteady-State Three Compartment Tracer Kinetics. Biophys. J. **8** (1968) S. 805.
SITTE, P.: Bau und Feinbau der Pflanzenzelle. Jena 1965.
TURNER, M. E., und CH. D. STEVENS: The Regression Analysis of Causal Path. Biometrics **15** (1959) S. 236.
WEBER, E.: Grundriß der biologischen Statistik. 6. Aufl. Jena 1967.
WOLKENSTEIN, M. W.: Physik der Fermente (russ.). Moskau 1967.

Weitere Literatur über Anwendungen der Graphentheorie

AVONDO-BODINO, G.: Economic Applications of the Theory of Graphs. New York 1962.
BERBIG, R., und F. FRANKE: Netzplantechnik. Berlin 1968.
BERGE, C., und A. GHOUILA-HOURI: Programme, Spiele, Transportnetze. Leipzig 1967.
FORD jr., L. R., und D. R. FOLKERSON: Flows in Networks. Princeton, N. Y., 1962 und RAND Report R-375-PR, Santa Monica 1962.
GALE, D.: The Theory of Linear Economic Models. New York 1960.
GUILLEMIN, E. A.: Introductory Circuit Theory. New York 1953.
LORENS, C. S.: Flowgraphs. New York 1964.
RESCIGNO, A., und G. SEGRE: Drug and Tracer Kinetics (Übers. a. d. Ital.). Waltham, Mass., 1966.

Anhang

Relationale Modelle in der Medizin

An zwei speziellen Organsystemen des Menschen, den Schleimhautorganen und der Niere, sollen die Anwendungsmöglichkeiten und die Bedeutung der Untersuchung relationaler Modelle demonstriert werden. Für das besondere Eingehen auf den Objektbereich „Mensch" gibt es zwei Gründe: Einmal steht der Mensch im Mittelpunkt der Forschungen der biologischen Wissenschaften, und zum anderen stellt gerade im medizinischen Bereich, der noch weitgehend von der reinen Empirie bestimmt wird, die Entwicklung relationaler Modelle eine adäquate Methode dar, um in einem ersten Schritt einer quantitativen Beschreibung medizinischer Sachverhalte näherzukommen. In gewisser Weise eilt hier die Theorie den experimentellen Möglichkeiten am Objekt voraus. Das sollte jedoch nicht dazu verführen, die theoretischen Untersuchungen als „Phantastereien" abzutun. Abgesehen von den Schlußfolgerungen, die sich unter der Annahme bestimmter Hypothesen aus diesen Modellen ableiten lassen, wird jeder Experimentator, der komplexe biologische Systeme als Untersuchungsobjekt wählt, den heuristischen Wert solcher Modelle zu schätzen wissen. Den theoretischen Untersuchungen an Strukturmodellen kann man unter diesem Aspekt zubilligen, daß sie dazu beitragen, gewisse strukturelle Eigenschaften der Modelle deutlich werden zu lassen, die dem Experimentator Informationen zur Verfügung stellen, die ihm auf anderem Wege nicht oder nur sehr schwer zugänglich wären. Die im folgenden angeführten Modelle sollen in diesem Sinne einige der Möglichkeiten eines zusätzlichen Informationsgewinns aufzeigen.

Für die Erarbeitung der spez ellen Modelle sowie für die strukturellen Untersuchungen bin ich den Herren Dr. P. Mäding und Dr. S. Wetzig zu Dank verpflichtet.

A1. Modelle der Schleimhautorgane des Menschen[1]

Die Untersuchungen erfolgten an der Schleimhaut des Magens, des Dünndarms und des Uterus. Die entsprechenden Strukturmodelle sind aus den Abbildungen A1, A2 und A3 ersichtlich. Einen unmittelbaren Vergleich dieser Modelle auf Gemeinsamkeiten hin stehen jedoch gewisse Schwierigkeiten entgegen, die wesentlich in der Unübersichtlichkeit der Modelle begründet liegen. Es wurde deshalb nach Wegen gesucht, um einen solchen Vergleich zu erleichtern.

---

[1] Vgl. S. Wetzig: Vergleichende Untersuchungen relationaler Modelle der Schleimhautorgane des Menschen. Dissertation. Leipzig 1969.

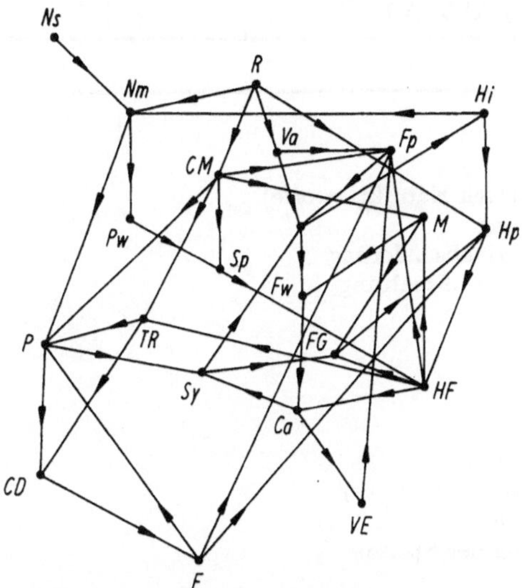

Abb. A1. Graph G_M einer normalfunktionierenden, gesunden Magenschleimhaut. Symbolerklärung siehe Tab. A1

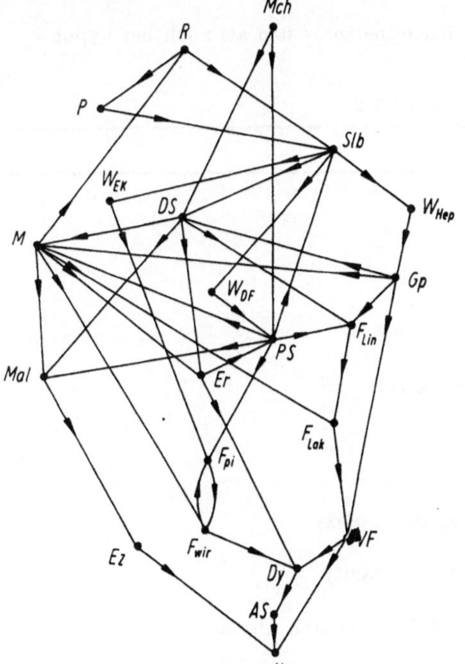

Abb. A2. Graph G_D einer normalfunktionierenden, gesunden Dünndarmschleimhaut. Symbolerklärung siehe Tab. A2

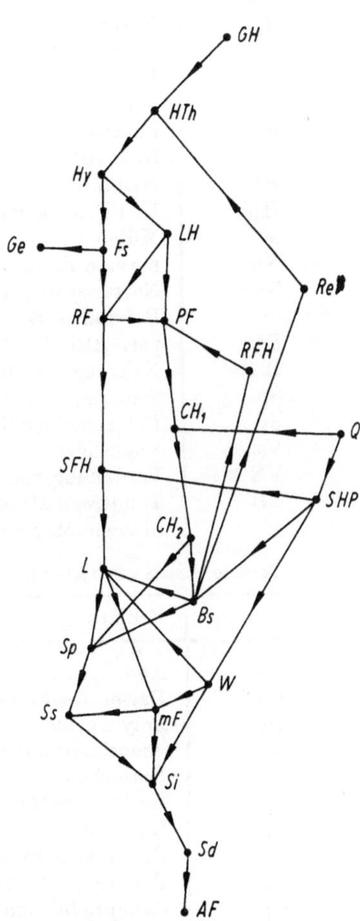

Abb. A3. Graph G_U einer normalfunktionierenden, gesunden Uterusschleimhaut. Symbolerklärung siehe Tab. A3

Tabelle A1. Symbolerklärung zu Abb. A 1

Symbol	Erklärung
Ca	Andauung der Speise
CD	Chymus im Duodenum
CM	Speise im Magen (Reiz durch Extraktivstoffe)
E	Enterogastronausschüttung
FG	Gastrinbildung und Gastrinabsonderung
Fp	Fermentproduktion für Eiweißspaltung
Fs	Fermentsekretion
Fw	Fermentwirkung
HF	freie HCl
Hi	Histaminausschüttung
Hp	HCl-Produktion
M	Milieu
Nm	nervale Erregung (Plexus myentericus)
Ns	Nervensystem (willkürlich)
P	Peristaltik (Fortbewegung der Speise)
Pw	peristaltische Welle
R	Nahrungsreiz der Speise im Mund (Chemorezeptoren, Schluckreflex)
Sp	Schleimproduktion
Sy	Pylorusschleimhautreizung
Va	Vaguskern
VE	Verdauung von Eiweiß
TR	Tonusregulation (sowohl bei hypertonischen als auch bei hypotonischem Magen)

Tabelle A2. Symbolerklärung zu Abb. A 2

Symbol	Erklärung
AS	Aminosäure
DS	Darmsaftsekretion
Dy	Polypeptide
Er	Erepsinabsonderung
Ez	Einfachzucker
F_{Lin}	Lipase inaktiv
F_{Lak}	Lipase aktiv
F_{pi}	Pankreatinabsonderung (inaktiv)
F_{wir}	Pankreatin (aktiv)
Gp	Galleproduktion
M	Milieu
Mal	Maltaseabsonderung
Mch	Mundchemorezeptoren (Vaguskomplex)
Nv	Nahrungsendverdauung
P	Peristaltik (Darmbewegung insgesamt)
PS	Pankreassekretion
R	Reiz der Schleimhaut direkt durch sauren Chymus
Slb	benetzte Schleimhaut
VF	Fettverdauung
W_{DF}	Wirkfermente (Sekretin, Pankreazymin)
W_{EK}	Enterokinaseabsonderung
W_{Hep}	Hepatokinin- und Cholezystinabsonderung

Tabelle A3. Symbolerklärung zu Abb. A 3

Symbol	Erklärung
AF	Abstoßung der Funktionalis
Bs	Hormonspiegel im Blut für Progesteron und damit für die Entwicklung der Uterusschleimhaut
CH_1	Gelbkörperentwicklung
CH_2	Corpus luteum Hormonproduktion
Fs	FSH-Sekretion (FSH – Follikel stimulierendes Hormon)
Ge	sekundär geschlechtsbestimmende Merkmale
GH	Großhirnrinde
HTh	Hypothalamus
Hy	Hypophyse
L	Durchblutung der Schleimhaut
LH	lutentropes Hormon
mF	mangelnde Ernährung der Funktionalis
PF	Follikelsprung
Q	nicht befruchtete Eizelle
ReF	releasing factor im Sexualzentrum
RF	Follikelreifung
RFH	Hemmung der Eireifung
Sd	Desquamationsphase
SFH, SF	Follikelreifungshormonsekretion
SHP	Senkung der Progesteronproduktion
Si	Ischämiephase
Sp	Prolieferationsphase
Ss	Sekretionsphase
W	Wasserverlust, Kontraktion der Arteriolen

Die medizinischen Erfahrungen lehren zunächst, daß sich die Schleimhäute durch die Gemeinsamkeit ihrer Wirkung, der Sekretion einer Menge von Substanzen, auszeichnen. Berücksichtigt man, daß ähnliche biologische Funktionen ähnliche Strukturen bedingen, so erscheint die Annahme folgerichtig, daß auch ähnliche stimulierende Wirkungen auf die Schleimhäute existieren sollten. Unterschiedlich werden dagegen die spezifischen „inneren" Chemismen der Schleimhautorgane zu erwarten sein. Akzeptiert man diese Überlegungen, so bietet sich die Kondensation von Graphen als spezifische Transformation von Strukturmodellen an, um zu einfacheren Graphen zu gelangen. Dabei würden gewisse Teile der „inneren" Struktur der Schleimhautorgane kondensiert werden, während jene Teile der Struktur, die die Stimulation der Schleimhautorgane und ihrer Wirkungen berücksichtigen, von dieser Transformation unberührt bleiben. Es war zu erwarten, daß die Gemeinsamkeiten der Schleimhautorgane auf diese Weise besonders deutlich hervortreten und vergleichende Betrachtungen erleichtern werden.

Die Kondensation der betrachteten Graphen erfolgte nach der in Abschn. 3.4 beschriebenen Methode über die Zerlegung der Graphen in stark zusammenhängende Komponenten. Die kondensierten Graphen G^*_{M}, G^*_{D} und G^*_{U} sind in den Abbildungen A4, A5 und A6 dargestellt.

Die durch die Kondensation entstehenden Punkte S enthalten als wesentliche Elemente neben anderen Funktionen den eigentlichen Sekretionsmechanismus des entsprechenden Schleimhautorgans. Wir bezeichnen deshalb die stark zusammenhängenden Komponenten S einheitlich als *Sekretionsmechanismus* des Schleimhautorgans. Die den Teilmengen S angehörenden Elemente des Graphen sind im einzelnen aus den Abbildungsunterschriften A4, A5 und A6 zu ersehen.

Ein Vergleich der Abbildungen A1 bis A3 mit den Abbildungen A4 bis A6 zeigt bereits bei einer ersten Betrachtung, daß die kondensierten Graphen we-

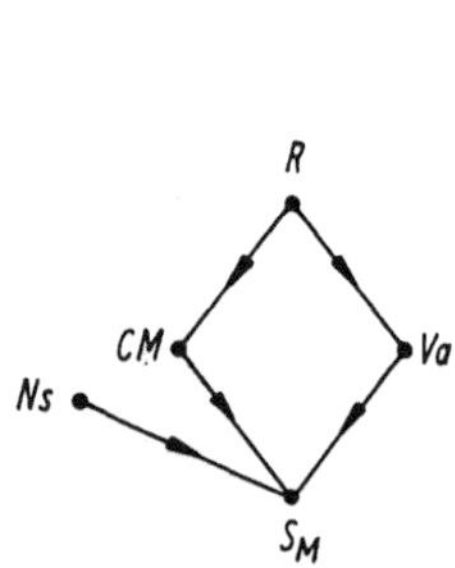

Abb. A4. Kondensierter Graph G_M^*. $S_M = \{$Nm, Pw, P, CD, E, Sy, Sp, Fs, HF, Hp, Fw, Ca, FG, Fp, M, VE, Hi, TR$\}$.
Symbolerklärung siehe Tab. A1

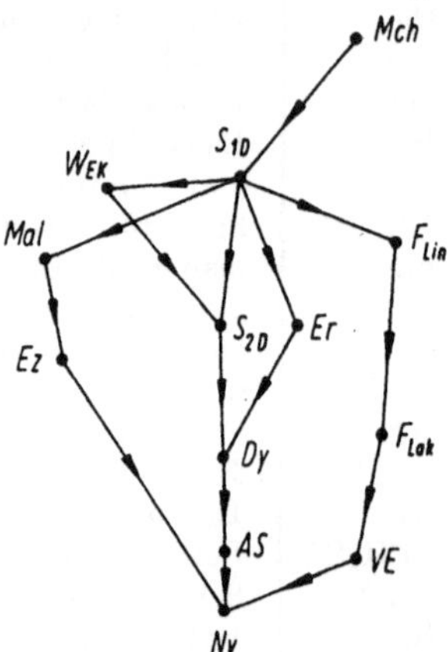

Abb. A5. Kondensierter Graph G_D^*. $S_{1D} = \{$R, P, Slb, DS, M, W_{Hep}, W_{DF}, PS, Gp$\}$;
$S_{2D} = \{F_{pi}, F_{wir}\}$.
Symbolerklärung siehe Tab. A2

sentlich an Übersichtlichkeit gewonnen haben. Dabei bildet G^* die wesentlichen Teile des untersuchten Systems ab. Bezüglich der Untersuchung von Detailfragen zum Sekretionsvorgang selbst, dessen Struktur in der Menge S kondensiert und als einziger Punkt graphisch dargestellt wurde, wird man die Struktur der stark zusammenhängenden Komponente S heranziehen. Die Anordnung des Sekretionsprozesses ist aber im Gesamtsystem eindeutig fixiert. Zu berücksichtigen bleibt die Tatsache, daß durch den Übergang von G zu G^* die Abstraktionsstufe zwischen den Punkten P_i aus G^* und S uneinheitlich wird, so daß es sinnvoll erscheint, die Punkte P_i aus G^* ebenfalls in bestimmten Teilmengen zusammenzufassen. Stellt man diese Teilmengen ebenso wie S als Punkte eines Graphen $G^{*\prime}$ dar (unter Berücksichtigung der existierenden Kanten), so ergeben sich beispielsweise die in den Abbildungen A7a bis A7c dargestellten Graphen $G^{*\prime}$ für die betrachteten Schleimhautorgane. Aus $G_M^{*\prime}$ ist aber beispielsweise unmittelbar abzulesen, daß der Sekretionsvorgang der Magenschleimhaut von den von S_M unabhängigen biologischen Funktionen des willkürlichen Nervensystems und den von der Nahrung hervorgerufenen Reizen im Mund beeinflußt wird. Ähnliche Aussagen ergeben sich aus dem Graphen $G_D^{*\prime}$ bzw. $G_U^{*\prime}$, dessen Sekretionsvorgang von den von S_D bzw. S_U unabhängigen Elementen Mch bzw. GH und

Q gesteuert wird. Ebenso läßt sich die Wirkung des Sekretionsvorganges auf jene Elemente erkennen, die ihrerseits keine unmittelbare Rückwirkung auf die Sekretion ausüben. Das betrifft im Graphen $G_D^{*\prime}$ das Elenent Nv und im Graphen $G_U^{*\prime}$ die Elemente Ge, Sd und AF, während in $G_M^{*\prime}$ kein Element ohne Rückwirkung auf die Sekretion existiert. Aus den kondensierten Graphen G^* und $G^{*\prime}$ ergeben sich direkte Hinweise für die Diagnose und die Therapie bei gestörtem Sekretionsmechanismus. Das sei am Beispiel des Graphen G_M^* näher ausgeführt. Aus G_M^* ist ersichtlich, daß der Sekretionsmechanismus S_M durch vier unterschiedliche Eingriffe in das System einer Beeinflussung unterworfen werden kann:

1. Durch bestimmte therapeutische Mittel, die einen besonderen Reiz auf die Chemorezeptoren des Mundes ausüben;

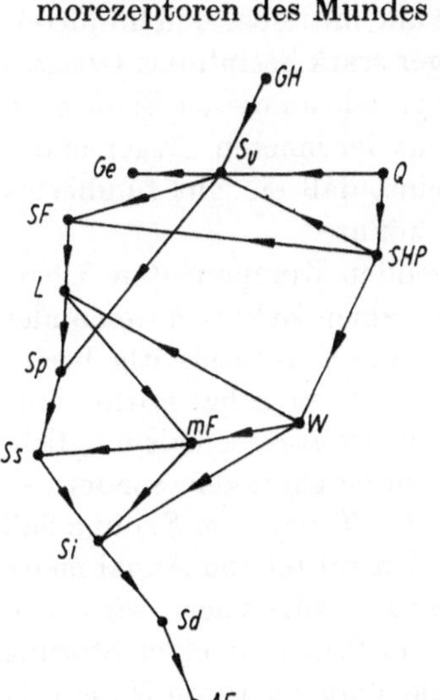

Abb. A6. Kondensierter Graph G_U^*.
S_U = {HTh, Hy, LH, Fs, PF, RF, RFH, CH_1, CH_2, Bs, ReF}.
Symbolerklärung siehe Tab. A3

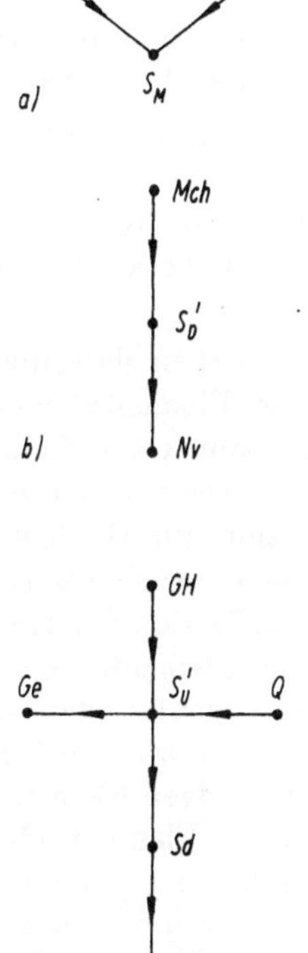

Abb. A7. Kondensierte Graphen $G^{*\prime}$.
a) $G_M^{*\prime}$ der Magenschleimhaut. R' = {R, CM, Va}.
b) $G_D^{*\prime}$ der Dünndarmschleimhaut. S_D' = {S_{1D}, S_{2D}, W_{EK}, Er, Dy, AS, Mal, Ez, F_{Lin}, F_{Lak}, VE}.
c) $G_U^{*\prime}$ der Uterusschleimhaut.
S_U' = {S_U, SF, L, Sp, Ss, Si, SHP, W, mF}.
Symbolerklärung siehe Tabellen A1 bis A3

2. durch eine Beeinflussung des willkürlichen Nervensystems z. B. durch Aufklärung und Förderung des Willens (autogenes Training);
3. durch besondere Zusammensetzung der Nahrung und deren Gehalt an bestimmten Nährstoffen, die reizfördernd oder reizvermindernd wirken können;
4. durch vagale Beeinflussung (Beeinflussung des Sympathikus oder des Parasympathikus z. B. durch Sport oder Schlaf).

Aus G_M^* ist weiterhin zu erkennen, daß Ns direkt auf S_M einwirkt, während R nur über die Elemente CM und Va S_M zu beeinflussen vermag.

Daraus lassen sich unter gewissen Annahmen Schlußfolgerungen über die Wirksamkeit eines Eingriffs an einer bestimmten Stelle des Systems bezüglich eines zu beeinflussenden Elements ziehen (vgl. Abschn. 5.1). Auf dieses spezielle Problem wird im zweiten Teil des Anhangs (Abschn. A2) in einigen Beispielen noch ausführlich eingegangen.

In der gleichen Weise lassen sich aus G_M natürlich auch jene Elemente erkennen, durch die eine Störung der Sekretionsvorgänge hervorgerufen sein kann. Danach sind folgende Möglichkeiten zu berücksichtigen:

1. Es kann eine Funktionsstörung der Elemente Va und (oder) CM und (oder) R und (oder) Ns,
2. eine Dysfunktion in S_M selbst oder
3. eine gestörte bzw. veränderte Struktur des Graphen G_M^* oder des Teilgraphen S_M vorliegen.

Es bleibt zu bemerken, daß eine Störung in S auch alle mittelbar und unmittelbar nachfolgenden Elemente von S mehr oder weniger stark beeinflußt. Oftmals werden die Symptome einer Funktionsstörung aber gerade an diesen Elementen zuerst beobachtet. Die Schwierigkeiten des Auffindens der inneren Ursachen der Dysfunktionen sind zur Genüge bekannt. Es scheint, daß ein gut fundiertes relationales Modell hier eine wertvolle Hilfe leisten könnte.

Wie aus der Definition der stark zusammenhängenden Komponenten S hervorgeht, sind alle Elemente von S durch wenigstens einen Zyklus miteinander verbunden. Das bedeutet, daß sich alle Elemente von S wechselseitig beeinflussen. Eine Störung bzw. ein Eingriff an einem Element von S hat mithin eine Wirkung auf alle übrigen Elemente von S zur Folge. Es ist also niemals möglich, die Wirkung auf ein Element oder einige Elemente zu beschränken, sondern es erfolgt stets eine Änderung mindestens in dem gesamten Teilsystem S, ohne daß sich voraussagen ließe (ohne weitere mathematische Hilfsmittel und Annahmen), welche Verhaltensweise das System auf Grund dieses Eingriffs zeigen wird. Andererseits kann eine beobachtete Dysfunktion von S im Prinzip in einer Störung jedes Elementes von S ihre Ursache haben, wenn die Vorgänger von S als verursachende Elemente ausscheiden. Jedoch sind in dem Teilsystem S nicht alle Elemente als gleichrangig anzusehen. Eine Rangordnung nach der Bedeutung der Elemente ergibt sich beispielsweise aus der Anzahl der Zyklen, den jene als Elemente angehören. Für die relativ übersichtlichen Verhältnisse in der stark zusammenhängenden Komponente S_U (Abb. A8) erhält man die folgende Rangordnung der Elemente:

PF, CH_1, CH_2, Bs gehören allen vier Zyklen als Elemente an;

ReF, HTh, Hy gehören drei Zyklen als Elemente an;

LH, RF gehören zwei Zyklen als Elemente an;

Fs, RFH gehören einem Zyklus als Elemente an.

Daraus läßt sich ableiten, daß die vier erstgenannten Elemente eine zentrale Stellung für die Aufrechterhaltung der Funktionsweise des Systems einnehmen. Eine Funktionsstörung eines dieser Elemente wird die Funktion der stark zusammenhängenden Komponente S_U wesentlich beeinträchtigen bzw. verändern und unter Umständen zu schwerwiegenden Folgen für das System führen können.

Betrachtet man dagegen den anderen Extremfall, d.h. die Punkte Fs und RFH, die nur je einem Zyklus als Elemente angehören, so wird beispielsweise durch einen völligen Funktionsausfall dieser Elemente zwar der Zyklus unterbrochen, dem Fs bzw. RFH als Elemente angehören, aber die übrigen Zyklen bleiben funktionstüchtig, wenn sie auch mehr oder weniger stark durch das Ereignis beeinträchtigt werden. Sicher wird hier der Zeitraum, über den hinweg ein Funktionsausfall eines Elementes besteht, einen entscheidenden Einfluß auf die Folgen im System haben. Es wurde deshalb generalisierend angenommen, daß die Störungen der Funktionsweise eines Elementes im Vergleich zur Gesamtlebenszeit des biologischen Systems von kurzer Dauer sind.

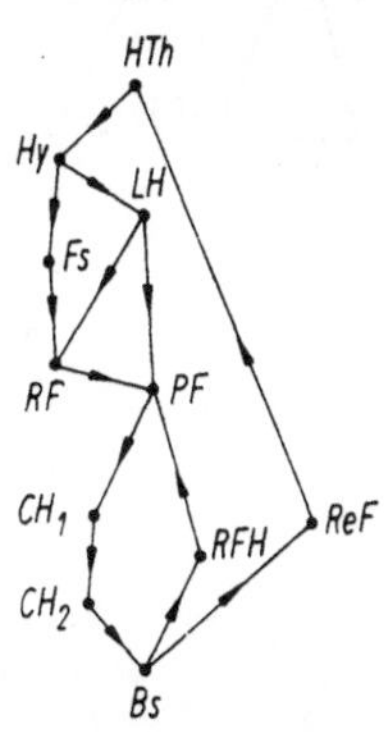

Abb. A8. Stark zusammenhängende Komponente S_U. Symbolerklärung siehe Tab. A3

Beachtenswert erscheint weiterhin die Tatsache, daß bestimmte Zyklen als Regelkreise realisiert sein können. Aus der Kenntnis darüber und der Stellung der Elemente im Regelkreis, d.h., ob diese als Meßglied, Stellglied, Schaltglied, Regelstrecke oder Regelzentrum arbeiten, wird man den Elementen innerhalb eines Zyklus bzw. Regelkreises ebenfalls eine unterschiedliche Bedeutung für die Aufrechterhaltung der normalen Funktionsweise des Zyklus zuerkennen können. Aber dieses Problem geht über die hier aufgeworfene Fragestellung hinaus und ist Gegenstand der Biokybernetik. Es sollte an dieser Stelle lediglich angedeutet werden, daß neben den angeführten Gesichtspunkten weitere existieren, die für eine Auswertung relationaler Modelle zugrunde gelegt werden können; denn es liegt im Wesen der Modelle begründet, daß die Zielstellung der Untersuchung als mitbestimmendes Element der Modellbildung wirksam wird.

A2. Modelle der menschlichen Niere [1])

Relationalen Modellen der Glormerulumfiltration, des Rückresorptionsprozesses im Tubulus, des Sekretionsprozesses im Tubulus und der Glomerulonephritis (Abbildungen A9 bis A12) wurden folgende Bewertungsvorschriften zugrunde gelegt, um die Bedeutung der biologischen Funktionen des Modells untereinander für die Funktion des Systems einem Vergleich zugänglich zu machen (vgl. Abschn. 5.1):

[1]) Vgl. P. Mäding: Untersuchungen an Graphen als Strukturmodelle der menschlichen Niere. *Dissertation*. Leipzig 1969.

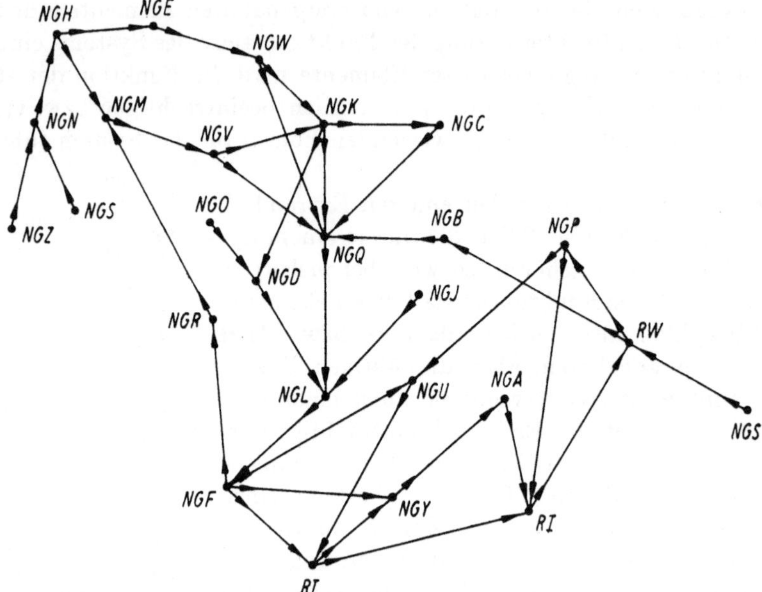

Abb. A9. Graph G_1 als Modell der Glomerulumfiltration. Symbolerklärung siehe Tab. A4

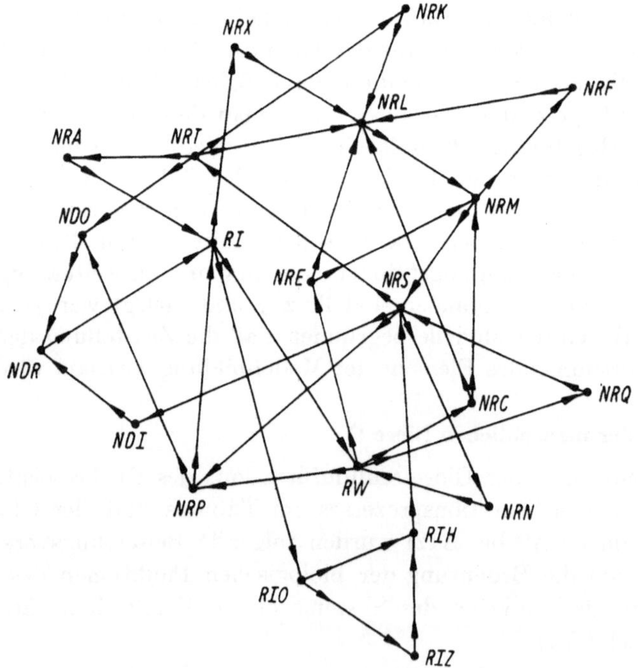

Abb. A10. Graph G_2 als Modell der Rückresorption im Tubulus. Symbolerklärung siehe Tab. A5

1. Stellt ein Punkt P den Endpunkt von n Kanten dar, so erhält jede der bei P endenden Kanten die Bewertung $w = \frac{1}{n}$.
2. Die Bewertungsgröße einer Kette, bestehend aus den Kanten $k_1, k_2, \ldots$, ergibt sich durch Multiplikation der Bewertungsgrößen der Kanten zu $W = \frac{1}{n_1} \times \frac{1}{n_2} \times \cdots$

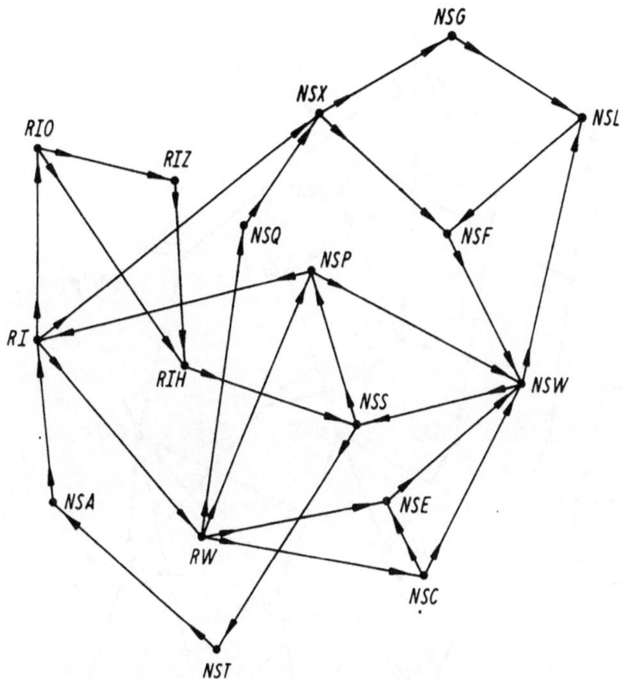

Abb. A11. Graph G_3 als Modell des Sekretionsprozesses im Tubulus. Symbolerklärung siehe Tab. A6

3. Sind die Punkte P_1 und P_2 durch die Ketten $K_1, K_2, \ldots$ untereinander verbunden, so daß P_1 den Anfangs- und P_2 den Endpunkt dieser Ketten bildet, dann ergibt sich die Größe der Beeinflussung von P_2 durch P_1 über die Addition der Bewertungsgrößen $W_1, W_2, \ldots$ der Ketten zu

$$r_{12} = W_1 + W_2 + \cdots.$$

4. Die Summe der Einflußgrößen auf einen Punkt P_i wird auf 1 normiert, so daß gilt

$$r_{1i} + r_{2i} + r_{3i} + \cdots = 1.$$

Die Anwendung dieser unter bestimmten Gesichtspunkten als biologisch sinnvoll erachteten Verknüpfungs- und Bewertungsregeln führte für die betrachteten Modelle auf die in Form spezieller Erreichbarkeitsmatrizen (R_1 bis R_4) dargestellten Ergebnisse (siehe Beilage am Schluß des Buches).

Die Matrizen sind in der folgenden Weise zu lesen: Ein Element r_{ij} aus R, das in der i-ten Zeile und j-ten Spalte angeordnet und dort als Prozentzahl ablesbar ist, besagt, daß die biologische Funktion, die auf der linken Seite vor der i-ten Zeile angegeben ist, einen relativen Einfluß der Größe r_{ij} (in %) auf jene biologische Funktion ausübt, die am oberen Rande der Matrix über der j-ten Spalte steht.

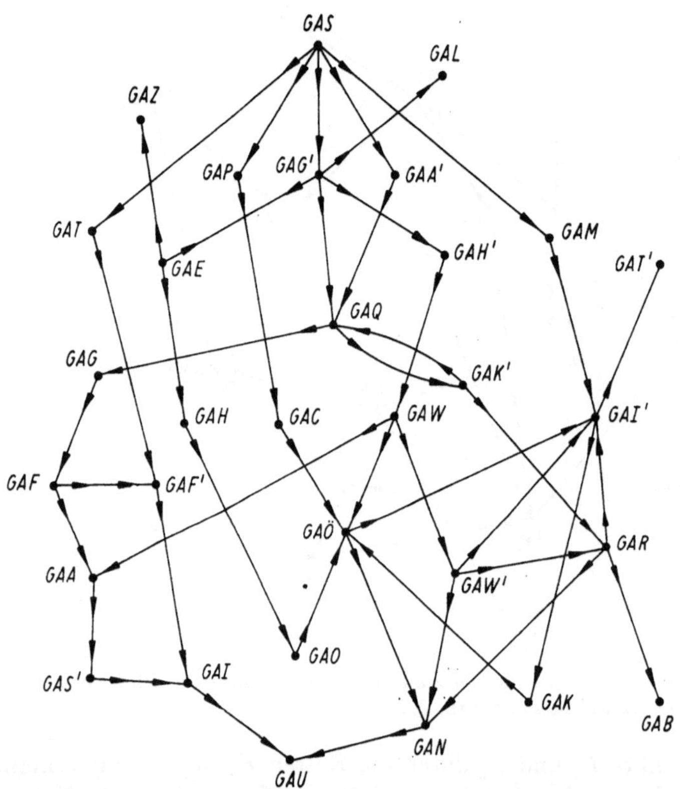

Abb. A12. Graph G_4 als symptomatisches Modell der akuten diffusen Glomerulonephritis.
Symbolerklärung siehe Tab. A7

Aus R_1 ist ersichtlich, daß die Durchblutung des Glomerulums (NGQ), der effektive Filtrationsdruck im Glomerulum (NGD) und die Permeabilität der Glomerulumkapillaren (NGJ) den zahlenmäßig größten Einfluß auf die Filtration im Glomerulum (NGL) ausüben.

Die Durchblutung (NGQ) und der effektive Filtrationsdruck (NGD) werden einmal vorwiegend nerval-hormonal (NGN und NGH) gesteuert, zum anderen durch Autoregulation (NGR) stabilisiert. Auslösende Faktoren für eine nerval-

Tabelle A4. Symbolerklärung zu Abb. A 9

Symbol	Erklärung
NGR	Autoregulationsprozeß der Glomerulumfiltration
NGA	Ausscheidung harnfähiger Stoffe
NGL	Filtration im Glomerulum
NGH	Abgabe der Hormone Adrenalin bzw. Noradrenalin
RI	Regulation des inneren Milieus (Isotonie, Isoionie und Isohydrie)
NGP	Spiegel der harnfähigen Stoffe im Plasma
NGU	Spiegel der harnfähigen Stoffe im Ultrafiltrat
NGM	Erregung der Muskulatur des Vas afferens
NGE	Erregung der Muskulatur des Vas efferens
NGN	Erregung des Plexus renalis
NGS	Störfaktoreneinfluß (Veränderung des inneren Milieus, Muskelarbeit, negative Emotionen, Orientierungsreflexe)
RW	Regulation des Zellstoffwechsels
NGV	Tonus des Vas afferens
NGW	Tonus des Vas efferens
RT	Regulation der Tubulusfunktionen (Sekretion, Rückresorption, Rückdiffusion)
NGY	Urinabgabe
NGZ	Erregung zentraler Strukturen (Hypothalamus, motorische Gebiete der Rinde)
NGC	kritischer Verschlußdruck der Glomerulumkapillaren
NGF	Filtrationsfraktion
NGK	Kapillardruck im Glomerulum
NGD	effektiver Filtrationsdruck im Glomerulum
NGJ	Permeabilität der Glomerulumkapillaren
NGO	kolloidosmotischer Druck im Glomerulum
NGQ	Durchblutung des Glomerulums
NGB	renale Fraktion des Herzminutenvolumens

hormonale Steuerung sind beispielsweise Störfaktoren im physiologischen Bereich (NGS), wie Änderungen des Zellstoffwechsels bzw. des inneren Milieus.

Die Glomerulumfiltration bestimmt die Größe der Filtrationsfraktion (NGF). Ein normaler Filtrationsprozeß bildet die Voraussetzung für die homöostatische Funktion der Tubuluszellen.

Bei der Untersuchung der Rückresorption eines Stoffes aus dem Tubulus in das Blut (NRS) sind im besonderen Maße die Funktionen der Carriersysteme für den Transport der rückzuresorbierenden Stoffe vom Tubulus in das Blut zu beachten (siehe R_2). Dabei ist der Einfluß von Enzymsystemen (NRC) als Kriterium für einen aktiven Vorgang von Interesse. Die Enzymsysteme katalysieren über eine Herabsetzung der Aktivierungsenergie besonders den Prozeß der Ablösung der rückzuresorbierenden Stoffe vom Carriersystem (NRM). Weiterhin sind für die Rückresorption die Durchblutung (NRQ) und die Einflußnahme von Hormonen (RIH) von Bedeutung. Mit Hilfe von Hormonen ist der Resorptionsprozeß regulierbar. Von den Wirkungen der Rückresorption auf andere Funktio-

Tabelle A5. Symbolerklärung zu Abb. A 10

Symbol	Erklärung
NRA	Ausscheidung harnfähiger Stoffe
NRF	frei verfügbare Träger des Carriersystems für den Transport eines Stoffes aus dem Tubulus in das Blut
NRE	Energie für die Rückresorption eines Stoffes aus dem Tubulus in das Blut
NRC	Enzymsysteme für die Rückresorption eines Stoffes aus dem Tubulus in das Blut
RIH	Abgabe der Hormone Adiuretin, Aldosteron und Cortexon
RI	Regulation des inneren Milieus (Isoionie, Isotonie, Isohydrie)
NRK	kompetitive Hemmung der rückzuresorbierenden Stoffe
NRF	Spiegel der harnfähigen Stoffe im Plasma
NRT	Spiegel der harnfähigen Stoffe im Tubulus
RIZ	zentrales Regelzentrum (Hypothalamus) für die Regulationstätigkeit der Niere im distalen Tubulus
RIO	Osmorezeptoren
NRN	Rückgewinnung von Nahrungsstoffen (Glukose, Aminosäuren) durch Rückresorption aus dem Tubulus
NRS	Rückresorption eines Stoffes aus dem Tubulus in das Blut
NRX	Stoff X, der aus dem Tubulus in das Blut resorbiert werden soll
NRL	Anlagerung der rückzuresorbierenden Stoffe an das Carriersystem
NRM	Ablösung der rückzuresorbierenden Stoffe vom Carriersystem
RW	Regulation des Zellstoffwechsels
NDI	ionale Bindungskräfte für die Rückdiffusion eines Stoffes aus dem Tubulus in das Blut
NDO	osmotischer Druck für die Rückdiffusion eines Stoffes aus dem Tubulus in das Blut
NDR	Rückdiffusion eines Stoffes aus dem Tubulus in das Blut
NRQ	Durchblutung des tubulären Apparates

nen sind im Vergleich zur Filtration im Glomerulum besonders die Regulation des inneren Milieus (RI) und des Zellstoffwechsels (RW) von Wichtigkeit. Es besteht eine enge funktionelle Kopplung zwischen Rückresorption und Rückdiffusion (NDR) eines Stoffes aus dem Tubulus in das Blut. Ausdruck dafür ist der hohe Steuerungsgrad Rückresorption → Rückdiffusion.

Durch die Rückresorptionsfunktion werden dem Körper wichtige Nahrungsstoffe (Glukose, Aminosäuren usw.) erhalten.

Die Sekretion (NSS) ist (siehe R_3) von dem unter aktiver Zellarbeit ablaufenden Stofftransport aus dem Blut in das Tubuluslumen (NSW) abhängig. Der Stofftransport wird begrenzt durch die Menge des freien, nicht an Plasmaproteine gebundenen Anteils des Stoffes im Blut (NSF), der sezerniert werden soll. Das Ausmaß des Stofftransportes reguliert sich selbst über einen Rückkopplungsmechanismus (siehe Steuerungsgrad NSW → NSW). Die Sekretion im distalen Tubulus ist bezüglich der Regulation der Isoionie bzw. Isohydrie durch Hormone (RIH) steuerbar.

Tabelle A6. Symbolerklärung zu Abb. A11

Symbol	Erklärung
NSA	Ausscheidung harnfähiger Stoffe
NSE	Energie für den Stofftransport aus dem Blut in das Tubuluslumen
NSC	Enzymsysteme für den Stofftransport aus dem Blut in das Tubuluslumen
NSX	Stoff X im Blut, der sezerniert werden soll
NSF	frei sezernierbarer Anteil des Stoffes X im Blut
NSG	nicht sezernierbarer Anteil (weil an Plasmaproteine gebunden) des Stoffes X im Blut
NSL	Lösung des Stoffes X aus der Bindung an Plasmaproteine
RIH	Abgabe der Hormone Aldosteron und Cortexon
RI	Regulation des inneren Milieus (Isoionie, Isotonie, Isohydrie)
NSP	Spiegel der harnfähigen Stoffe im Plasma
NST	Spiegel der harnfähigen Stoffe im Tubulus
RIZ	zentrales Regelzentrum (Hypothalamus) für die Regulationstätigkeit der Niere im distalen Tubulus
RIO	Osmorezeptoren
NSS	Sekretion eines Stoffes aus dem Blut in das Tubuluslumen
RW	Regulation des Zellstoffwechsels
NSW	Stofftransport aus dem Blut durch die Tubuluszelle in das Tubuluslumen
NSQ	Durchblutung des tubulären Apparates

Die Sekretion hat größten Einfluß auf den Spiegel der harnfähigen Stoffe im Tubulus (NST), d.h., sie trägt wesentlich zur Einstellung der Urinkonzentration verschiedener ausgeschiedener Stoffe bei.

Die pathologischen Einflüsse der akuten diffusen Glomerulonephritis (GAS) auf die Glomerulumfiltration überwiegen bzw. schalten die physiologischen Einflußgrößen aus (siehe R_4). So kommt es zur Drosselung der Durchblutung der Glomerula (GAQ) mit Absinken der Filtration (GAG). Die Drosselung der Durchblutung löst infolge veränderter Gefäßreagibilität und Störung des Autoregulationsprozesses der Nierendurchblutung (GAA') einen „circulus vitiosus“ aus, der die pathologischen Verhältnisse noch weiter steigert. Die Folge davon kann Oligurie bzw. Anurie (GAA) sein. Als weiteres wichtiges Symptom der akuten diffusen Glomerulonephritis erscheint auf Grund der Modelluntersuchung die unphysiologisch gesteigerte Abgabe der den Wasserhaushalt regulierenden Hormone Adiuretin und Aldosteron (GAH') mit Retention von Natrium und Wasser (GAW). Das hat wichtige Auswirkungen auf die Ödembildung (GAÖ) und die Genese der Herzinsuffizienz (GAI') im Rahmen der akuten diffusen Glomerulonephritis. Die Gefahren der akuten diffusen Glomerulonephritis liegen in der drohenden Herzinsuffizienz, seltener ist im akuten Stadium die Niereninsuffizienz. Mit dem Übergang der Glomerulitis (GAG') in die akute diffuse Glomerulonephritis tritt eine wesentliche Verschlechterung des Krankheitsbildes ein.

Tabelle A7. Symbolerklärung zu Abb. A 12

Symbol	Erklärung
GAH	Hypoprotämie
GAS	akute diffuse Glomerulonephritis (als Symptom)
GAG	Absinken der Glomerulumfiltration
GAS′	Ausscheidungsstörung harnpflichtiger Stoffe
GAG′	Glomerulitis
GAI′	Herzinsuffizienz
GAL	Hämaturie
GAI	Störungen des inneren Milieus
GAM	Myokardschädigung
GAN	Niereninsuffizienz
GAW	Retention von Natrium und Wasser im Blut
GAA	Oligurie bzw. Anurie
GAÖ	Ödembildung
GAE	Proteinurie
GAA′	Störungen des Autoregulationsprozesses der Nierendurchblutung bzw. Glomerulumfiltration
GAT	Tubulusschädigung
GAF′	Störung der Tubulusfunktionen
GAH′	vermehrte Abgabe der den Wasserhaushalt regulierenden Hormone Adiuretin und Aldosteron
GAZ	Zylindurie
GAU	Urämie
GAF	Absinken der Filtrationsfraktion
GAO	Verminderung des kolloidosmotischen Druckes im Blut
GAP	Erhöhung der Kapillarpermeabilität
GAQ	Drosselung der Durchblutung in den Glomerula
GAB	Bradykardie
GAR	Blutdrucksteigerung
GAK	Kreislaufstauung
GAT′	Tachykardie
GAW′	Hypervolämie
GAC	gesteigerte Filtration aus den Kapillaren
GAK′	Vasokonstriktion der afferenten Gefäße der Glomerula

Namen- und Sachregister

Additional material from *Elemente der Graphentheorie und ihre Anwendung in den biologischen Wissenschften,* ISBN 978-3-663-19858-1, is available at http://extras.springer.com